全国计算机等级考试（2013年新大纲）应试用书

全国计算机等级考试
一 级 教 程

MS Office

全国计算机等级考试研究中心 编

西北工业大学出版社

【内容简介】本书是严格按照教育部考试中心和全国计算机等级考试系列用书编委会2013年最新审核批准的“一级考试大纲”而编写的。本书注重实际操作和应用能力的训练，并在每章后附有相应的实例和习题供读者练习和参考。

本书图文并茂、通俗易懂、实用性强，既可作为参加全国计算机等级一级考试的必备教材，也可作为各大中专院校计算机基础课程的教材，同时也可供计算机爱好者自学参考。

图书在版编目（CIP）数据

全国计算机等级考试一级教程. MS Office/全国计算机等级考试研究中心编. —西安：西北工业大学出版社，2014.3
ISBN 978-7-5612-3942-1

Ⅰ. ①全…　Ⅱ. ①全…　Ⅲ. ①电子计算机—水平考试—教材②办公自动化—应用软件—水平考试—教材　Ⅳ. ①TP3

中国版本图书馆CIP数据核字（2014）第053866号

出版发行：西北工业大学出版社
通信地址：西安市友谊西路127号　**邮编**：710072
电　　话：（029）88493844　88491757
网　　址：www.nwpup.com
电子邮箱：computer@nwpup.com
印 刷 者：兴平市博闻印务有限公司
开　　本：787 mm×1 092 mm　1/16
印　　张：15.5
字　　数：413千字
版　　次：2014年3月第1版　2014年3月第1次印刷
定　　价：35.00元

前　言

全国计算机等级考试开始于1994年。原国家教委考试中心于1994年1月颁布了《全国计算机等级考试大纲》，该大纲的颁布掀起了全社会学习计算机、应用计算机的高潮。全国计算机等级考试由教育部考试中心组织实施，各省、自治区、直辖市承办，每年开考两次。

为了拓展全国计算机等级考试的服务领域，教育部考试中心决定对一级考试科目进行调整。为配合考生学习和考试，我们根据全国计算机等级考试大纲（2013版）一级MS Office的考核要求编写了本书。全书主要介绍计算机基础知识、中文Windows 7操作系统、中文字表处理软件Word 2010、中文电子表格软件Excel 2010、中文幻灯片制作软件PowerPoint 2010、计算机网络及应用等内容。

根据大纲要求的重点和难点，本书配合相应的实例和图形，将计算机的操作技巧以形象直观地展现在读者面前，并配有相应的图文注释，易学、易懂、易掌握。

本书图文并茂、通俗易懂、实用性强，既可作为参加全国计算机等级一级考试的必备教材，也可作为各大中专院校计算机基础课程的教材，同时也可供计算机爱好者自学参考。在本书的编写过程中，我们得到了高等院校的许多专家、学者的关注和支持，在此一并表示感谢。

本书力求严谨细致，但由于水平有限，书中难免出现疏漏与不妥之处，敬请广大读者批评指正。

编　者

目 录

第 1 章　计算机基础知识

计算机俗称电脑，也有人称它为微机、PC 机、个人电脑。自计算机问世以来，它对人类社会的生产和生活方式产生了极其深远的影响，因其体积小、功耗低、工作可靠、有优良的性价比等优点而得以快速发展。如今，计算机已成为人类一个不可或缺的工具，无论是学习、工作，还是生活，都离不开它，因此，掌握和使用计算机逐渐成为人们必不可少的技能。

本章主要内容

- 计算机概述
- 计算机中信息的表示和存储
- 常见的信息编码
- 计算机系统的组成
- 多媒体简介
- 计算机病毒及其防治

1.1　计算机概述

计算机是一种由电子器件构成的、具有计算能力和逻辑判断能力以及自动控制和记忆功能的信息处理器，可以自动、高速和精确地对数据、文字、图像、声音等信息进行存储、加工和处理。从第一台计算机诞生以来，随着计算机科学的飞速发展，计算机已广泛地应用在国防、工业、农业、文教、卫生以及人类的日常生活等各个领域，并且已经成为人类生活不可缺少的电子智能工具。

1.1.1　计算机的发展

1942 年，宾夕法尼亚大学的约翰·莫克里提出用电子管组建计算机的设想，并于 1943 年开始研制，1946 年 2 月 15 日，世界上第一台通用电子数字计算机“埃尼阿克”（ENIAC）宣告研制成功。它重达 30 t，功率为 150 kW，占地 170 m^2，速度达到了每分钟 5 000 次加法运算，3 ms 进行一次乘法运算，共使用 18 800 个电子管、1 500 个继电器、7 000 个电阻、10 000 只电容器，而且只能存储 20 个字长为 10 位的十进制数，还需要由人工改接连线，才能完成编程运算。但它已经大大超越了人脑的计算速度，ENIAC 的出现为计算机的发展奠定了基础。

自 ENIAC 诞生以来，根据所使用元器件的发展，可以把计算机的发展分为以下四个阶段。

1. 电子管计算机时代

电子管计算机主要用于科学研究和工程计算。其主要特点是采用电子管作为逻辑元件，主存储器采用磁鼓、磁芯，外存储器采用磁带、纸带、卡片等，存储量小，体积庞大，价格昂贵，能耗巨大，运算速度也慢。

由于一部计算机需要几千个电子管，每个电子管都会散发大量的热量，因此，如何散热是一个令人头痛的问题。电子管的寿命最长只有 3 000 h，计算机运行时常常发生由于电子管被烧坏而使计算机死机的现象。操作计算机的科学家常常不能判断计算机死机是由程序设计问题引起的，还是由电子管问题引起的。那时，输入和输出都是在打孔卡片上执行，速度很慢；程序是用机器语言编写的，其编写也十分困难。

2. 晶体管计算机时代

晶体管计算机主要用于商业、大学教学和政府机关，应用领域扩展到了事务管理、工业控制等。其主要特点是用晶体管代替了电子管，主存储器还是用磁芯，外存储器开始用磁盘，存储容量扩大，同时运算速度得到了明显的提高。

晶体管比电子管小得多，不需要暖机时间，消耗能量较少，处理更迅速、更可靠。第二代计算机的程序语言从机器语言发展到汇编语言。接着，高级语言 FORTRAN 和 COBOL 相继开发出来并被广泛使用。这时，开始使用磁盘和磁带作为辅助存储器。第二代计算机的体积和价格都下降了，使用的人也多了起来，因此，计算机工业在此时得以迅速发展。

3. 集成电路计算机时代

集成电路计算机开始广泛应用于工业控制、数据处理、科学计算等各个领域。其主要特点是用中、小规模集成电路代替了分立元件晶体管，主存储器用半导体代替了磁芯，存储容量扩大到几兆字节，运算速度提高到每秒几十万次到几百万次。其特点是体积更小、价格更低、可靠性更高、计算速度更快。

集成电路（Integrated Circuit，IC）是做在晶片上的一个完整的电子电路，这个晶片比手指甲还小，却包含了几千个晶体管元件。集成电路计算机的代表是 IBM 公司花了 50 亿美元开发的 IBM 360 系列。这时程序语言也有了较大的发展，出现了操作系统和会话式计算机，并与通信技术相结合，出现了计算机网络。

4. 大规模和超大规模集成电路计算机时代

该时代的计算机使用的元件依然是集成电路，不过，这种集成电路已经大大改善，它包含着几十万到上百万个晶体管，人们称为大规模集成电路（Large Scale Integrated Circuit，LSI）和超大规模集成电路（Very Large Scale Integrated Circuit，VLSI）。其主要特点是集成程度更高，计算机更加微型化，运算速度空前提高，达到每秒上亿次，计算机的外部设备向高性能、多样化方向发展，软盘和硬盘得到推广，高清晰度的彩色显示器广泛使用，存储量大的光盘开始走向市场，在计算机各个方面性能全面提升的同时，价格却不断降低。与此同时，操作系统也不断完善。UNIX 和 Windows 都得以诞生，各类网络软件和应用软件空前丰富，软件产业开始形成。计算机的发展进入了以计算机网络为特征的时代。

1.1.2 计算机的分类

随着计算机技术的进步，各种计算机的性能均会有不同程度的提高，各种分类方法也会有所改变，不同领域、不同用途，对计算机分类的标准也将有所不同。根据计算机的规模和处理能力，通常可将计算机分为巨型计算机、大型主机、小巨型计算机、小型计算机、工作站和微型计算机 6 大类。

1．巨型计算机

巨型计算机又称超级计算机，它是目前功能最强、速度最快、价格最昂贵的计算机，一般用于解决诸如气象、太空、能源、医药等尖端科学研究和战略武器研制中的复杂计算。这种机器价格昂贵，号称国家级资源。巨型机的研制开发是一个国家综合国力和国防实力的体现。

2．大型主机

大型主机也有很高的运算速度和很大的存储容量，并允许相当多的用户同时使用，当然在量级上不及巨型机，价格也比巨型机便宜。这类机器通常用于大型企业、商业管理或大型数据库管理系统中，也可用做大型计算机网络中的主机。

3．小巨型计算机

小巨型计算机是新发展起来的小型超级电脑，或称桌面型超级电脑，它的发展方向是巨型机缩小成个人机的大小，或者使个人机具有超级电脑的性能。它是对巨型机的高价格发出的挑战，其发展非常迅速。例如，美国 Conver 公司的 C 系列、Alliant 公司的 FX 系列就是比较成功的小巨型机。

4．小型计算机

小型计算机的规模小，结构简单，设计试制周期短，便于及时采用先进工艺技术，软件开发成本低，易于操作维护。小型计算机广泛应用于工业自动控制、大型分析仪器、测量设备、企业管理、大学、科研机构等，也可以作为巨型和大型计算机系统的辅助计算机。

5．工作站

工作站是介于小型计算机和微型计算机之间的高档微型计算机，主要用于图像处理和计算机辅助设计等领域。

6．微型计算机

微型计算机的主要特点是小巧、灵活、便宜，不过通常一次只能供一个用户使用，所以微型计算机也叫个人计算机（Personal Computer）。近几年又出现了体积更小的计算机，如笔记本电脑、膝上电脑、掌上电脑等微型机。

1.1.3　计算机的特点

计算机获得了空前广泛的应用，这与计算机本身所具有的特点是密不可分的，计算机的特点主要有以下几点。

1．运算速度快

目前，最快的巨型机运行速度已达每秒 100 多亿次，这是传统计算工具所无法比拟的。随着技术的进步，计算机的运算速度还在迅速提高。

2．计算精度高

计算机的精度取决于机器的字长位数，字长越长，精度越高。由于计算机采用二进制表示数据，易于扩充机器字长。不同型号计算机的字长有 8 位、16 位、32 位、64 位等，为了获取更高的精度，还可以进行双倍字长或多倍字长的运算，甚至达到数百位二进制。

3. 存储容量大

计算机的存储器可以把原始数据、中间结果以及运算指令等存储起来以便使用。存储器不仅可以存储大量的信息，还能够快速而准确地存入或读取这些信息。存储容量的大小，标志着计算机记忆能力的大小。采用半导体存储元件作为存储器的计算机，其主存容量可达数十万字节至数十兆字节，其辅存容量可达数十兆字节至数十吉字节，而且吞吐率很高。

4. 判断能力强

计算机除了具有高速、高精度的计算能力外，还具有对文字、符号、数字等进行逻辑推理和判断的能力。人工智能机的出现将进一步增强其推理、判断、思维、学习、记忆与积累的能力，从而可以代替人脑更多的功能。

5. 工作自动化

计算机的内部操作是按照人们事先编好的程序自动进行的。只要将事先编制好的程序输入计算机，计算机就会自动按照程序规定的步骤来完成预定的处理任务，而不需要人工干预，而且通用性很强，是现代化、自动化、信息化的基本技术手段。

6. 可靠性强

随着科学技术的不断发展，电子技术也将发生很大的变化，电子器件的可靠性也越来越高。在计算机的设计过程中，通过采用新的结构可以使其具有更高的可靠性。

1.1.4 计算机的应用

随着计算机技术的发展，计算机在越来越多的领域中得到广泛的应用，主要包括科学计算、信息处理、自动控制、辅助功能、网络应用、人工智能等方面。

1. 科学计算

科学计算也称为数值计算，是计算机最早的应用领域，高速、高精度的运算是人工运算所望尘莫及的。现代科学技术中有大量复杂的数值计算，例如在军事、航天、气象、地震勘测等尖端科技领域，都离不开计算机的精确计算，从而大大节省了人力、物力和时间。

2. 数据处理

数据处理也称为信息管理或事务处理，是指利用计算机强大的数据存储、运算功能对大量数据进行分类、排序、合并、统计等加工处理，例如企业的经济管理、图书资料管理、人事档案管理、事务管理、交通调度管理等。目前，数据处理已成为计算机应用的一个重要方面。

3. 自动控制

自动控制也称为过程控制或实时控制，是指用计算机对连续工作的控制对象实行自动控制，并及时采集检测数据，按最优方案实现自动控制。自动控制主要应用在宇航、军事领域以及工业生产系统，例如航天飞机的飞行、军事目标的全球定位与控制、集成电路板的生产以及炼钢过程中的计算机控制等。

4. 辅助功能

计算机辅助功能就是将计算机的工程计算、数据处理、逻辑判断等功能结合起来，形成一个专门帮助人们完成任务的系统，主要包括计算机辅助设计（CAD）、计算机辅助制造（CAM）、计算机辅助教学（CAI）、计算机辅助工程（CAE）等。

5. 网络通信

网络通信是指利用计算机网络实现信息的传递、交换和传播。随着计算机网络的快速发展，人们很容易实现不同地区间、国际间的通信以及各种数据的传输与处理，从而改变了人们的时空观念。目前，计算机已广泛应用于国际互联网（Internet），使全球信息得到更快的传输和更大的共享。

6. 人工智能

人工智能是指利用计算机来模拟人类的某些智能行为，例如，感知、推理、学习、理解、联想、探索、模式识别等。人工智能主要研究的是将人脑进行思维的过程编成计算机程序，在计算机中存储一些公式和规则，然后让计算机自动探索解答的方法，主要应用在机器人、机器翻译、模式识别等。

7. 多媒体技术

多媒体技术是应用计算机技术将文字、图像、图形和声音等信息以数字化的方式进行综合处理，从而使计算机具有表现、处理、存储各种媒体信息的能力。多媒体技术的关键是数据压缩技术。

8. 电子商务

电子商务是指利用计算机和网络进行的商务活动，具体地说，是指综合利用 LAN（局域网）、Intranet（企业内部网）和 Internet 进行商务与服务交易、金融汇兑、网络广告或提供娱乐节目等商业活动。交易的双方可以是企业与企业之间，也可以是企业与消费者之间。电子商务是一种比传统商务更好的商务方式，它旨在通过网络完成核心业务，改善售后服务，缩短周转周期，从有限的资源中获得更大的收益，从而达到销售商品的目的，同时，向人们提供新的商业机会、市场需求以及各种挑战。

9. 信息高速公路

1993 年 9 月，美国政府推出了一项引起全世界瞩目的高科技系统工程——国家信息基础设施（National Information Infrastructure，NII），俗称“信息高速公路”，实质上就是高速信息电子网络。这项跨世纪的高科技信息基础工程的目标是用光纤和相应的硬/软件及网络技术，把所有的企业、机关、学校、医院、图书馆以及普通家庭联结起来，使人们拥有更好的信息环境，做到无论何时、何地都能以最好的方式与自己想联系的对象进行信息交流。

总之，计算机已渗透到社会的各行各业，将带领人们进入信息化的社会。

1.1.5　计算机的新技术

计算机的新技术主要有以下 4 种。

1. 嵌入式技术

嵌入式技术是将计算机作为一个信息处理部件，嵌入应用系统的一种技术，也就是说，它将软件固化集成到硬件系统中，将硬件系统与软件系统一体化。嵌入式技术具有代码小、高度自动化和速度快等特点。

2．网格计算

网格计算是专门针对复杂科学计算的新型计算模式。这种计算机模式是利用互联网把分散在不同地点的计算机组织成一个“虚拟的超级计算机”。其中，每一台参与计算的计算机都是一个“节点”，而整个计算就是由成千上万个“节点”组成的“一张网格”，这种计算方式被称为网络计算。这样组织起来的“虚拟的超级计算机”有两个优势：一是数据处理能力强；二是能充分利用网上闲置的处理能力。

网格计算的特点如下：

（1）能够提供资源共享，实现应用程序的互联互通。

（2）协同工作。

（3）基于国际开发技术标准。

（4）网格可以提供动态服务，能够适应变化。

3．中间件技术

顾名思义，中间件是介于应用软件和操作系统之间的系统软件。它们是通用的，都基于某一标准，可被重用，其他应用程序可以使用它们所提供的应用程序接口调用组件，完成所需的操作。

4．云计算

云计算（Cloud Computing）是分布式计算、网格计算、并行计算、网络存储及虚拟化计算机和网络技术发展融合的产物，是一种基于互联网的计算方式，通过这种方式，共享的软硬件资源和信息可以按需提供给计算机和其他设备。典型的云计算提供商往往提供通用的网络业务应用，可以通过浏览器等软件或者其他 Web 服务来访问，而软件和数据都存储在服务器上。云计算服务通常提供通用的通过浏览器访问的在线商业应用，软件和数据可存储在数据中心。

云计算为用户提供了最可靠、最安全的数据存储中心，用户不必备份，不用再担心数据丢失、病毒入侵等麻烦，而且对用户端的设备要求最低，使用起来也最方便，可以轻松实现不同设备间的数据与应用共享，为用户使用网络提供了几乎无限多的可能。

云计算的特点：超大规模、虚拟化，高可靠性、通用性，高可扩展性，按需服务，极其廉价。

1.1.6　未来计算机的发展趋势

计算机的发展可谓日新月异，计算机的研制正朝着巨型化、微型化、智能化、网络化和多媒体化的方向发展。

1．巨型化

为了满足计算机应用中所需的更高的运算速度、更大的存储容量、更强的处理能力等要求，计算机还应向规模更大的巨型化方向靠拢。目前正在研制的巨型计算机运算速度可达每秒百亿次。

2．微型化

更小的体积、更轻的质量、更低的功耗、更方便的使用方法，目前市场上出现的笔记本计算机，以及膝上型、掌上型、手腕型计算机都在努力向微型化方向发展。

3. 智能化

智能化就是使计算机具有类似人的思维能力，如推理、判断、感觉等。人可以通过智能接口，用文字、声音、图像等与计算机进行自然对话。智能计算机的发展，从本质上扩充了计算机的功能，使计算机可以越来越多地代替人类的脑力劳动。

4. 网络化

随着计算机应用的深入以及家用计算机的普及，有更多的用户希望能共享信息资源，各计算机之间能互相传递信息。计算机网络是现代通信技术和计算机技术结合的产物，并且在现代企业的管理中发挥着越来越重要的作用。

5. 多媒体化

多媒体技术把人们从传统的“1234”和“ABCD”中解放出来，让生活中更多的“图”“文”“声”“像”进入计算机的世界。优化的信息环境不但能够使信息处理的对象和内容发生深刻变化，还可以使人们更好、更快地认识世界。

1.2 计算机中信息的表示和存储

信息是人们对客观事物的直接描述，可以在人们之间传播知识。数据是信息的具体表现形式，它反映了信息的内容。数据的形式随着物理设备的改变而改变，在计算机中信息以数据的形式表现。因此，信息与数据可看作为同义词。

1.2.1 数制

数制（Number System）是指用一组固定的数字和一套统一的规则来表示数据的方法。数制的种类有多种，除了常用的十进制外，还有二进制、八进制、十六进制、二十四进制等。在任何一种数制中，只能使用一组固定的数字来表示数的大小。数字在一个数中所处的位置称为数位，具体使用多少个数字表示一个数值的大小，就称为该数值的基数。这里主要介绍与计算机技术有关的几种常用进位计数制。

1. 十进制数

我们习惯使用的十进制数由 0，1，2，3，4，5，6，7，8，9 等 10 个不同的符号组成，每一个符号处于十进制数中不同的位置时，它所代表的实际数值是不一样的。例如 1 999 可表示为

$$1\times1\,000+9\times100+9\times10+9\times1=1\times10^3+9\times10^2+9\times10^1+9\times10^0$$

上式中每个数字符号的位置不同，它所代表的数值也不同，这就是经常所说的个位、十位、百位、千位……的意思。

2. 二进制数

二进制数和十进制数一样，也是一种进位计数制，用到的只有“0”和“1”两个数字。计算机中的所有数据都采用二进制数表示。

例如二进制数 1101 表示十进制数 13，即

$$(1101)_2=1\times2^3+1\times2^2+0\times2^1+1\times2^0=8+4+0+1=13$$

在计算机中采用二进制记数法的原因：

（1）可行性。如果用十进制数，需要 0，1，2，3，4，5，6，7，8，9 不同的 10 个基数，用电子技术很难实现这 10 种不同的状态。使用二进制数，只需 0，1 两个基数，很容易实现两种不同的状态。

（2）可靠性。采用二进制数只需两种状态，而且数字转移和处理干扰能力较强，不易出错，可以提高计算机工作的可靠性。

（3）简易性。二进制数的运算法则简单。

（4）通用性。二进制数只需要 0，1 两个代码就可以代表逻辑值“假”和“真”，为在计算机中实现逻辑判断提供了方便。

3. 八进制

八进制数具有 8 个不同的数码符号 0，1，2，3，4，5，6，7，其基数为 8，八进制数的特点是逢八进一，例如：

$$(1011)_8=1\times8^3+0\times8^2+1\times8^1+1\times8^0=(521)_{10}$$

4. 十六进制

十六进制数具有 16 个不同的数码符号 0，1，2，3，4，5，6，7，8，9，A，B，C，D，E，F，其基数为 16，十六进制数的特点是逢十六进一，例如：

$$(1011)_{16}=1\times16^3+0\times16^2+1\times16^1+1\times16^0=(4113)_{10}$$

表 1.1 所示为 4 位二进制数与其他数制的对应关系。

表 1.1　4 位二进制数与其他数制的对应关系

二进制	十进制	八进制	十六进制
0000	0	0	0
0001	1	1	1
0010	2	2	2
0011	3	3	3
0100	4	4	4
0101	5	5	5
0110	6	6	6
0111	7	7	7
1000	8	10	8
1001	9	11	9
1010	10	12	A
1011	11	13	B
1100	12	14	C
1101	13	15	D
1110	14	16	E
1111	15	17	F

5. 不同进制数之间的转换

不同计数制之间的转换原则：如果两个有理数相等，则两数的整数部分和小数部分分别相等。因此，进行各计数制之间的转换时，都是把整数部分和小数部分分别进行转换的。

（1）十进制整数转换成二进制整数。把一个十进制整数转换成二进制整数的方法：

把被转换的十进制整数反复地除以 2，直到商为 0，所得的余数（从末位读起）就是这个数的二进制表示。简单地说就是“除 2 取余法”。

例如，将十进制整数 $(58)_{10}$ 转换成二进制数的方法为

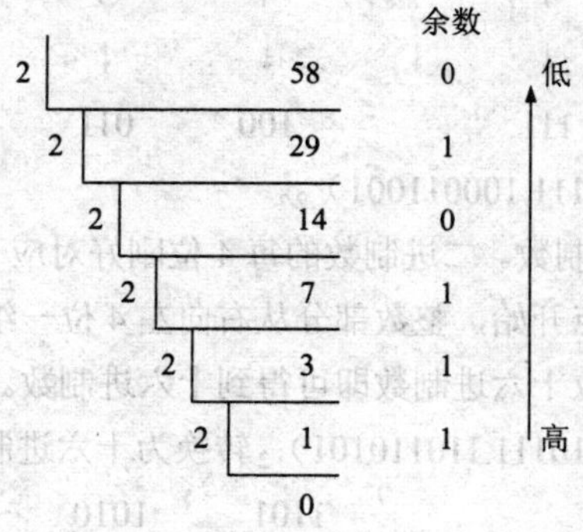

于是，(58)$_{10}$=(111010)$_2$

(2) 十进制小数转换成二进制小数。十进制小数转换成二进制小数是将十进制小数连续乘以 2，选取进位整数，直到满足精度要求为止，简称“乘 2 取整法”。

例如，将十进制小数 (0.175)$_{10}$ 转换成二进制小数的方法为

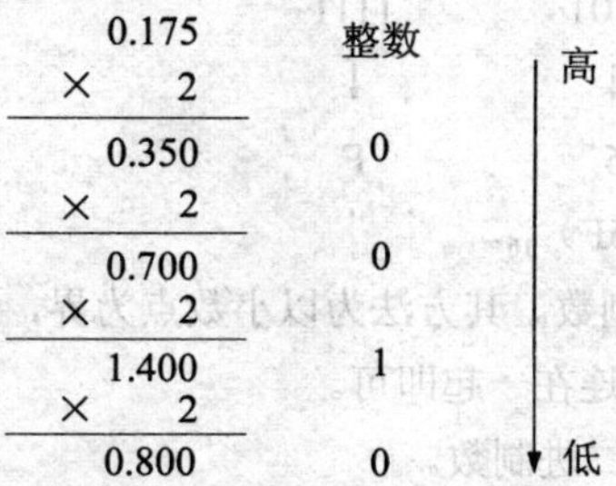

将十进制小数 0.175 连续乘以 2，把每次所进位的整数，按从上往下的顺序写出。

于是，(0.175)$_{10}$=(0.0010)$_2$

(3) 二进制数转换成十进制数。把二进制数转换为十进制数的方法是将二进制数按权展开求和。

例如，将 (101101.101)$_2$ 转换成十进制数，则

$$(101101.101)_2=1\times2^5+0\times2^4+1\times2^3+1\times2^2+0\times2^1+1\times2^0+1\times2^{-1}+0\times2^{-2}+1\times2^{-3}$$
$$=2^5+2^3+2^2+2^0+2^{-1}+2^{-3}$$
$$=45.625$$

同理，非十进制数转换成十进制数的方法是把各个非十进制数按权展开求和即可。如把二进制数（或八进制数或十六进制数）写成 2（或 8 或 16）的各次幂之和的形式，然后再计算其结果。

(4) 二进制数转换成八进制数。由于二进制数和八进制数之间存在特殊关系，即 $8^1=2^3$，因此转换方法比较容易，即将二进制数从小数点开始，整数部分从右向左 3 位一组，小数部分从左向右 3 位一组，不足 3 位用 0 补足即可。例如，将 (10110101110.11011)$_2$ 转换为八进制数。

010	110	101	110	.	110	110
↓	↓	↓	↓	↓	↓	↓
2	6	5	6	.	6	6

于是，(10110101110.11011)$_2$=(2656.66)$_8$。

(5) 八进制数转换成二进制数。其方法为以小数点为界，向左或向右每一位八进制数用相应的 3 位二进制数取代，然后将其连在一起即可。

例如，将 (6237.431)$_8$ 转换为二进制数。

6	2	3	7	.	4	3	1
↓	↓	↓	↓	↓	↓	↓	↓
110	010	011	111	.	100	011	001

于是，（6237.431）$_8$=（110010011111.100011001）$_2$。

（6）二进制数转换成十六进制数。二进制数的每 4 位刚好对应于十六进制数的一位，即 $16^1=2^4$，其转换方法是将二进制数从小数点开始，整数部分从右向左 4 位一组，小数部分从左向右 4 位一组，不足 4 位用 0 补足，每组对应一位十六进制数即可得到十六进制数。

例如，将二进制数（101001010111.110110101）$_2$转换为十六进制数。

1010	0101	0111	.	1101	1010	1000
↓	↓	↓	↓	↓	↓	↓
A	5	7	.	D	A	8

于是，（101001010111.110110101）$_2$=（A57.DA8）$_{16}$。

又如，将二进制数（100101101011111）$_2$转换为十六进制数。

0100	1011	0101	1111
↓	↓	↓	↓
4	B	5	F

于是，（100101101011111）$_2$=（4B5F）$_{16}$。

（7）十六进制数转换成二进制数。其方法为以小数点为界，向左或向右每一位十六进制数用相应的 4 位二进制数取代，然后将其连在一起即可。

例如，将（3AB.11）$_{16}$转换成二进制数。

3	A	B	.	1	1
↓	↓	↓	↓	↓	↓
0011	1010	1011	.	0001	0001

于是，（3AB.11）$_{16}$=（1110101011.00010001）$_2$。

1.2.2　数据的存储单位

数据的存储单位有位、字节和字。

1．位

位也称比特，英文写为 bit 或 b。位是最小的信息存储单位，是用“0”或“1”表示的 1 个二进制数位。

2．字节

字节记为 Byte 或大写 B，是数据存储中最常用的基本单位。1 B＝8 b，通常将 2 的 10 次方即 1 024 个字节称为 1 K 字节，记作 1 KB，读作千字节。常用的还有 MB，GB 和 TB，它们之间的换算关系为 1 MB＝1 024 KB，1 GB＝1 024 MB，1 TB＝1 024 GB。

3．字

字记为 word 或小写 w，是位的组合，是信息交换、加工、存储的基本单元（独立的信息单位），用二进制码表示。一个字由一个字节或若干字节构成（通常取字节的整数位），它可以代表数据代码、字符代码、操作码和地址码或它们的组合。字又称为“计算机字”，用来表示数据或信息的长度。它的含义取决于机器的类型、字长及使用者的要求。常用的固定字长有 8 位（如 Apple II）、16 位、32 位、64 位等。

1.3　常见的信息编码

计算机中的数据是用二进制表示的，而人们习惯用十进制数。那么输入、输出时，数据就要进行十进制和二进制之间的转换处理，因此，必须采用一种编码的方法，由计算机自己来承担这种识别和转换工作。

1.3.1　BCD 码

BCD（Binary Coded Decimal）码是用若干个二进制数表示一个十进制数的编码。BCD 码有多种编码方法，常用的有 8421 码。表 1.2 所示为十进制数 0～9 的 8421 编码表。

表 1.2　十进制数与 BCD 码的对照表

十进制数	8421 码	十进制数	8421 码	
0	0000	10	0001	0000
1	0001	11	0001	0001
2	0010	12	0001	0010
3	0011	13	0001	0011
4	0100	14	0001	0100
5	0101	15	0001	0101
6	0110	16	0001	0110
7	0111	17	0001	0111
8	1000	18	0001	1000
9	1001	19	0001	1001

8421 码是将十进制数码 0～9 中的每个数分别用四位二进制编码表示，从左至右每一位对应的数是 8，4，2，1。这种编码方法比较直观、简要，对于多位数，只需要将它的每一位数字按表 1.2 中所列的对应关系用 8421 码直接列出即可。例如，将十进制数转换成 BCD 码，有

$(1209.56)_{10}=(0001\ 0010\ 0000\ 1001.0101\ 0110)_{BCD}$

8421 码与二进制之间的转换不是直接的，要先将 8421 码表示的数转换成十进制数，再将十进制数转换成二进制数。例如：

$(1001\ 0010\ 0011.0101)_{BCD}=(923.5)_{10}=(1110011011.1)_2$

1.3.2　字符编码

计算机中的信息都是用二进制编码表示的。用以表示字符的二进制编码称为字符编码。计算机中常用的字符编码有 EBCDIC（Extended Binary Coded Decimal Interchange Code）码和 ASCII（American Standard Code for Information Interchange）码。其中，EBCDIC 码主要用于 IBM 的大型主机，ASCII 码用于微型机与小型机。

目前计算机中普遍采用的是 ASCII 码，即美国信息交换标准代码。ASCII 码有 7 位版本和 8 位版本，国际上通用的是 7 位版本，7 位版本的 ASCII 码有 128 个元素，如表 1.3 所示，只需要 7 个二进

制位（2^7＝128）表示。其中，控制字符 34 个，阿拉伯数字 10 个，大小写英文字母 52 个，各种标点符号和运算符号 32 个。在计算机中实际用 8 位表示一个字符，最高位为“0”。例如，数字 0 的 ASCII 码为 48，大写英文字母 A 的 ASCII 码为 65，空格的 ASCII 码为 32。有的计算机教材中的 ASCII 码用十六进制数表示，这样，数字 0 的 ASCII 码为 30H，字母 A 的 ASCII 为 41H，……

EBCDIC（扩展的二－十进制交换码）是西文字符的另一种编码，采用 8 位二进制表示，共有 256 种不同的编码，可表示 256 个字符，在某些计算机中也常使用。

表 1.3　标准 ASCII 码字符集

十进制	十六进制	字　符	十进制	十六进制	字　符	十进制	十六进制	字　符	十进制	十六进制	字　符
0	00	NUL	32	20	SP	64	40	@	96	60	‘
1	01	SOH	33	21	!	65	41	A	97	61	a
2	02	STX	34	22	″	66	42	B	98	62	b
3	03	ETX	35	23	#	67	43	C	99	63	c
4	04	EOT	36	24	$	68	44	D	100	64	d
5	05	ENQ	37	25	%	69	45	E	101	65	e
6	06	ACK	38	26	&	70	46	F	102	66	f
7	07	BEL	39	27	‘	71	47	G	103	67	g
8	08	BS	40	28	(	72	48	H	104	68	h
9	09	HT	41	29	)	73	49	I	105	69	i
10	0A	LF	42	2A	*	74	4A	J	106	6A	j
11	0B	VT	43	2B	+	75	4B	K	107	6B	k
12	0C	FF	44	2C	,	76	4C	L	108	6C	l
13	0D	CR	45	2D	-	77	4D	M	109	6D	m
14	0E	SO	46	2E	.	78	4E	N	110	6E	n
15	0F	SI	47	2F	/	79	4F	O	111	6F	o
16	10	DLE	48	30	0	80	50	P	112	70	p
17	11	DC1	49	31	1	81	51	Q	113	71	q
18	12	DC2	50	32	2	82	52	R	114	72	r
19	13	DC3	51	33	3	83	53	S	115	73	s
20	14	DC4	52	34	4	84	54	T	116	74	t
21	15	NAK	53	35	5	85	55	U	117	75	u
22	16	SYN	54	36	6	86	56	V	118	76	v
23	17	ETB	55	37	7	87	57	W	119	77	w
24	18	CAN	56	38	8	88	58	X	120	78	x
25	19	EM	57	39	9	89	59	Y	121	79	y
26	1A	SUB	58	3A	;	90	5A	Z	122	7A	z
27	1B	ESC	59	3B	:	91	5B	[	123	7B	{
28	1C	FS	60	3C	<	92	5C	\	124	7C	|
29	1D	GS	61	3D	=	93	5D	]	125	7D	}
30	1E	RS	62	3E	>	94	5E	^	126	7E	~
31	1F	US	63	3F	?	95	5F	_	127	7F	DEL

1.3.3　汉字编码

ASCII 码只对英文字母、数字和标点符号进行了编码。为了用计算机处理汉字，同样也需要对汉字进行编码。从汉字的角度看，计算机对汉字信息的处理过程实际上是各种汉字编码间的转换过程。

这些编码主要包括汉字内码、汉字字形码、汉字信息交换码、汉字输入码、汉字地址码等。

1. 汉字内码

汉字内码是为计算机内部对汉字进行存储、处理和传输而编制的汉字编码。汉字内码采用双字节编码方案，用两个字节（16 位二进制数）表示一个汉字的内码，对同一个汉字其机内码只有一个，也就是汉字在字库中的物理位置。

2. 汉字字形码

汉字字形码是汉字字库中存储的汉字字形的数字化信息，用于显示和打印。目前汉字字形的产生方式大多是以点阵方式形成的汉字，因此，汉字字形码主要是指汉字字形点阵的代码。

汉字字形点阵有 16×16 点阵、24×24 点阵、32×32 点阵、64×64 点阵、96×96 点阵、128×128 点阵等。

3. 汉字信息交换码

汉字信息交换码是用于汉字信息处理系统之间或者与通信系统之间进行交换的汉字编码，简称交换码，也叫国标码。它是为系统、设备之间信息交换时采用统一的形式而制定的。1981 年我国根据有关国际标准规定了《信息交换用汉字编码子集——基本子集》，即 GB2312—80（国标码）。在该子集中收集了 7 445 个字符和图形，其中有 6 763 个汉字，各种图形符号共 682 个（英文、日文、俄文、希腊文字母、序号、汉字制表符等）。

国标码将这些符号分为 94 个区，每个区分为 94 个位。每个位置可放一个字符，每个区对应一个区码，每个位置对应一个位码，区码和位码构成区位码。

区位码 4 个区的分布如下：

1～15 区：图形符号区，1～9 区为标准区，10～15 为自定义符号区。

16～55 区：一级汉字区。

56～87 区：二级汉字区。

88～94 区：自定义汉字区。

4. 汉字输入码

汉字输入码是为了将汉字通过键盘输入计算机而设计的代码。其表现形式多为字母、数字和符号。输入码的长度也不同，多数为 4 个字节。目前使用较普遍的汉字输入方法有拼音码、自然码、五笔字型码和智能 ABC 码等。

5. 汉字输出码

汉字输出码是指汉字库（这里主要指整字形的点阵式字模库）中存储汉字字形信息的逻辑地址码。汉字库中，字形信息都是按一定顺序（大多数按标准汉字交换码中汉字的排列顺序）连续存放在存储介质上的，汉字地址码也大多是有序的，而且与汉字内码间有简单的对应关系，以简化汉字内码到汉字输出码的转换。

1.4　计算机系统的组成

计算机系统的组成包括硬件和软件两大部分，硬件是指计算机本身和各种外部设备，软件是指系统软件和一些应用软件。硬件是计算机的物质基础，软件在硬件的基础上发挥作用，两者相辅相成，协调工作，共同构成一个完整的计算机系统。计算机系统组成如图 1.4.1 所示。

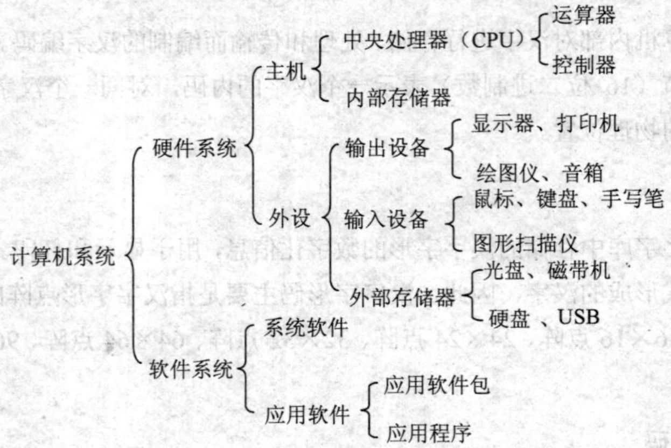

图 1.4.1　计算机系统组成

1.4.1　计算机的工作原理

启动计算机后，CPU 首先执行固定在只读存储器（ROM）中的一小部分操作系统程序，这部分程序称为基本输入、输出系统（BIOS）。它启动操作系统的装载过程，先把一部分操作系统从磁盘中读入内存，然后再由读入的这部分操作系统装载其他操作系统程序。装载操作系统的过程称为自举或引导。操作系统被装载到内存后，计算机才能接收用户的命令，执行其他程序，直到用户关机。

1．指令和程序的概念

程序是由一系列指令所组成的有序集合，计算机执行程序就是执行这一系列指令。

指令就是让计算机完成某个操作所发出的指令或命令，即计算机完成某个操作的依据。一条指令通常由操作码和操作数两个部分组成。操作码指明该指令要完成的操作，如加、减、乘、除等。操作数是指参加运算的数或者数所在的单元地址。一台计算机所有指令的集合称为该计算机的指令系统。

用户根据解决某一问题的步骤，选用一条条指令进行有序的排列。计算机执行了这一指令序列，便可完成预定的任务。这一指令序列就称为程序。显然，程序中的每一条指令必须是所有计算机的指令系统中的指令，因此指令系统是提供给使用者编制程序的基本依据。指令系统反映了计算机的基本功能，不同的计算机其指令系统也不相同。

2．计算机执行指令的过程

计算机执行指令一般分为两个阶段。首先将要执行的指令从内存中取出送入 CPU，然后由 CPU 对指令进行分析译码，判断该条指令要完成的操作，向各部件发出完成该操作的控制信号，完成该指令的功能。一条指令执行完后就处理下一条指令。一般将第一阶段称为取指令周期，第二阶段称为执行周期。

3．程序的执行过程

计算机在运行时，CPU 从内存读出一条指令到 CPU 内执行，指令执行完毕，再从内存读出下一条指令到 CPU 内执行。CPU 不断地取指令，执行指令，这就是程序的执行过程。

总之，计算机的工作就是执行程序，即自动连续地执行一系列指令，而程序开发人员的工作就是编制程序。虽然一条指令的功能是有限的，但是在人们精心编制的一系列指令组成的程序中，可完成的任务却是无限多的。

1.4.2　硬件系统

一个完整的硬件系统，不仅需要各种看得见的物理装置，还必须具备某种功能。1946 年，美籍匈牙利数学家冯·诺依曼提出了计算机的硬件结构，其主要由运算器、控制器、存储器、输入设备和输出设备五大基本部件组成，其中以运算器为中心。现在的计算机已转向以存储器为中心的硬件结构，如图 1.4.2 所示。

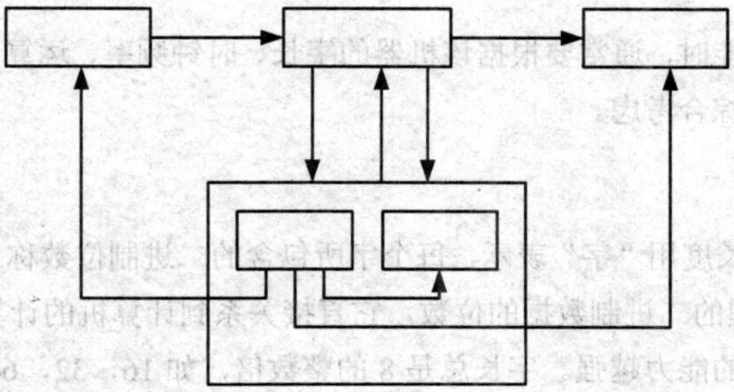

图 1.4.2　计算机硬件结构

1．运算器

运算器是计算机进行信息加工的场所，所有的算术运算和逻辑运算都在这里进行。算术运算指的是加、减、乘、除等各种数值的运算；逻辑运算是指进行逻辑判断、逻辑比较的非数值运算。

运算器中的数据取自内存，运算结果又送往内存保存起来，而这一切操作是在控制器的控制下进行的。

2．控制器

控制器是计算机的指挥部，是计算机的“神经中枢”。它负责对控制信息进行分析，通过分析发出操作控制信号，控制数据的传输和加工；同时，控制器也接收其他部件送来的信号，协调计算机各个部件之间步调一致地工作。运算器和控制器合称中央处理器，简称 CPU。

3．存储器

存储器是计算机的存储与记忆的装置，用来存放计算机的数据与程序。通常存储器分为主存储器、辅助存储器和虚拟存储器。

主存储器，即内存储器（简称内存），用来存放原始数据，处理这些数据的程序以及处理结果等。它设在计算机内部，直接与运算器和控制器进行信息交换。主存储器由电子元件构成，其特点是速度快、体积小、可靠性高，但内存不能长期保存程序和数据。主存储器又可分为只读存储器（ROM）和随机存储器（RAM）。

辅助存储器设在计算机外部，用于存放当前不参与计算机运行的程序和数据，需要时再与内存交换信息。外存是由磁介质和光介质构成的，与内存相比，其容量大，速度慢，但可起到长期保存信息和补充内存的作用。

4．输入设备

输入设备是计算机用来接收外界信息的设备，主要是把程序、数据和各种信息转换成计算机能识别接收的电信号，顺序送往计算机内存中。目前常用的输入设备有键盘、鼠标、扫描仪等。

5．输出设备

输出设备是用来输出数据处理结果或其他信息的设备，主要是把计算机处理的数据、计算结果等内部信息按人们需要的形式输出。常见的输出设备有显示器、打印机、绘图仪等。

1.4.3　微型计算机的主要技术指标

评估一台计算机的性能时，通常要根据该机器的字长、时钟频率、运算速度、内存容量、存储周期等主要技术指标来进行综合考虑。

1．字长

在计算机中，数据的长度用“字”表示，每个字所包含的二进制位数称为字长。字长是计算机中的 CPU 一次能够同时处理的二进制数据的位数，它直接关系到计算机的计算精度、速度和功能。字长越长，计算机处理数据的能力越强。字长总是 8 的整数倍，如 16，32，64 位等。

2．时钟频率

时钟主频是指 CPU 的时钟频率，它的高低在一定程度上决定了计算机速度的高低。主频以吉赫兹（GHz）为单位。目前，CPU 的主频已达到 1～3 GHz。

3．运算速度

计算机的运算速度是指每秒钟能执行指令的数量，即计算机进行数值运算的快慢程度。衡量计算机的速度一般从以下几个方面考虑。

（1）主频。一般指计算机的时钟频率，它在很大程度上决定了计算机的运算速度。时钟频率越高，计算机的运算速度越快。

（2）运算速度。是指计算机每秒钟能执行的指令条数，单位一般为“次/s”或“百万次/s”。

（3）存取速度。指存储器完成一次读或写操作所需要的时间，时间越短，存取速度越快。存取速度的快慢是决定计算机运算速度的重要因素。

4．内存容量

内存容量是指计算机存储器的容量，表示内存储器所能容纳信息的字节数。计算机程序的执行及数据的处理都要调到内存中才能进行，内存容量直接影响到计算机的处理能力。内存容量越大，所能存储的数据和运行的程序就越多，存放较多的数据，可以减少对外存的访问次数，从而提高了程序的运行速度，因此内存容量也是计算机的一个重要性能指标。

5．外存容量

外存容量是指整个计算机系统中外存储器存储信息的能力。外存储器的容量越大，该系统的性能就越好。

6．存储周期

存储器进行一次完整的存取操作所需的时间。一般内存的存取周期在 7～70 ns。此外，计算机的可靠性、可维护性、平均无故障时间和性价比也都是计算机的主要技术指标。

1.4.4　计算机硬件组成

一台计算机的硬件从外观上可以分为主机箱和输入/输出设备两大部分，如图 1.4.3 所示。

图 1.4.3　个人计算机（PC）的外观

1．主机

计算机最重要的部分就是主机。主机主要包括 CPU、主板、辅助存储器、主存储器、显示卡、声卡、网卡等。

（1）CPU。CPU 主要由控制器和运算器两部分组成。运算器用来对计算机内部数据进行运算，而控制器主要负责对程序指令进行分析、控制等。CPU 是计算机系统的心脏，控制着计算机各硬件的运行。如图 1.4.4 所示为 Intel 公司的 CPU。

（2）主板。主板是计算机的重要组成部分（见图 1.4.5），主要用来把显卡、声卡、网卡、CPU 等各个部件连接在一起，使它们成为一个紧密结合的有机体。

图 1.4.4　Intel 2.8G CPU

图 1.4.5　主板

（3）辅助存储器。辅助存储器又称外存储器（简称外存），它是 CPU 不能直接访问的存储器，需要经过内存与 CPU 及 I/O 设备交换信息，用于长久地存放大量的包括暂时不使用的程序和数据。硬盘、光盘和 U 盘均属于辅助存储器。如图 1.4.6 所示为硬盘的外观。

（4）主存储器。主存储器又称内存，是计算机重要的组成部分（见图 1.4.7），其功能是为 CPU 提供暂时存/取信息的空间，其应用大大地提高了 CPU 的工作效率。

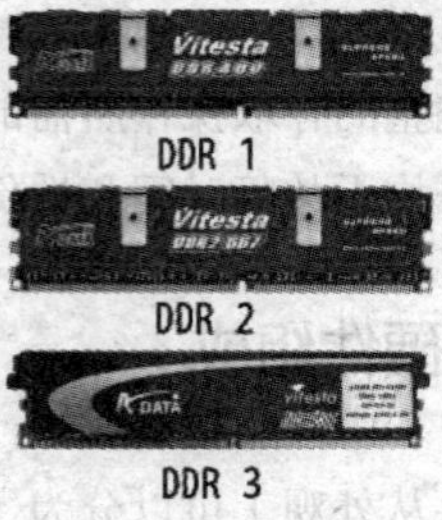

图 1.4.6　辅助存储器（硬盘）　　图 1.4.7　主存储器（内存）

（5）显卡。显卡是计算机图形处理和图形加速的重要部分，它的功能是根据 CPU 的指令将图形信息转换成视频信号输出到显示器上，如图 1.4.8 所示。

（6）声卡。声卡使计算机发出声音，它的诞生标志着计算机步入了多媒体时代（见图 1.4.9）。声卡主要是根据 CPU 的指令将数字信息转换成音频信号输出到音箱。

图 1.4.8　显卡　　图 1.4.9　声卡

（7）网卡。网卡也叫网络适配器，它是计算机之间通信的连接部件。网卡的主要功能是提供网络线路接口、数据缓存管理、网络内部的信息收发等，如图 1.4.10 所示。

（8）光驱。光盘驱动器简称光驱，光盘的读写是靠光驱进行的。目前，计算机上配备的光驱通常是只读的，即只能从光盘上读取信息而不能把信息写到光盘上，这一点不如软盘和硬盘方便，也可以配备可读写的光驱。光驱的外形如图 1.4.11 所示。

图 1.4.10　网卡　　图 1.4.11　光驱

光盘存储器是由光盘、光盘驱动器和接口电路组成的，按其读写功能可分为只读型、一次写入型、可重复写入型等种类，它们的工作原理也有所区别。

（9）机箱。机箱是用来放置计算机各个配件的金属箱，它不仅为计算机的核心运转提供了一个安全稳定的工作环境，而且有效地屏蔽了大多数电磁辐射，保护了使用者的身体健康，如图 1.4.12 所示。

（10）电源。电源是安装在一个金属壳体内的独立部件，它的作用是为系统装置的各种部件提供工作所需的电源。如图 1.4.13 所示为常用的 ATX 电源。

图 1.4.12　机箱

图 1.4.13　电源

2．输入/输出设备

计算机的输入/输出设备主要有键盘、鼠标、扫描仪、显示器、音箱、打印机等，主要负责把计算机提供的信息、数据进行分析和处理。输入/输出设备为计算机提供了人－机对话的功能，它把计算机处理的结果以人们能够接受的方式反映给用户。以下对各个外设进行简单的介绍。

（1）键盘和鼠标。键盘和鼠标是计算机的主要输入设备，也是人们对计算机下达命令的主要设备。它们使用户能够更方便、更快捷地使用计算机。键盘和鼠标的外形如图 1.4.14 所示。

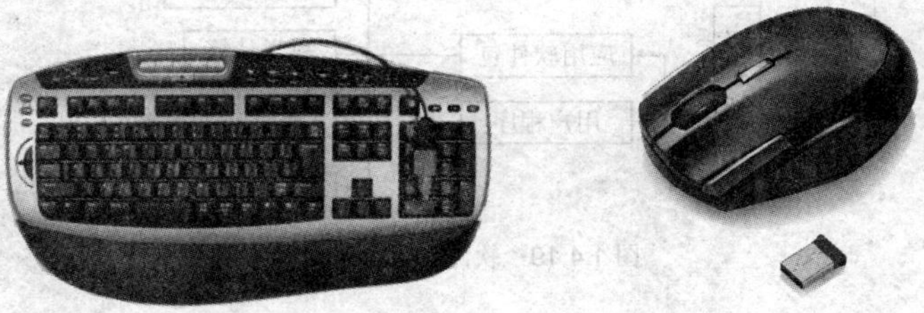

图 1.4.14　键盘和鼠标

（2）显示器。显示器是电脑的主要输出设备，它的主要功能是按照 CPU 的指令把图形、文字等信息显示出来。它与电视机的功能相似，就是输出图像和文字信息。常见的显示器有 CRT 平面显示器和 LCD 液晶显示器，如图 1.4.15 所示。

（3）音箱。音箱是多媒体计算机的必备设备。随着技术的发展，声卡的功能已经很完备，加上多媒体音箱的配合，可以体现计算机的多媒体功能，如图 1.4.16 所示。

图 1.4.15　显示器

图 1.4.16　音箱

（4）扫描仪。扫描仪是一种高精度的光电一体化的高科技产品，它是将各种形式的图像信息输入计算机的重要工具，如图 1.4.17 所示。

（5）打印机。打印机是计算机的输出设备，它可以打印出经过计算机处理的各种文字、图像等。现在为配合家用数码相机的使用，市面上推出了能直接打印照片的打印机，如图 1.4.18 所示。

图 1.4.17　扫描仪

图 1.4.18　照片打印机

1.4.5　软件系统

要实现计算机的正常运行，仅有完备的硬件系统是不行的，还必须有相应的软件系统。软件系统是指为了管理、指挥和维护计算机完成各种任务而编制的程序。软件系统可分为系统软件和应用软件两大类。系统软件主要包括操作系统、语言处理系统、系统性能检测和实用工具等，如图 1.4.19 所示。

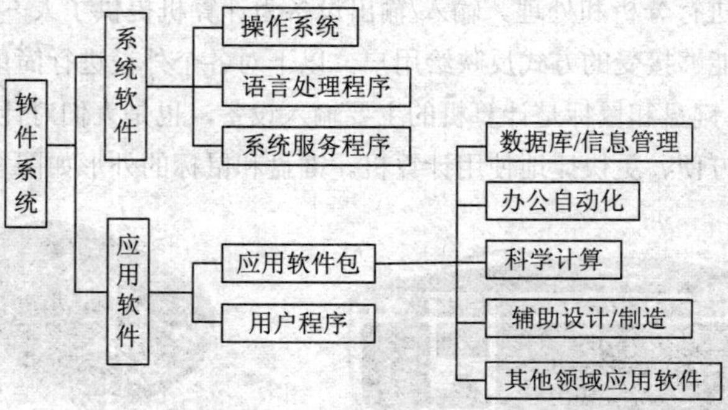

图 1.4.19　软件系统的组成

1. 操作系统的功能

操作系统的功能主要是管理，即管理计算机的所有资源（软件和硬件）。一般认为操作系统具有管理处理器、内存储器、设备和计算机文件等方面的功能。它是计算机硬件与用户之间的接口，使用户能方便地操作计算机。如图 1.4.20 所示为操作系统的基本功能。

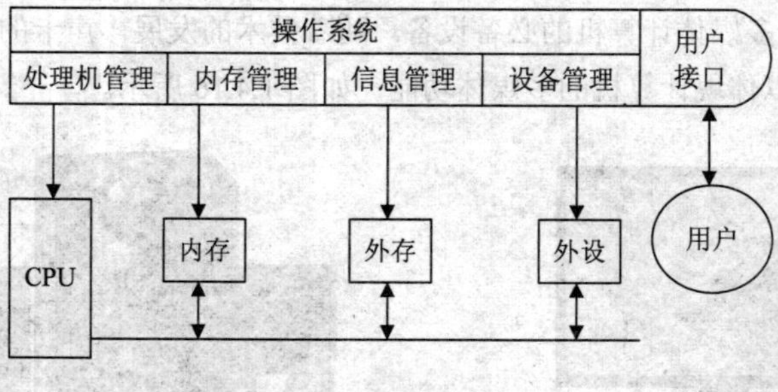

图 1.4.20　操作系统的功能

（1）处理机的管理。处理机就是 CPU，如何管理好 CPU，如何调度和分配 CPU，这就是处理机管理要解决的问题。管理 CPU 的目的是为了提高 CPU 的使用效率，从而使其更有效地执行程序。

（2）内存管理。内存的管理主要包括内存空间的分配、保护和扩充。

（3）信息管理。在计算机的外存上存储着大量的信息（包括程序和数据），如何组织和管理好这些信息并方便用户的使用，这就是操作系统信息管理的内容。

信息的共享和保护也是文件系统所要解决的问题。尤其是在多用户系统中，硬盘上存储着大量的文件，哪些文件可以为用户共享，哪些文件只能为部分用户使用，都需要系统管理员利用操作系统提供的权限管理功能为文件设定不同的访问权。

（4）设备管理。设备管理的任务是根据预定的分配策略，将设备接口及外设分配给请求输入/输出的程序，并启动设备完成输入/输出操作。为了尽可能地使设备和主机进行并行工作，设备管理采用了通道和缓冲技术。

（5）用户接口。操作系统的主要功能是为用户提供一个友好的用户接口。用户接口有两种类型（两个层次）。一种是程序级的接口，即系统提供了一组“体系调用”供用户在编程时使用。通过这些系统调用，用户可以在程序中访问系统的一些资源，或要求系统完成一些特定的功能。另一种是作业级的接口，也就是人们熟悉的操作系统用户界面。如 Windows 界面、DOS 命令、UNIX 系统的 Shell 命令等。

2．操作系统的典型结构

（1）单用户操作系统。单用户操作系统是指计算机系统一次只能运行一个用户程序。这类系统的最大缺点是计算机系统的资源不能充分被利用，例如 DOS，Windows 系统。

（2）批处理操作系统。批处理操作系统运行于大中型计算机上，可以支持多个程序或多个作业同时存在和运行，也称多任务操作，例如 IBM 的 DOS/VSE。

（3）分时操作系统。分时操作系统具有如下特征：在一台计算机周围挂上若干台近程或远程终端，每个用户可以在各自的终端上以交互的方式控制作业运行。

分时操作系统的多个用户可以通过文件系统彼此交流数据和共享各种文件，在各自的终端上协同完成任务。

（4）实时操作系统。在某些领域中，要求计算机对数据能进行迅速反馈和处理，以达到控制的目的，这种有相应时间要求的快速处理过程叫作实时处理过程，因此产生的操作系统叫作实时操作系统。

（5）网络操作系统。网络操作系统是向网络计算机提供网络通信和网络资源共享功能的。它是负责管理整个网络资源和方便网络用户的软件的集合。由于网络操作系统是运行在服务器之上的，所以有时也称为服务器操作系统。

3．程序设计语言

计算机只能执行预先由程序安排它去做的事情，因此，需要计算机来解决某个问题，就必须采用计算机语言来编制程序。程序编制的过程即称为程序设计，计算机语言又称为程序设计语言。程序设计语言大致可分为机器语言、汇编语言和高级语言三大类。

（1）机器语言。机器语言是用直接为 CPU 识别的一组由二进制构成的指令码，也称“二进制代码语言”。用机器语言编写的程序执行效率高，但存在着编程费时、费力，不便记忆、阅读，无通用性等缺点，这是第一代语言。

（2）汇编语言。汇编语言是一种符号化了的机器语言（用助记符来表示每一条机器指令），也称为符号语言。它更新近机器语言而不是人的自然语言，仍是一种面向机器的语言，这是第二代语言。

（3）高级语言。高级语言是第三代语言，也就是算法语言。它与自然语言和数学语言更为接近，可读性强，编程方便，从根本上摆脱了语言对机器的依附，使其独立于机器，由面向机器改为面向过程，也称为面向过程语言。

1.5 多媒体简介

多媒体技术是指能够同时对两种或两种以上媒体进行采集、操作、编辑、存储等综合处理的技术。多媒体具有下述的特性。

（1）集成性。多媒体技术中集成了多种单一技术，但对用户而言它们是集成一体的。

（2）交互性。在多媒体系统中用户可以主动地编制、处理各种信息，因而多媒体系统具有人机交换功能。

多媒体的集成性，一是体现在信息载体的集成；二是体现在存储信息实体的集成。

多媒体技术与计算机技术是密不可分的，具有多媒体处理能力的计算机被统称为多媒体计算机。

所谓多媒体计算机 MPC（Multimedia Personal Computer）是指能处理文、图、声音、视频、动画等信息的计算机，它是在一般计算机的基础上安装了一些能处理音频、视频等媒体信息的设备，如视频卡、声卡、音箱、光盘驱动器等。

1.5.1 多媒体计算机系统

多媒体计算机系统是指可以综合处理多媒体信息，使多种信息建立联系，并具有交互性的计算机系统，它一般由多媒体计算机硬件系统和多媒体计算机软件系统两大部分构成。

1. 多媒体计算机硬件系统

多媒体计算机硬件系统主要包括以下 6 部分：

（1）主机，如个人计算机、工作站、超级微机等。

（2）输入设备，如摄像机、麦克风、收录机、录像机、扫描仪等。

（3）输出设备，如打印机、音响、绘图仪、显示器、扬声器等。

（4）存储设备，如硬盘、光盘、声像磁带等。

（5）功能卡，如视频卡、声音卡、通信卡、压缩卡、家电控制卡等。

（6）操纵控制设备，如鼠标、键盘、操纵杆、触摸屏等。

2. 多媒体计算机软件系统

多媒体计算机软件系统是以操作系统为基础的。除此之外，还有多媒体数据准备软件（包括数字化声音的录制及编辑）、多媒体数据库管理系统、多媒体压缩解压缩软件、多媒体通信软件、多媒体应用软件等。特别需要指出的是，多媒体系统在不同领域中的应用需要有多种开发工具，应用领域的专家和多媒体开发人员利用多媒体系统提供的创作途径，组织编制了大量的多媒体数据，如图形、声音、动画、图像及各种媒体文件等的组合，而使其成为最终的多媒体应用软件产品。这种产品可以是一套学生的地理课教学课件，也可以是一部用户可参与但实际却像电影的游戏。

1.5.2 多媒体技术的应用

随着多媒体技术的不断发展与完善，这项技术可以被广泛应用于各个领域。

1．教育

多媒体 CAI 能将文字、图像、声音、动画、视频等众多媒体的信息集于一身，向学生提供一个丰富多彩、方便灵活的人机交互式界面，使学生的各个感观能同时在一个非常有利于所学内容的“意义建构”的“情境”中接收有益信息。

2．出版与图书

电子出版物具有质量轻、体积小、价格低、多媒体以及交互式阅读和检索等特点，是传统纸介质出版物不可比拟的。电子书（E-Book）、电子报纸（E-Newspaper）、电子杂志（E-Magazine）等磁盘、光盘类电子出版物的出现是多媒体技术和网络技术在计算机上应用和普及的必然结果。

3．工作方式

多媒体技术与 Internet 的结合可使不同地方的多个用户相互交换信息，能看到对方的形象，修改同一个文件，检索计算机中的多媒体信息资源，共同完成协作、会诊和设计任务。

4．Internet

由于音频、视频实时压缩技术的发展，人们可以通过 Internet 收听广播、观看电视、打电话和使用可视电话。在 Internet 上看到的不仅仅是文字和图形，还包括语音、音乐、动态图像、三维影像等。

1.5.3　多媒体的数字化

在计算机和通信领域，最为基本的三种媒体：声音、图像和文本。

1．声音

声音是一种重要的媒体，其种类繁多，如人的声音、乐器的声音等。

（1）声音数字化的过程。计算机系统通过输入设备输入声音信号，并对其进行采样、量化而将其转换成数字信号，然后通过输出设备输出。

（2）声音文件格式。WAV 文件被称为波形文件，是以“.wav”作为文件的扩展名。MIDI 文件规定了乐器、计算机、音乐合成器以及其他电子设备之间变换音乐信息的一组标准，它是以“.mid”“.rmi”等作为文件的扩展名的。

（3）其他文件。VOC 文件是声霸卡使用的音频文件格式，以“.voc”作为文件的扩展名。AIF 文件是苹果机的音频文件格式，它是以“.aif”作为文件的扩展名的。

2．图像

（1）静态图像的数字化。一幅图像可以近似地看成由许多的点组成，因此它的数字化通过采样和量化来实现。采样就是采集组成一幅图像的点，量化就是将采集到的信息转换成相应的数值。

（2）动态图像的数字化。从眼看到的一幅图像在消失后，还将在人的视网膜上滞留几毫秒，动态图像正是根据这样的原理而产生的。动态图像是将静态图像以每秒钟 n 幅的速度播放，当 $n \geqslant 25$ 时，显示在人眼中的就是连续的画面。

（3）点位图和矢量图。表示或生成图像有两种办法：点位图法和矢量图法。点位图法是将一幅图分成很多小像素，每个像素用若干二进制位表示像素的信息。矢量图是用一些指令来表示一幅图。

3．图像文件的格式

图像文件的格式主要有以下几种：

（1）.bmp 文件。Windows 采用的图像文件存储格式。

（2）.gif 文件。联机图形交换使用的一种图像文件格式。

（3）.tiff 文件。二进制文件格式。

（4）.png 文件。图像文件格式。

（5）.wmf 文件。绝大多数 Windows 应用程序都可以有效处理的格式。

（6）.dxf 文件。一种向量格式。

4．视频文件格式

（1）.avi 文件。Windows 操作系统中数字视频文件的标准格式。

（2）.mov 文件。QuickTime for Windows 视频处理软件所采用的格式。

1.6　计算机病毒及其防治

随着网络技术的不断发展，网络安全也成为一个越来越重要的话题。计算机病毒可以通过具有破坏力的代码侵入计算机其他程序，从而造成系统文件的损失或破坏，甚至使计算机的一些硬件设备遭到严重破坏。计算机病毒的防治也因此成为人们关注的焦点。

1.6.1　计算机病毒的概念

计算机病毒实质上是一种特殊的计算机程序，这是“能够侵入计算机系统的、并给计算机系统带来故障的一种具有自我复制能力的特殊程序”。

1．计算机病毒的特点

计算机病毒具有以下 6 方面的特点。

（1）传染性。传染性是计算机病毒程序最重要的特征。它通过对其他程序的修改或把自己的副本嵌入进去等手段，达到传染扩散的目的，一旦用户运行被病毒传染的程序，计算机就会被感染。这样，很快波及整个系统乃至计算机网络。

（2）隐蔽性。计算机病毒程序往往都是非常短小的程序，很容易隐蔽在可执行程序或数据文件中。当用户运行正常程序时，病毒伺机窃取到系统控制权，限制正常程序执行，而这些对于用户来说都是未知的。

（3）潜伏性。计算机病毒可以长时间地潜伏在文件中，并不立即发作。在潜伏期中，它并不影响系统的正常运行，只是悄悄地进行传播、繁殖，使更多的正常程序成为病毒的“携带者”。一旦时机成熟，病毒发作，就会显示出巨大的破坏威力。

（4）触发性。计算机病毒并不是在任何条件下都能发作的，触发实质上是一种条件控制。病毒程序按照设计者的要求，在具备一定触发条件时，才会感染或攻击其他程序。触发计算机病毒的条件可以是某个特定的文件类型或数据，或者是某个特定的日期或时间等。

（5）破坏性。计算机病毒的最终目的就是破坏用户机中的程序数据。一旦满足了它的破坏条件，就会发作，并在系统中迅速扩散。但是，它的破坏性主要取决于病毒程序设计者，轻者能占用内存空间、扰乱屏幕显示、降低系统工作效率。重者能破坏数据和文件、封锁外设或通道、破坏系统的正常运行，甚至毁掉系统硬件。

（6）衍生性。计算机病毒本身是一段可执行程序，但是由于计算机病毒本身是由几部分组成的，所以可以被恶作剧者或恶意攻击者模仿，甚至对计算机病毒的几个模块进行修改，使成为一种不同于原病毒的计算机病毒。例如，常说的变种病毒就是病毒程序衍生而来的，如 Casper（卡死脖幽灵）病毒可变代码达数千亿种。

2. 计算机病毒的种类

计算机病毒的分类方法很多，根据计算机病毒的特点及特性可以分为以下几种。

（1）按照病毒的破坏性可分为良性病毒和恶性病毒。

1）良性病毒对系统和数据不产生破坏作用，它只是表现自己，但干扰计算机的正常工作，例如大量占用系统资源，使计算机的运行速度大大降低。有时，在某些特定条件下，病毒交叉感染时，甚至可造成计算机系统瘫痪。

2）恶性病毒对系统、程序以及用户数据产生不同程度破坏。它的目的在于人为地破坏计算机系统的数据，其破坏力和危害之大是令人难以想象的，如删除文件、格式化硬盘或对系统数据进行修改等。例如，剧毒病毒 Diskkiller 发作时会自动格式化硬盘，致使系统瘫痪。

（2）按照病毒的传染方式可分为磁盘引导型病毒、操作系统传染的病毒、应用程序传染的病毒和文件型病毒。

1）磁盘引导型病毒主要是通过用计算机病毒取代正常的引导记录，而将正常的记录移至其他存储空间，进行保护或不保护。由于引导区是系统能正常工作的先决条件，所以这类病毒在一开始就获得了控制权，传染性较大。

2)操作系统传染的病毒就是利用操作系统可以在任何一个计算机的支持环境下运行这一特征，将计算机病毒寄生在正常的系统程序中，从而进行对程序的传染。有些病毒存在于磁盘的隐含扇区或者虚假标明是坏的扇区上。这类病毒有很强的破坏力，可以导致整个系统的瘫痪。

3）应用程序传染的病毒是以应用程序为攻击对象，将病毒寄生在应用程序中并获得控制权，且驻留内存并监视系统的运行，寻找可以传染的对象进行传染。由于目前各种实用软件很多，所以这种病毒入侵的可能性相当大。

4）文件型病毒。如果文件带上此类病毒，则该文件（可执行文件或某些类型的数据文件，如 DOC 文件）被调用时，病毒将驻留在系统内存，并伺机传染其他可执行文件或某些类型的数据文件。

1.6.2　计算机病毒的传播途径及预防

计算机病毒的出现使计算机的安全性遇到了严峻挑战，信息化社会面临严重的威胁。因此，掌握计算机病毒的传播途径就显得尤为重要，与此同时也要大力加强病毒的预防工作。

1. 计算机病毒的传播途径

计算机病毒的传染总是通过一定的途径来完成的，这些途径主要有硬盘、光盘、网络以及磁带等。

（1）硬盘/U 盘是病毒传染的一个重要的途径。感染病毒的 U 盘在无病毒的机器上使用，就会感染该机的内存和硬盘，凡是在这个带病毒的机器上使用过的 U 盘又会被病毒感染。

（2）光盘传染主要是由于使用盗版光盘而引起的。如果使用了这种带病毒的光盘，计算机病毒就会通过此光盘进行传染。

（3）通过计算机网络传染病毒。在网络中传染的速度是所有传染媒介中最快的一种，特别是随着 Internet 的日益普及，计算机病毒会通过网络从一个节点迅速蔓延到另一个节点。比如泛滥一时的“梅利莎”病毒，看起来就像是一封普通的电子邮件，可是一旦打开邮件，病毒将立即侵入计算机的硬盘。还有在计算机上常出现的标有“I love you”邮件名的电子邮件，一旦打开此邮件，病毒同样也会立即侵入。

总之，病毒的传染以操作系统加载机制和存储机制为基础，有的也危及硬件。

2．计算机病毒的预防

一般来说，计算机病毒的预防分为两种：技术上的预防和管理上的预防。而在一定程度上，这两种方法是相互结合的，只有合理地将这两种方法相互结合使用，才能行之有效地防止病毒的侵入。通常采取以下措施来预防计算机病毒：

（1）对所有系统软件和重要数据的软盘要有备份，并使这些软盘“写保护”。

（2）不要使用不知底细的磁盘和盗版光盘，对于外来软盘，必须进行病毒检测处理后才能使用。

（3）对于带有硬盘的机器最好是专机专用或专人专机。

（4）将所有扩展名为“.COM”和“.EXE”的文件赋以“只读”属性。

（5）经常将硬盘上的重要文件，如主引导记录、操作系统引导记录、分区表、重要数据文件等进行备份，一旦系统或数据遭到破坏后能及时得到恢复。

（6）能从硬盘引导系统，就不用软盘引导。

（7）发现计算机系统的任何异常现象，应及时采取检测和消毒措施。

（8）网络用户必须遵守网络软件的规定并控制数据共享。

（9）定期对所使用的磁盘进行病毒检测。

本章小结

本章主要讲解了计算机概述、计算机中的数制、数据与编码、微型计算机系统、多媒体简介及计算机病毒与防治等内容。通过本章的学习，用户可以对计算机基础知识有一定的了解。

习 题 一

一、填空题

1．世界上公认的第一台电子计算机于__________年在__________诞生，它的名字是__________。

2．第四代计算机开始使用大规模及超大规模的__________作为它的逻辑元件。

3．未来的计算机正朝着__________、__________、__________、__________和__________的方向发展。

4．在进位计数制中的 3 个要素，分别为__________、__________和__________。

5．汉字编码主要包括__________、__________、__________、__________、__________等。

6. 计算机的硬件结构主要由__________、__________、__________、__________和__________五大基本部件组成，其中以__________为中心。

7. 软件系统可分为__________、__________和__________ 3 部分。

8. 计算机病毒的 6 个特点分别为__________、__________、__________、__________、__________和__________。

二、选择题

1. 个人计算机属于（　）。

（A）小巨型机　（B）小型计算机　（C）微型计算机　（D）中型计算机

2. 一个完整的计算机系统包括（　）。

（A）计算机及其外部设备　（B）主机、键盘、显示器

（C）系统软件和应用软件　（D）硬件系统和软件系统

3. 中央处理器（CPU）主要由（　）组成。

（A）控制器和内存　（B）运算器和内存

（C）控制器和寄存器　（D）运算器和控制器

4. 计算机的主存储器是指（　）。

（A）RAM 和 C 磁盘　（B）ROM

（C）ROM 和 RAM　（D）硬盘和控制器

5. 下列不属于计算机输出设备的是（　）。

（A）音箱　（B）打印机　（C）触摸屏　（D）绘图仪

6. 计算机软件分为（　）。

（A）程序与数据　（B）系统软件与应用软件

（C）操作系统与语言处理程序　（D）程序、数据与文档

7. 计算机能够直接执行的计算机语言是（　）。

（A）汇编语言　（B）机器语言　（C）高级语言　（D）自然语言

8. 下列有关多媒体计算机概念描述正确的是（　）。

（A）多媒体技术可以处理文字、图像和声音，但不能处理动画和影像

（B）多媒体计算机系统主要由多媒体硬件系统、多媒体操作系统和支持多媒体数据开发的应用工具软件组成

（C）传输媒体主要包括键盘、显示器、鼠标、声卡和视频卡等

（D）多媒体技术具有集成性和交互性的特征

9. 以下有关计算机病毒的描述，不正确的是（　）。

（A）是特殊的计算机部件　（B）传播速度快

（C）是人为编制的特殊程序　（D）危害大

三、简答题

1. 简述计算机的特点及其分类。

2. 简述多媒体的概念和应用。

3. 叙述计算机病毒的概念、传播途径和预防措施。

第 2 章　Windows 7 操作系统

Windows 7 操作系统继承部分 Vista 特性，在加强系统的安全性、稳定性的同时，重新对性能组件进行了完善和优化，部分功能、操作方式也回归质朴，在满足用户娱乐、工作、网络生活中的不同需要等方面达到了一个新的高度，Windows 7 操作系统成为了微软产品中的巅峰之作。本章将介绍 Windows 7 操作系统的基本操作与功能特点。

本章主要内容

- 操作系统简介
- 认识 Windows 7 操作系统
- Windows 7 的基本操作
- 设置 Windows 7 桌面
- 管理文件的场所
- 文件和文件夹的操作
- 在 Windows 7 中安装和卸载软件
- Windows 7 的常用附件
- 管理回收站

2.1　操作系统简介

操作系统（Operating System，简称 OS）是用于管理、操纵和维护计算机，并使其正常高效运行的软件，它是计算机软硬件资源的管理者和软件系统的核心。

2.1.1　操作系统的概念

操作系统是直接控制和管理计算机硬件资源和软件资源，以方便用户有效地利用这些资源的程序集合。操作系统的应用主要有以下 3 个方面：一是操作系统要方便用户使用计算机，为用户提供一个清晰、简洁、易于使用的友好界面；二是操作系统应尽可能地使计算机系统中的各种资源得到充分而合理的利用，提高系统资源的利用率；三是在开发软件时，需要使用操作系统进行管理，调用有关的工具软件及其他软件资源，提供软件的开发与运行环境。操作系统是计算机系统中系统软件的重要组成部分，它是最低层的系统软件，是对硬件系统功能的首次扩充。

操作系统实际上是一组程序，用于统一管理计算机资源，合理地组织计算机的工作流程，协助计算机系统的各个部分之间、系统与用户之间、用户与用户之间的关系，如图 2.1.1 所示。由此可见，操作系统在计算机系统中占有重要的地位，其他软件（包括系统软件和应用软件）都建立在操作系统的基础上，并得到操作系统的支持和服务。从用户的角度来看，当计算机配置了操作系统后，用户不再直接操作计算机硬件，而是利用操作系统所提供的命令操作计算机，即操作系统是用户与计算机之间的媒介。

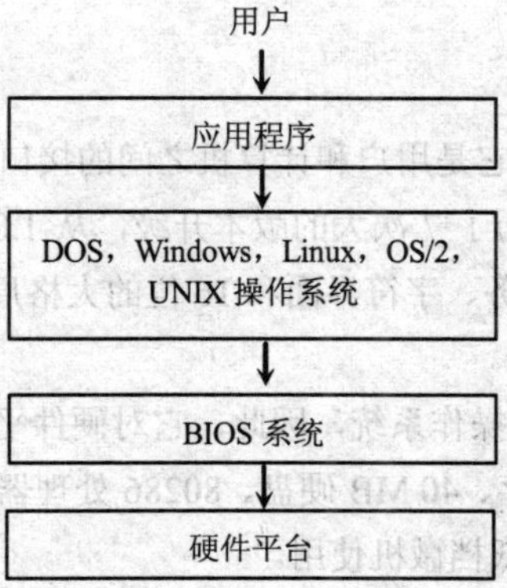

图 2.1.1　操作系统

2.1.2　操作系统的功能

操作系统的功能是管理和控制计算机系统中所有的软硬件和数据资源，合理地组织计算机的工作流程，并为用户提供良好的工作环境和友好的操作界面。而计算机系统的资源通常被分为 4 类：中央处理器（CPU）、内存储器、外部设备（磁盘、显示器、打印机等）以及程序和数据。操作系统的主要部分储存在主存储器中，人们通常把这部分称为操作系统的内核或核心。操作系统具有 5 方面的功能：作业管理、进程管理、存储管理、设备管理和文件管理。所谓作业，是用户在一次运算或事务处理过程中，要求计算机系统所做的工作的集合；所谓进程，是程序运行的动态过程。作业管理和进程管理分别是处理器管理的静态和动态两个方面。

处理器管理主要解决对处理器的分配调度策略、分配实施、资源回收等问题。

存储管理主要管理内存资源，根据用户程序的要求分配内存，保护用户存放在内存中的程序和数据不被破坏，同时存储管理还解决内存的扩充问题。

设备管理负责管理各类外围设备，包括分配、启动、故障处理等。

文件管理是操作系统对计算机系统中软件资源的管理，通常由操作系统中的文件系统不定期完成这一功能，支持文件的存储、检索、修改等操作，解决文件的共享、保密和保护问题。

2.1.3　操作系统的组成和分类

在计算机上运行的操作系统主要有 Microsoft 的 MS-DOS，Windows，Windows NT，IBM 的 OS/2 等。早期的计算机用户普遍使用 MS-DOS，因为这种操作系统对机器的硬件配置要求不高，而随着计算机硬件技术的飞速发展，硬件设备价格越来越低，人们可以相对容易地提高计算机的硬件配置，于是开始使用 Windows，Windows NT 等具有图形界面的操作系统。随着网络技术和应用的推广，网络操作系统也越来越被计算机用户所接受。

根据操作系统使用环境的不同，操作系统一般分为批处理操作系统、分时操作系统和实时操作系统。

根据操作系统用户数目的不同，操作系统一般可分为单用户系统、多用户系统、单机系统和多机系统。

根据计算机硬件结构的不同，操作系统一般可分为网络操作系统、分布式操作系统和多媒体操作系统。

1. DOS 操作系统

DOS 的全称为磁盘操作系统，它是用户和计算机之间的接口，用户依靠 DOS 来使用和管理 PC 机。从 1981 年问世至今，DOS 经历了 7 次大的版本升级，从 1.0 版到现在的 7.0 版，不断地改进和完善。但是，DOS 的单用户、单任务、字符界面和 16 位的大格局没有变化，因此它对于内存的管理也局限在 640 KB 的范围内。

DOS 最初是为 IBM-PC 开发的操作系统，因此，它对硬件平台的要求很低，即使对于 DOS 6.0 这样高版本的 DOS，在 640 KB 内存、40 MB 硬盘、80286 处理器的环境下也可正常运行，因此 DOS 既适合于高档微机使用，又适合于低档微机使用。

常用的 DOS 有 3 种不同的品牌，它们是 Microsoft 公司的 MS-DOS，IBM 公司的 PC-DOS 以及 Novell 公司的 DR-DOS。这 3 种 DOS 都是兼容的，但仍有一些区别，3 种 DOS 中使用最多的是 MS-DOS，它主要有以下 3 个功能。

（1）执行命令和程序功能。命令是指 DOS 向用户提供的可执行程序，包括内部命令和外部命令。程序即是指除 DOS 的外部命令以外的所有其他可执行的代码文件，包括应用程序和实用程序。DOS 可以对提示符后的命令和程序进行解释，并做出反应。

（2）I/O 管理功能。即输入/输出管理，主要是管理内存和系统其他硬件之间的数据交换。

（3）磁盘与文件管理。即 DOS 实现对各类文件的建立、显示、比较、复制、修改、检索、删除等操作。

DOS 系统由一个引导程序和 3 个功能模块以及外部命令集组成。

（1）引导程序。存放在 DOS 引导盘的第 0 面第 0 磁道第一扇区。每当 DOS 启动时便自动装入内存并将控制权交给系统的引导程序，由它将 DOS 的其他部分装入内存。此引导程序是在对磁盘进行格式化时拷入磁盘的。

（2）输入/输出管理系统（IO.SYS）。输入/输出系统包括固化在 ROM 中的基本输入/输出系统（BIOS）和系统盘上的 BIOS 接口模块（IO.SYS）。这两部分是 DOS 的最里层，用于驱动和控制各种外部设备的工作。其中包含 DOS 与系统外设接口的驱动程序，即磁盘驱动器的驱动程序、打印机驱动程序（PRN）、CRT 显示器、键盘驱动程序（CON）等。这些驱动程序最终要调用 BIOS 模块中的中断服务程序，实现对外设的控制。还有一个称为 SYSINIT 的初始化模块，它负责对外设驱动程序进行初始化，并处理配置文件（CONFIG.SYS）中的命令。

（3）文件管理系统（MSDOS.SYS）。该模块是 MS-DOS 的核心，负责管理所有的磁盘文件。它包括许多功能调用子程序，用户的应用程序以及 MS-DOS 的大部分命令，都将通过软件中断来调用它们。它向用户提供一系列的功能调用命令及相应的各种子程序，如文件和记录管理、内存管理、字符设备的输入/输出、提取实时时钟和日期等，完成对文件的各种操作，使外层模块或用户程序能方便地使用系统资源。

（4）命令处理程序（COMMAND.COM）。该模块是用户和 DOS 之间的直接界面，是 DOS 的最外层。其任务是将用户在 DOS 命令提示符下输入的命令读进命令行缓冲区，并对它们进行识别、解释，并作出反应。命令处理程序 COMMAND.COM 是 DOS 系统不可缺少的一个重要模块，它包括 DOS 系统的所有内部命令；文件处理、中断处理、出错处理等子程序；负责装入与执行外部命令的子程序等内容。

（5）外部命令集。在安装 DOS 时，其他的 DOS 程序文件都存放在一个由用户指定的 DOS 系统文件目录中。用户如果不指定，DOS 的安装程序便在启动盘上生成一个名为 DOS 的子目录，将这些所有外部命令程序文件存放在该目录中。这些程序文件被称为 DOS 的外部命令集，它包含 DOS 的所有外部命令。

DOS 是在微机上长期使用的一种操作系统，它的界面是文本界面，用户在屏幕上看到的是一个 DOS 提示符，通过从键盘输入命令来指挥计算机。大多数用户会因为记不住 DOS 命令的拼写和用法而苦恼，甚至对烦琐的 DOS 命令望而却步。Windows 操作系统给微机带来了图形用户界面，用户在计算机屏幕上看到的是一个桌面和一些图标，可以通过用鼠标单击屏幕上的图标来完成命令的输入，使计算机的操作变得简单直观。

2．Windows 操作系统

Windows 是 Microsoft 公司在 1985 年 11 月发布的第一代窗口式多任务系统，它令计算机开始进入了所谓的图形用户界面（Graphic User Interface，GUI）时代。在图形用户界面中，每一种应用软件（即由 Windows 支持的软件）都用一个图标（Icon）表示，用户只须把鼠标移到某图标上，双击鼠标左键即可打开该软件，这种界面方式为用户提供了很大的方便，把计算机的使用提高到了一个新的层面。

Windows 1.X 版是一个具有多窗口及多任务功能的版本，但由于当时的硬件平台为 PC/XT，速度很慢，所以 Windows 1.X 版并未流行。1987 年底 Microsoft 公司又推出了 MS-Windows 2.X 版，它具有窗口重叠功能，窗口大小也可以调整，并可把扩展内存和扩充内存作为磁盘高速缓存，从而提高了整台计算机的性能。此外它还提供了众多的应用程序，如文本编辑 Write，记事本 Notepad，计算器 Calculator，日历 Calendar 等。随后在 1988 年、1989 年又先后推出了 MS-Windows/286-V2.1 和 MS-Windows/386-V2.1 两个版本。

1990 年，Microsoft 公司推出了 Windows 3.0，它的功能进一步加强，具有强大的内存管理功能，且提供了数量相当多的 Windows 应用软件，因此成为 386，486 计算机新的操作系统标准。随后，推出了 Windows 3.1 版，而且推出了相应的中文版。3.1 版较 3.0 版增加了一些新的功能，受到用户的欢迎，是当时最流行的 Windows 版本。

1995 年，Microsoft 公司推出了 Windows 95。在此之前的 Windows 都是由 DOS 引导的，也就是说，它们还不是一个完全独立的系统，而 Windows 95 是一个完全独立的系统，并在很多方面作了进一步的改进，还集成了网络功能和即插即用（Plug and Play）功能，是一个全新的 32 位操作系统。

1998 年，Microsoft 公司推出了 Windows 95 的改进版 Windows 98，Windows 98 最大的特点就是把 Internet 浏览器技术整合到了 Windows 98 中，使得访问 Internet 资源就像访问本地硬盘一样方便，从而更好地满足了人们越来越多的访问 Internet 资源的需要。

Windows XP 是目前使用的主流操作系统。随着 Windows 7 的推出，它也将逐渐成为计算机的主流操作系统。

Microsoft 公司的另一个产品——Windows NT（New Technology）系统是真正的 32 位操作系统。与普通的 Windows 系统不同，Windows NT 是一个功能全面的操作系统，具有完全集成式的联网能力，这种集成的网络能力正是 Windows NT 与其他操作系统，如 MS-DOS，OS/2 和 UNIX 的区别所在，因为其他操作系统的网络功能都是与核心操作系统分开安装的。集成式的网络支持意味着 Windows NT 具有如下特点：支持对等式和客户机－服务器网络。所有运行 Windows NT 的计算机都可以既作为客户机又作为服务器来运行，计算机共享文件和打印机资源，并可通过网络交换消息。Windows NT Advanced Server 还带有最高档服务器所需的全部功能，例如域管理工具等，增加网络的软件和硬件变得十分简便。由于网络软件已经集成在 Windows NT 中，因此用户可以十分简便地添加协议驱动程序、网络适配卡驱动程序以及其他的网络软件。Windows NT 本身带有 4 个传输协议——NetBEUI 传输，DLC，TCP/IP 和 Newlink IPX/SPX。Windows NT 系统可使用各种各样的传输协议和网络适配卡来进行通信，也可以与大量不同的网络进行通信，支持分布式应用程序。

Windows NT 提供了透明的远程过程调用（Remote Procedure Call，RPC）功能，它还支持 NetBIOS，Sockets 和命名管道、邮件槽，并与 LAN Manager 的安装与应用软件保持向上兼容。

Windows 7 是由微软公司（Microsoft）开发的操作系统，核心版本号为 Windows NT 6.1。Windows 7 可供家庭及商业工作环境、笔记本电脑、平板电脑、多媒体中心等使用。

Windows 7 有多个版本，不同的用户应根据自己的实际情况，选择不同的版本。其中简易版保留了一些用户比较熟悉的特点和兼容性，并吸收了在可靠性和响应速度方面的最新技术；家庭普通版可以更快、更方便地访问使用最频繁的程序和文档；家庭高级版拥有最佳的娱乐体验，可以轻松地欣赏和共享您喜爱的电视节目、照片、视频和音乐；专业版提供办公和家用所需的一切功能；旗舰版集各版本功能之大全，兼备家庭高级版的娱乐功能和专业版的商务功能，同时增加了安全功能以及在多语言环境下工作的灵活性。

3. UNIX 系统

UNIX 是 1969 年问世的一个多用户、多任务操作系统，它最初运用在中小型计算机上。最早移植到 80286 计算机上的 UNIX 系统，称为 Xenix。Xenix 系统的特点是短小精练，系统消耗小，运行速度快。经过多年的发展，Xenix 已成为十分成熟的系统，最新版本的 Xenix 是 SCO Unix 和 SCO CDT。当前的主要版本是 UNIX 3.2 V4.2 以及 ODT 3.0。

UNIX 系统一直是现代工程工作站的主流操作系统。UNIX 各版本的基本特性是一致的，即开放性、多用户、多任务、功能强、高效、网络功能丰富。在 UNIX 的发展过程中，各大公司纷纷形成了各自的 UNIX 版本。1989 年末，转卖给 SCO 的 Xenix 版本受 UNIX SVR4 的冲击而终止，SCO 开始推出 SCO UNIX 系列。1995 年，SCO 从 Novell 手中购买了 UNIXware，实力大增。Sun 拥有 Solaris，Digital；HP，IBM 也分别有各自的 UNIX 系统。

UNIX 是一个多用户系统，一般要求配有 8 MB 以上的内存和较大容量的硬盘。

4. Linux 系统

Linux 是由芬兰赫尔辛基大学的学生 Linus Torvalds 在 1991 年开发出来的可以在计算机上运行的免费的 UNIX 操作系统。其源程序在 Internet 网上公开发布，由此，引发了全球计算机爱好者的开发热情，许多人下载该源程序并按自己的意愿完善某一方面的功能，再发回网上，Linux 也因此被改进成为一个全球最稳定的、最有发展前景的操作系统。Linux 操作系统具有如下特点：

（1）它是一个免费软件，用户可以自由安装并任意修改软件的源代码。

（2）Linux 操作系统与主流的 UNIX 系统兼容，这使得它一出现就有了一个很好的用户群。

（3）Linux 几乎支持所有的硬件平台，包括 Intel 系列、680x0 系列、Alpha 系列及 MIPS 系列等，并广泛支持各种周边设备。

目前，Linux 正在全球各地迅速普及推广，各大软件商如 Oracle，Sybase，Novell，IBM 等均发布了 Linux 版的产品，许多硬件厂商也推出了预装 Linux 操作系统的服务器产品，当然，计算机用户也可使用 Linux。另外，还有不少公司或组织有计划地收集有关 Linux 的软件，组合成一套完整的 Linux 发行版本上市，比较著名的有 RedHat，Slackware 等公司。虽然，现在 Linux 取代 UNIX 和 Windows

还为时过早，但一个稳定性、灵活性和易用性都非常好的软件，肯定会得到越来越广泛的应用。

2.1.4 系统文件的基本概念

电脑中存放的文件各式各样，为了更好地使用电脑为日常工作服务、快速找到所需的办公文件，必须先为电脑规划办公文件系统。在 Windows 7 的文件管理中，涉及以下基本概念。

1．磁盘

磁盘是存储数据的场所，为了便于存放数据，将一个硬盘划分为多个区域，每个区域存放一定数量的文件，这个区域就是磁盘。每个磁盘都有各自的名称，默认以字母命名，如 C 盘、D 盘、E 盘、F 盘等。根据需要还可以为磁盘重命名，从而快速识别该磁盘中存放的数据类型。如图 2.1.2 所示为磁盘在电脑中的表现形式，它由磁盘图标、磁盘名称、磁盘使用情况等几部分组成。通过磁盘使用情况可以查看该磁盘的总容量及可用容量等信息。

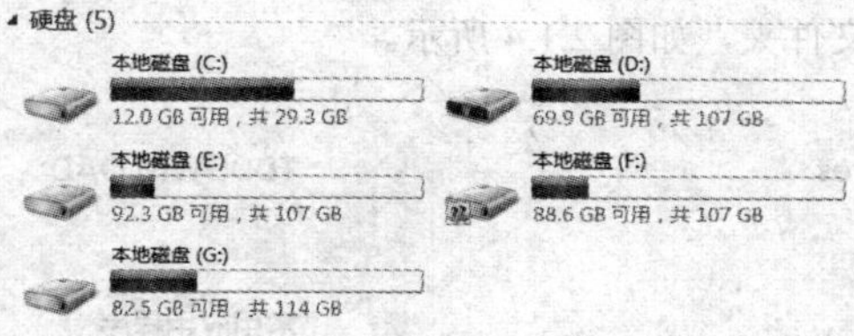

图 2.1.2 磁盘在电脑中的表现形式

从图 2.1.2 中可以看出，不同的图标样式表示该磁盘的类型不同，各种图标样式代表的含义分别如下：

：表示该磁盘中存放了 Windows 7 操作系统文件，一般不要轻易对其中的文件进行删除和移动操作。

：它是 Windows 7 默认的磁盘图标，表示磁盘中存放了普通的数据文件。

：表示该磁盘中的文件已被共享到局域网中，可供局域网中的其他用户查看和使用。

2．文件

在计算机中，文件是最基本的存储单位，数据和各种信息都保存在文件中。Windows 中的任何文件都是用图标和文件名来标识的，文件名由主文件名和扩展名两部分组成，中间由“.”分隔，如图 2.1.3 所示。

图 2.1.3 文件在电脑中的表现形式

（1）文件名：最多可以由 255 个英文字符或 127 个汉字组成，或者混合使用字符、汉字、数字甚至空格。但是，文件名中不能含有“\”“/”“:”“<”“>”“?”“*”“"”和“|”字符。

（2）扩展名：通常为3个英文字符。扩展名决定了文件的类型，也决定了可以使用什么程序来打开文件。常说的文件格式指的就是文件的扩展名。

从打开方式看，文件分为可执行文件和不可执行文件两种类型。

（1）可执行文件：指可以自己运行的文件，其扩展名主要有.exe，.com 等。用鼠标双击可执行文件，它便会自己运行。应用程序的启动文件都属于可执行文件。

（2）不可执行文件：指不能自己运行的文件。在双击这类文件后，系统会调用特定的应用程序去打开它。例如，双击.txt 文件，系统将调用 Windows 系统自带的“记事本”程序来打开它。

3. 文件夹

文件夹是在磁盘上组织程序和文档的一种手段，既可包含文件，也可包含其他文件夹，就像用户办公时使用文件夹来存放文档一样。

文件夹可以包含各种不同类型的文件，例如文档、音乐、图片、视频和程序等。可以将其他位置的文件（例如，其他文件夹、计算机或者 Internet 上的文件）复制或移动到用户创建的文件夹中，用户还可以在文件夹中再创建文件夹，如图 2.1.4 所示。

图 2.1.4　文件夹在电脑中的表现形式

文件夹：表示该文件夹中存放的文件为图片。

文件夹：表示该文件夹存放的文件为 Word 文档。

文件夹：表示该文件夹为空文件夹，其中没有任何内容。

文件夹：表示该文件夹中存在子文件夹和一般文件。

4. 文件存放注意事项

根据实际需求规划好办公文件存放体系后，在存放办公文件时为了保证电脑中的文件井井有条，应注意以下几方面：

（1）办公文件不放系统盘。系统盘一般为 C 盘，用于存放操作系统的相关文件，如果系统损坏需重装系统，其中的文件一般会全部删除，为了保证办公的安全性，不要将办公文件存放于系统盘中，以免文件丢失。需要注意的是，如将文件保存到电脑桌面，以用户名命名的文件夹中，实际也是保存在系统盘中。

（2）随时备份文件。为了避免重要的电脑文件受损，可将文件进行备份，备份即将文件复制一份，保存到电脑的其他磁盘位置、移动硬盘或其他电脑中。一旦该文件受损，可从其他位置再次复制到原位置。

（3）文件名应易懂。在创建文件夹和文件时，应注意其命名通俗易懂，以保证用户能够通过名称快速知道其中包含的内容，从而缩短寻找文件或文件夹的时间。

（4）定期整理电脑中的文件。规划好电脑文件体系后，文件应保存到相应的位置，并应根据情况定期整理电脑中的文件，将不需要的文件删除，将临时保存在某个位置的文件或文件夹移动到指定位置等。

2.2 认识 Windows 7 操作系统

计算机发展至今，已在人类的生活和工作中产生了极其深远的影响，很难想象没有计算机，社会将变成什么样？在操作系统市场，Windows 操作系统已占据了近 90%的份额，其中，Windows 7 为微软新推出的 PC 操作系统，已广泛为市场所接受。

2.2.1 体验 Windows 7

Windows 7 在硬件性能要求、系统性能、可靠性等方面，都颠覆了以往的 Windows 操作系统。

1. Windows 7 的特点

Windows 7 作为 Windows Vista 的继任者，其优点足够吸引用户与各界厂商，绚丽的界面、方便快捷的触摸屏、快速启动关闭速度足以使各界满意。现在简要介绍其特点。

（1）易用。Windows 7 做了许多方便用户的设计，如快速最大化、窗口半屏显示、跳转列表（Jump List）、系统故障快速修复等。

1）新的任务栏。Windows 7 的任务栏不仅可以显示当前窗口中的应用程序，还可以显示其他已经打开的标签。右键单击 Windows 7 任务栏中的图标，将可以打开所谓的跳转列表。

2）任务栏缩略图。只需要在一个任务栏图标上悬停鼠标并且替换标准的信息提示，将看到一个窗口的小型快照。

3）开始菜单。开始菜单的颜色会以不同的 Aero 颜色主题一起变化，另外一点就是搜索、看图。搜索的结果会占满整个开始菜单，而不会像 Vista 那样，右边列不变，导致很多搜索结果只能以很小的一条空间显示出来，经常有内容显示不全而被截断。

（2）快速。Windows 7 大幅缩减了 Windows 的启动时间，据实测，在 2008 年的中低端配置下运行，系统加载时间一般不超过 20 秒，这比 Windows Vista 的 40 余秒相比，是一个很大的进步。

（3）简单。Windows 7 将会让搜索和使用信息更加简单，包括本地、网络和互联网搜索功能，直观的用户体验将更加高级，还会整合自动化应用程序提交和交叉程序数据透明性。

（4）安全。Windows 7 包括改进了的安全和功能合法性，还会把数据保护和管理扩展到外围设备。Windows 7 改进了基于角色的计算方案和用户账户管理，在数据保护和坚固协作的固有冲突之间搭建沟通桥梁，同时也会开启企业级的数据保护和权限许可。

（5）特效。Windows 7 的 Aero 效果华丽，有碰撞效果、水滴效果，还有丰富的桌面小工具，这些都比 Vista 增色不少。但是，Windows 7 的资源消耗却是最低的。Windows 7 的小工具没有了像 Windows Vista 的侧边栏，这样，小工具可以放在桌面的任何位置，而不只是固定在侧边栏。

（6）效率。Windows 7 中，系统集成的搜索功能非常强大，只要用户打开“开始”菜单并开始输入搜索内容，无论要查找应用程序、文本文档等，搜索功能都能自动运行，给用户的操作带来极大的便利。

（7）低成本。Windows 7 可以帮助企业优化它们的桌面基础设施，具有无缝操作系统，应用程序和数据移植功能，并简化 PC 供应和升级，进一步朝完整的应用程序更新和补丁方面努力。

2. Windows 7 硬件基本配置

（1）1GHz 或更快的 32 位（x86）或 64 位（x64）处理器；

（2）1GB 物理内存（32 位）或 2GB 物理内存（64 位）；

（3）16GB 可用硬盘空间（32 位）或 20GB 可用硬盘空间（64 位）；

（4）DirectX 9 图形设备（WDDM 1.0 或更高版本的驱动程序）；

（5）屏幕纵向分辨率不低于 768 像素。

2.2.2 启动 Windows 7 操作系统

启动 Windows 7 操作系统的实质就是打开电脑，其操作步骤如下：

（1）按下显示器的电源开关，接通显示器电源。

（2）按下开机按钮，电脑开始自检、初始化硬件设备和加载引导程序，此时无须进行任何操作。

（3）若只有一个用户且未设置密码，自检和加载引导程序完成后将自动进入启动 Windows 7 操作系统界面。如果有多个操作系统，可通过按键盘中的“↑”或“↓”键进行选择，然后按回车键即可启动 Windows 7。

2.2.3 Windows 7 的界面

进入 Windows 7 操作系统后看到的整个区域就是电脑桌面。桌面是电脑屏幕上的“办公桌”，主要由桌面图标、桌面背景、任务栏等部分组成，如图 2.2.1 所示。

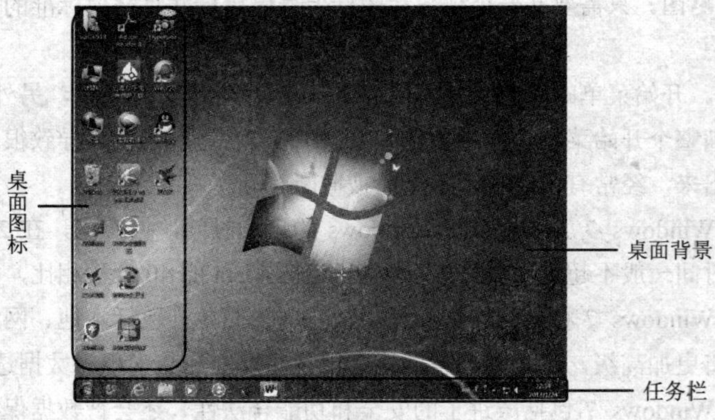

图 2.2.1 Windows 7 的桌面

安装 Windows 7 后，在默认的情况下，桌面上只有“回收站”系统图标，用户需要自行添加系统自带的其他系统图标和需要的桌面快捷方式图标。

1. 桌面图标

桌面图标就是桌面上显示的由图形和名称组成的各种小图案，在图标上直接双击即可打开与图标对应的程序。桌面图标分为系统图标和快捷方式图标，其中系统图标指系统自带的一些特殊用途的图标，如“计算机”“网络”“回收站”“控制面板”图标等；快捷方式图标一般是安装应用程序时自动产生的，其左下角有一个图标↗，用户也可根据需要自行创建。

2. 桌面背景

桌面背景是屏幕中显示图片的区域，位于桌面的最底层，主要用于美化桌面。用户可将自己喜欢的图片或颜色设为桌面背景。

3. 任务栏

在默认情况下，任务栏位于 Windows 7 桌面的最下方。任务栏是由“开始”按钮、快速启动区、任务按钮区、语言区、活动按钮区、时间/日期区和“桌面”按钮等部分组成，如图 2.2.2 所示。

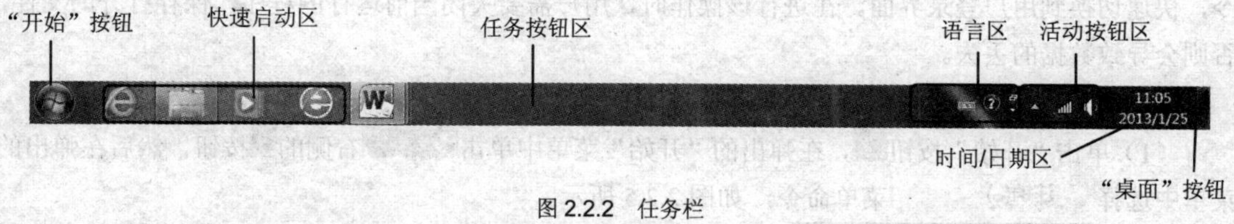

图 2.2.2　任务栏

任务栏各项的含义如下：

（1）“开始”按钮。单击该按钮，可打开“开始”菜单，从而可执行启动应用软件，设置电脑等操作。

（2）快速启动区。用于存放快速启动按钮，单击该区域的按钮，可快速打开相关的窗口。系统默认有 3 个快速启动图标，其中单击图标可以打开“库”窗口，用于操作电脑中的文件；单击图标可打开 Windows Media Player 窗口，用于播放音视频文件；单击图标，可打开 IE 浏览器窗口，用于上网浏览网页内容。

（3）任务按钮区。在 Windows 中打开窗口或启动程序时，在任务按钮区会显示一个相应名称的任务图标按钮。单击相应的任务图标可以显示该任务的操作窗口。

（4）语言栏。用于切换和显示系统使用的输入法。单击输入法图标，在弹出的下拉菜单中可以选择一种输入法；单击“还原”按钮，可将语言栏还原为桌面上的工具条；单击“最小化”按钮，可将语言栏最小化到任务栏中。

图 2.2.3　隐藏的活动按钮

（5）活动按钮区。将后台运行的程序按钮显示在其中，如杀毒软件、QQ 等。单击按钮，可显示隐藏的程序按钮，如图 2.2.3 所示。

（6）时间/日期区。用于显示当前日期和时间。

（7）“桌面”按钮。单击该按钮，可快速最小化操作的所有窗口，切换到桌面状态。

2.2.4　退出 Windows 7

退出 Windows 7 操作系统也就是关闭电脑。根据当前电脑运行情况的不同，退出方法也不同，下面分别介绍。

1. 用系统退出

单击“开始”按钮，弹出“开始”菜单（见图 2.2.4），单击右侧的按钮即可退出 Windows 7 操作系统，主机的电源也会自动关闭，指示灯熄灭代表已经成功关机，然后关闭显示器即可。

2. 手动退出

当用户在使用电脑的过程中，可能会出现蓝屏、花屏和死机等现象，这时用户不能通过“开始”菜单退出系统，需要按主机机箱上的电源按钮几秒钟，这样主机就会关闭，然后关闭显示器的电源开关即可完成手动关机操作。

3. 注销电脑

所谓注销电脑，是将当前正在使用的所有程序关闭，但不会关闭电脑。因为 Windows 7 操作系统支持多用户共同使用一台电脑上的操作系统。当用户需要退出操作系统时，可以通过“注销”菜单命令，快速切换到用户登录界面。在进行该操作时，用户需要关闭当前运行的程序，保存打开的文件，否则会导致数据的丢失。

注销电脑的具体操作步骤如下。

（1）单击“开始”按钮，在弹出的“开始”菜单中单击“关机”右侧的按钮，然后在弹出的菜单中选择“注销(L)”菜单命令，如图 2.2.5 所示。

图 2.2.4　“开始”菜单

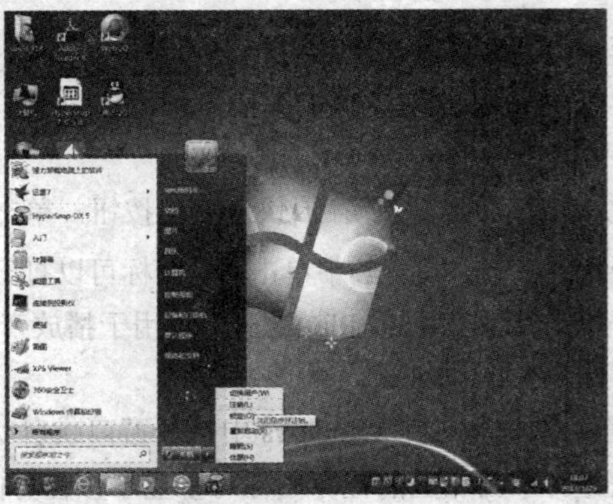

图 2.2.5　注销菜单命令

（2）如果还有没有关闭的应用程序，则会弹出提示窗口，如图 2.2.6 所示。

（3）单击“强制注销(F)”按钮，系统会强制关闭应用程序。如果想保存打开的文件，需要单击“取消(C)”按钮，系统将恢复到系统界面。

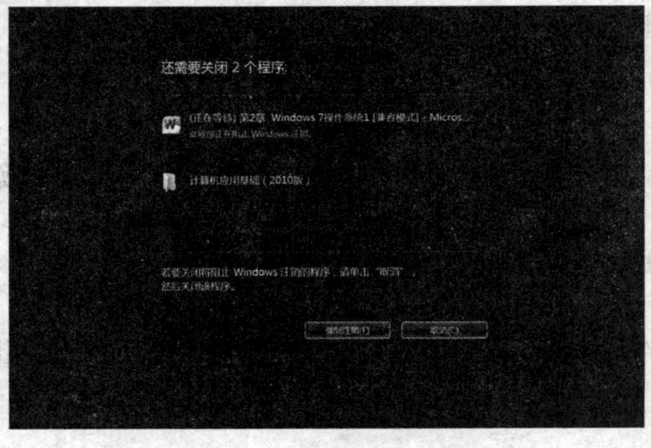

图 2.2.6　关闭应用程序提示框

4. 切换用户

通过切换用户功能，用户可以退出当前 Windows 7 系统下的用户，并不关闭当前运行的程序，然后返回到用户登录界面。具体操作步骤如下。

（1）单击“开始”按钮，在弹出的“开始”菜单中单击“关机”右侧的按钮，然后在弹出的菜单中选择“切换用户(W)”菜单命令，如图 2.2.7 所示。

（2）系统会快速切换到用户登录界面，同时会提示当前登录的用户为已登录的信息，如图 2.2.8 所示。

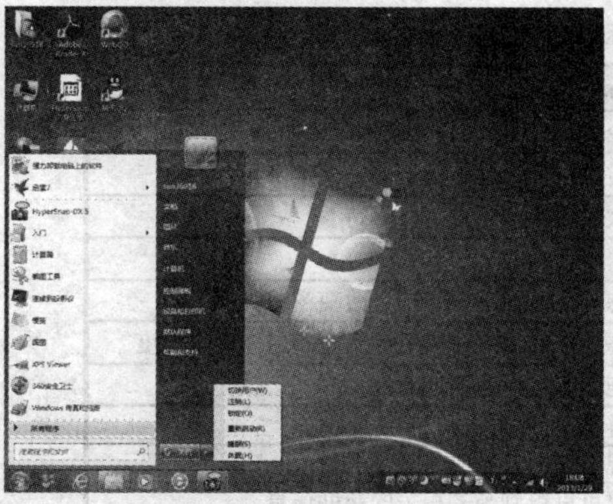

图 2.2.7 切换用户菜单命令

图 2.2.8 用户登录界面

（3）选择所需的用户账户图标，如有密码，再输入密码即可切换到该用户。

5. 休眠

休眠是退出 Windows 7 操作系统的另外一种方法，选择休眠会保存好并关闭电脑，此时电脑没有真正关闭，而是进入了一种低能耗的状态。电脑进入休眠状态后，会将正在使用的内容保存在硬盘上并将电脑上的所有部件断电，所以休眠更省电。休眠的具体操作步骤如下：

（1）单击“开始”按钮，在弹出的“开始”菜单中单击 关机 右侧的向右按钮，然后在弹出的菜单中选择 休眠(H) 菜单命令。

（2）此时电脑会进入休眠状态。如果用户想让电脑从休眠中唤醒，则必须重新启动。按下主机上的开关按钮，启动电脑并再次登录，会显示休眠前的状态。

6. 睡眠

在【关闭选项】中还有一项 睡眠(S) 选项，它能够以最小的能耗保证电脑处于锁定状态，与 休眠(H) 状态极为相似，而最大的不同在于不需要按下主机上的开关按钮，即可恢复到电脑的原始状态。

2.2.5 在 Windows 7 中操作鼠标

在 Windows 7 操作系统中，除了输入文字外，大多数操作都是通过鼠标来完成的，一般鼠标通过右手操作，其操作方法有如下几种：

（1）单击：指快速地在一个对象上按一下鼠标按键。单击又分为单击左键和单击右键，单击左键主要用于选定对象或打开菜单等，选定的对象呈高亮显示；单击鼠标右键主要用于打开当前的快捷菜单，可以快速地选择有关命令。

（2）双击：指快速连续地在一个对象上单击两次鼠标左键，主要用于启动程序或是打开一个窗口。

（3）拖放：指将鼠标指针指向一个对象，按住鼠标左键并拖至目标位置，然后释放鼠标。该操作常用于复制或移动对象，或者拖动滚动条与标尺的标杆。

（4）指向：将鼠标指针指向对象，停留一段时间，即为指向或称持续操作，该操作通常用来显示指向对象的提示信息。

（5）滚动：按住滚轮前后滚动即可，主要用于屏幕窗口中内容的上下移动。

当系统处于不同的运行状态或进行不同的操作时，鼠标光标会呈现不同的形态，如表 2.1 所示。

表 2.1　鼠标光标形态与含义

鼠标光标形态	鼠标光标含义
	表示 Windows 7 准备接受用户输入命令
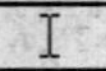	此光标一般出现在文本编辑区，用于定位从什么地方开始输入文本字符
	表示系统处于忙碌状态，正在处理较大的任务，用户需要等待
	表示 Windows 7 正处于忙碌状态
↔ ↕	鼠标光标处于窗口的边缘时出现该形态，此时拖动鼠标即可改变窗口大小
	鼠标光标处于窗口的四角时出现该形态，拖动鼠标可同时改变窗口的高度和宽度
	该鼠标光标在移动对象时出现，表示拖动鼠标可移动该对象
	表示鼠标光标所在的位置是一个超级链接
+	表示鼠标此时将进行精确定位，常出现在制图软件中
	鼠标光标变为此形状时，单击某个对象可以得到与之相关的帮助信息

2.3　Windows 7 的基本操作

在 Windows 7 中包括窗口、“开始”菜单、对话框、任务栏等多种对象，下面分别介绍各个对象的基本操作方法。

2.3.1　窗口的操作

在 Windows 7 中，启动应用程序或双击图标等操作会打开一个窗口，在打开的窗口中包含多个对象，一般以图标形式显示。用户可以同时打开多个窗口，显示在最前面的窗口为当前活动窗口。

1. 窗口的组成

窗口是 Windows 的重要组成部分，它限定了每个应用程序在屏幕上的工作范围。当窗口被关闭时，应用程序也同时被关闭。窗口主要由标题栏、地址栏、工具栏、搜索框等组成，图 2.3.1 所示为“计算机”窗口。

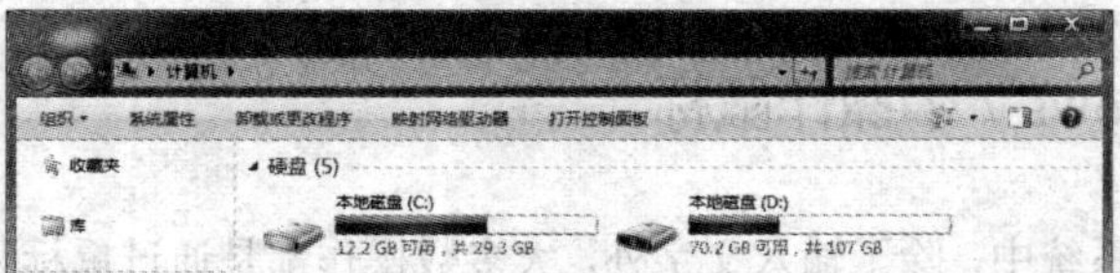

图 2.3.1　“计算机”窗口

（1）标题栏。标题栏位于窗口的顶部，用于显示当前窗口的名称和对窗口执行关闭、最小化等操作。

（2）地址栏。用于显示当前操作窗口的路径，用户可在地址栏中输入地址访问本地或网络的文件夹，或单击右侧的下拉按钮在所展开的下拉列表中选择地址。

（3）工具栏。用于显示一些常用的工具按钮，如“返回”按钮、“前进”按钮、“刷新”按钮等，通过这些按钮可以对当前的窗口和其中的内容进行调整或设置。

（4）搜索框。用于快速搜索当前电脑中保存的文件。

（5）导航窗格。用于显示当前电脑的文件结构。

（6）窗口工作区。用于当前窗口的内容，如果内容较多，将在右侧和下方显示滚动条，拖动滚动条，可显示隐藏部分的内容。

（7）细节窗格。用于显示当前窗口或所选对象的详细信息，如电脑内容、文件大小、作者等。

2. 窗口的基本操作

Windows 窗口拥有最大化、最小化、还原三种显示状态，大部分的 Windows 窗口都能够由用户自由调整状态。窗口默认有“最小化”“最大化”“关闭”三个按钮，如图 2.3.2 所示。如果当前窗口已经为最大化，则“最大化”按钮将显示为“向下还原”按钮。用户也可以直接在窗口边缘的空白处双击鼠标，这样能够更快地完成窗口最大化操作。通过调整窗口状态能够使桌面显示的内容更加有序、清晰，便捷的调整方式有利于用户对窗口的操作。

图 2.3.2　窗口状态按钮

Windows 窗口的操作主要有以下几种：

（1）调整窗口大小。一个普通窗口可以根据需要任意调整其大小。如果要调整窗口的大小，先将光标移到窗口的任意一个边界上，这时光标就变为调整大小的形状（双向箭头↕，↔或者↘）。如果只调整一个方向的大小（宽度或者高度），就将光标移到窗口的上下边界或左右边界，然后拖动鼠标即可；如果想一次调整两个方向的大小（同时调整宽度和高度），就将光标移到窗口的任意角，然后按住鼠标左键并拖动，窗口大小会随之改变。

（2）排列窗口。Windows 是一个多任务的操作系统，它可以同时运行多个窗口程序。而在实际使用的过程当中，过多的窗口切换容易造成混乱。除了使用最小化功能减少桌面上的窗口以外，还可以使用 Windows 标准的 3 种窗口排列方式：层叠窗口、堆叠显示窗口和并排显示窗口。

层叠窗口是重新排列桌面上已经打开的窗口，各窗口彼此重叠，前面每一个窗口的标题栏相对于后一个窗口的标题栏都略微低一些，并略微地靠右边一点，这样看上去就好像是层叠在一起的；堆叠显示窗口是将所有的窗口都在垂直方向上排列，在水平方向上占据整个屏幕空间，窗口之间不重叠。当窗口非常多时，水平方向上不再占据整个屏幕，而是进行合理地划分；堆叠显示窗口与并排显示窗口相似，只不过窗口是在垂直方向上占据整个屏幕。当窗口非常多时，垂直方向上不再占据整个屏幕，而是进行合理地划分。如图 2.3.3 所示为堆叠显示窗口。

排列窗口的具体操作步骤如下：

1）将鼠标指针指向任务栏的空白区域，单击鼠标右键，弹出其快捷菜单，如图 2.3.4 所示。

2）从中选择 层叠窗口(D)、堆叠显示窗口(T) 或者 并排显示窗口(I) 命令即可。

（3）切换（激活）窗口。在桌面上可同时打开多个窗口，总有一个窗口位于其他窗口之前。在 Windows 环境下，用户当前正在使用的窗口为活动窗口（或称前台窗口），位于最上层，总是深色加亮的窗口，其他窗口为非活动窗口（或称后台窗口）。

用户随时也可以用“Alt+Tab” 快捷键切换（激活）所需要的窗口。使用 Alt+Tab 快捷键进行窗口切换，桌面中间会显示各程序的预览小窗口，如图 2.3.5 所示。

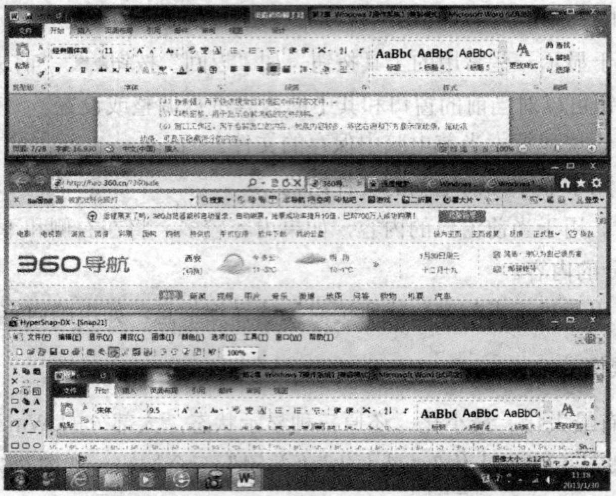

图 2.3.3　堆叠显示窗口

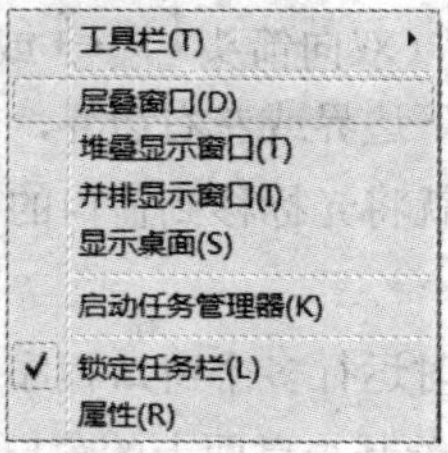

图 2.3.4　“任务栏”快捷菜单

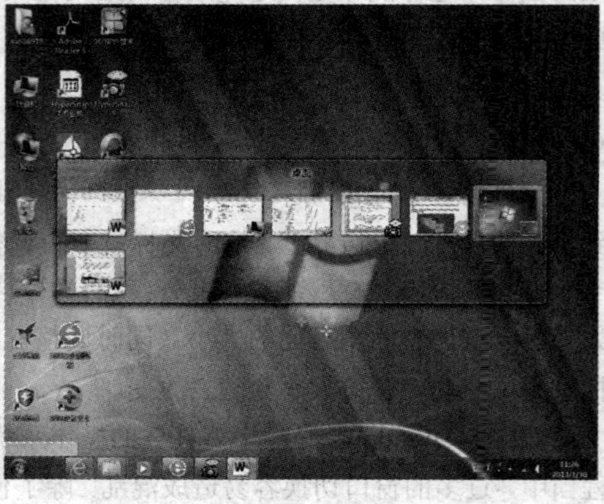

图 2.3.5　程序的预览小窗口

提示：按住 Alt 键不放，每按一次 Tab 即可切换一次程序窗口，用户可以按照这种方法切换至自己需要的程序窗口。也可以直接用鼠标点击桌面中间预览小窗口中需要切换的程序预览小窗口，即可快速切换。

2.3.2　菜单的操作

菜单一般由若干命令和子菜单组成，用户可通过执行命令进行相应的操作。其中，子菜单又称下级菜单，同样由若干命令和子菜单组成。

1. 菜单的分类

在 Windows 7 中，除了“开始”菜单外，还有两种常见的菜单：下拉菜单和右键快捷菜单。

（1）下拉菜单。下拉菜单位于菜单栏中，当鼠标指针移动到菜单标题上时，菜单标题就自动显示出一个带颜色的小方框，这表明它处于活动状态，单击它就可以打开下拉菜单。单击菜单上的命令，就可以执行相应的操作，如图 2.3.6 所示。

**提示**：打开菜单也可以使用快捷键，即按“Alt+菜单命令后面括号中的字母键”打开菜单。例如，按“Alt+T”快捷键就可以打开“工具”菜单。打开菜单后，如果不想选择菜单命令，可以按“Esc”键撤销菜单。

（2）右键快捷菜单。当用鼠标右键单击某个对象时，会弹出一个快捷菜单。在该快捷菜单中可以选择一些常用命令，以快速执行相应的操作。如图 2.3.7 所示为在桌面上单击鼠标右键弹出的快捷菜单。

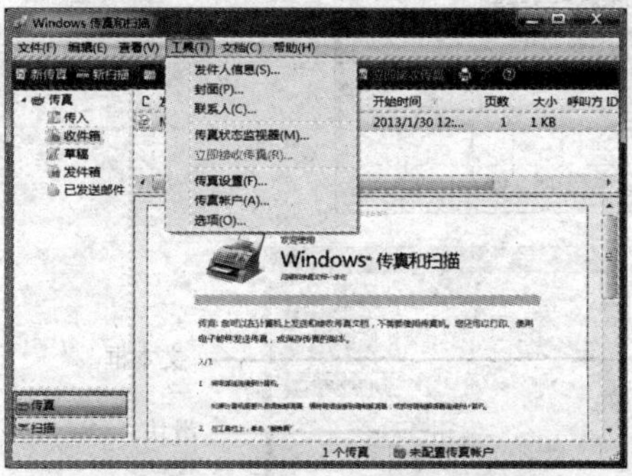

图 2.3.6　下拉菜单

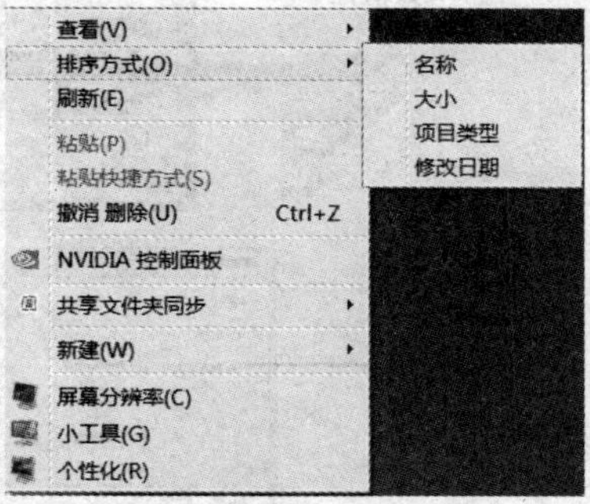

图 2.3.7　桌面快捷菜单

2．窗口菜单的约定

Windows 系统中的菜单是遵循一定约定的，因此，打开窗口菜单后会发现命令选项有黑色、灰色，或者名字后带有省略号（…）的命令等。

（1）右端带有右箭头▶的菜单命令。这种菜单称为层叠式菜单，表示该菜单还有下一级菜单，有时也将其下一级菜单称为子菜单。

（2）右端带有省略号的菜单命令。选择并执行这些菜单命令时，通常会弹出一个对话框，要求用户进行一些必要的设置，然后再执行用户指定的操作。

（3）带有组合键的菜单命令。带有组合键的菜单命令表示用户可以直接使用这些组合键执行该命令。

（4）呈灰色显示的菜单命令。在 Windows 7 中，正常的菜单命令其文字呈黑色显示，表示用户可以执行该命令。当菜单命令以灰色显示时，表示用户目前不能使用该命令。

（5）菜单命令中的选中标记。在某些菜单命令的左侧，经常会出现对勾标记或圆点标记，这表示该命令当前处于激活状态。

（6）菜单命令的分组。在同一个下拉式菜单中，有时菜单命令之间会出现分隔线，从而将众多的菜单命令分隔成若干个小组。分在同一组中的菜单命令功能相似或具有某种共同的特征。

2.3.3　对话框的操作

在使用电脑的过程中，若执行了某个操作或选择了带…图标的命令，将打开相应的对话框。执行的命令不同，对话框中的内容也各不相同。如图 2.3.8 所示的两个对话框为常用的对话框样式。

1．对话框的组成

一般的对话框主要包括选项卡、文本框、复选框、列表框、下拉列表框、单选按钮等。

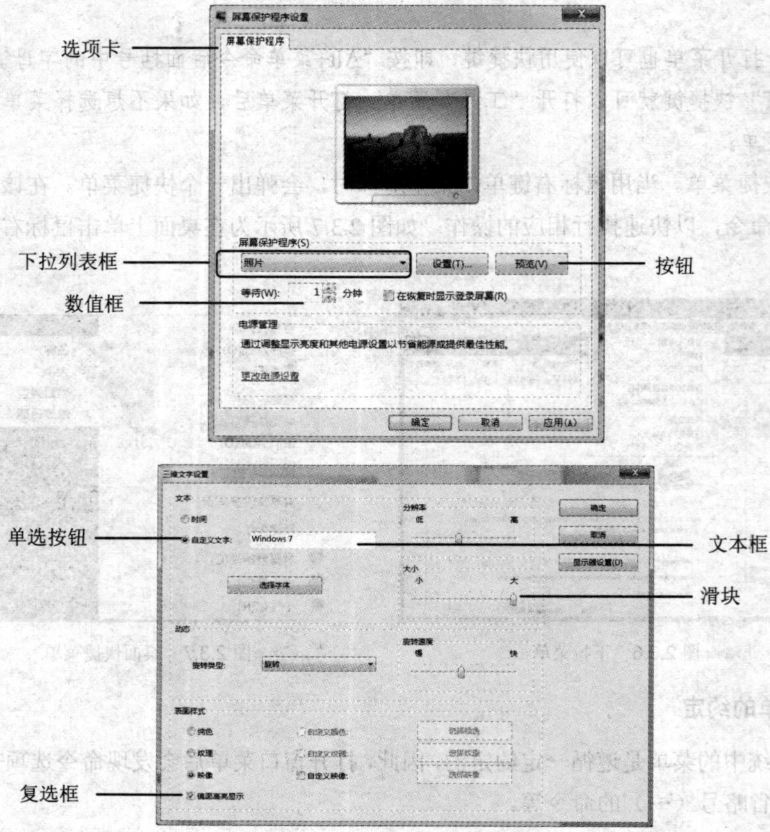

图 2.3.8　对话框

（1）选项卡。当对话框中内容较多时，通常按类别将其分成几个选项卡，并依次排列在一起。每个选项卡都有各自的名称，单击相应的选项卡会显示相应的内容。

（2）单选按钮。通常由多个按钮组成一组，选中某个单选按钮可以选择相应的选项，但在一组单选按钮中只能有一个单选按钮被选中。选中单选按钮时，左侧的小圆圈显示为◉状态；若未选中单选按钮，则显示为○状态。

（3）下拉列表框。单击下拉列表框右侧的下拉列表按钮▼即可显示出下拉列表，在下拉列表中列出了多个选项，使用鼠标和键盘都可从下拉列表中选择其中的一个选项。

（4）复选框。可以是一组相互之间并不排斥的选项，用户可以根据需要选中其中的某些选项。单击□图标，即选中该复选框，此时方框内会出现一个☑标记；再次单击可取消选中，此时方框为□图标。

（5）数值框。数值框中用于输入所需数字，单击其后的上、下箭头可调整左侧数字框中的数字。

（6）按钮。使用该按钮可执行一个动作。若命令按钮带有省略号“…”，则单击此按钮将弹出另一个对话框。若命令按钮带有两个尖括号“>>”，则单击此按钮，可扩展当前的对话框。

2．对话框的基本操作

对话框的基本操作包括移动对话框和关闭对话框。

（1）移动对话框。将鼠标移到对话框的标题栏上，按住鼠标左键并拖动，即可将对话框移动到屏幕上的任何位置，但形状、大小不改变。

（2）关闭对话框。用鼠标单击对话框标题栏右边的关闭按钮即可关闭对话框。如果要应用对话框中设置的参数，单击 确定 按钮并退出；如果不应用所设置的参数，单击 取消 按钮并退出对话框。

提示：(1) 在对话框的组成部分中，凡是以灰色状态显示的按钮或选项，表示当前不可执行。选择各选项或按钮时，除了用鼠标外，还可以通过按“Tab”键激活并选择参数，然后按“Enter”键确定设置的参数。

(2) 在对话框中可以方便地获得各选项的帮助信息，在对话框的右上角有一个带有问号“?”的按钮，单击该按钮，然后选择一个选项，即可以获得该选项的帮助信息。

2.3.4 操作“开始”菜单

在 Windows 7 中，所有的操作都可以通过“开始”菜单进行。单击任务栏左侧的“开始”按钮，弹出“开始”菜单。默认情况下，“开始”菜单由高频使用程序区、“所有程序”栏、搜索栏、用户账户区、系统控制区和关闭注销区 6 部分组成，如图 2.3.9 所示。

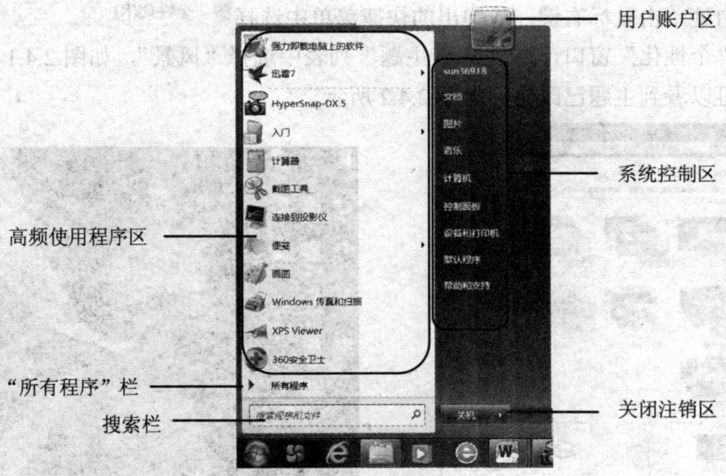

图 2.3.9 “开始”菜单

(1) 高频使用程序区。显示最近经常使用的程序，以便快速打开常用程序。若系统安装了新程序，将在高频使用程序区最下方以高亮度突出显示该程序。

(2)“所有程序”栏。选择“所有程序”命令，在弹出的子菜单中将显示出安装在电脑中的所有程序，选择相应命令即可启动所需程序。此时“所有程序”命令将显示为 返回，选择“返回”命令，即可返回“开始”菜单的初始状态。

(3) 搜索栏。在搜索栏的文本框中输入要搜索的程序名或文件名后按“Enter”键，可快速找到该程序或文件。

(4) 用户账户区。显示当前登录的用户账户图标，单击该图标将打开“用户账户”窗口，可在该窗口更改用户账户的密码和图片。

(5) 系统控制区。显示了“计算机”“网络”“控制面板”等选项，选择它们，可在打开的窗口中管理电脑中的资源、运行和查找文件、安装和删除程序以及打印文档等。

(6) 关闭注销区。用于关闭电脑、切换用户、注销或重启电脑等操作。

2.4　设置 Windows 7 桌面

在使用 Windows 7 时，用户可根据自己的喜好设置个性化电脑的办公环境。其中主要包括 Windows 7 桌面背景个性化设置、桌面图标个性化设置、个性化“开始”菜单、设置日期和时间、管理用户账户等，下面分别进行介绍。

2.4.1　桌面背景个性化设置

使用电脑办公需要长时间面对电脑，为减轻疲劳感，可设置各种背景和屏幕保护程序，以达到美化电脑的操作界面、缓解疲劳和保护电脑的目的。

1．设置桌面主题

桌面主题是指桌面外观风格的一个总体方案，它可以同时改变桌面图标、桌面背景、任务栏、窗口和对话框等项目的外观，其具体操作步骤如下：

（1）在桌面空白处单击鼠标右键，从弹出的快捷菜单中选择 个性化(R) 命令。

（2）这时打开“个性化”窗口，在“Aero 主题”列表中选择“风景”，如图 2.4.1 所示。

（3）返回桌面可以看到主题已改变，如图 2.4.2 所示。‘

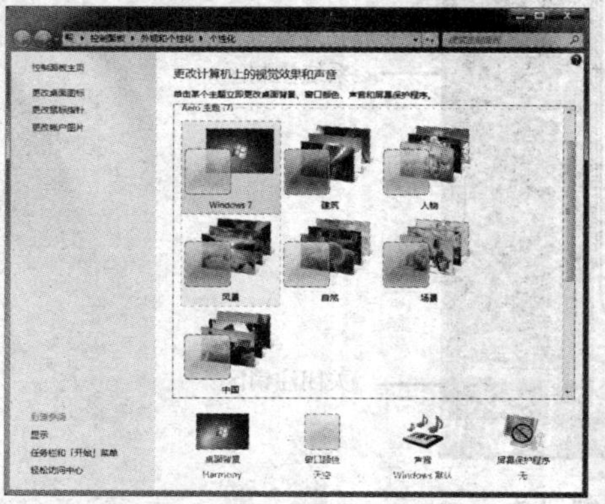

图 2.4.1　“个性化”窗口

图 2.4.2　应用桌面主题效果

2．更换桌面背景

如果不需要整体改变桌面主题，只需更改桌面显示的背景图片，可只对其进行修改，其操作步骤如下：

（1）在桌面空白处单击鼠标右键，从弹出的快捷菜单中选择 个性化(R) 命令，打开“个性化”窗口。

（2）单击窗口下方的 桌面背景 超链接，打开“桌面背景”窗口，在中间的列表框中选择所需桌面背景，这里选择“中国”第 5 张图片，如图 2.4.3 所示。

（3）单击 保存修改 按钮，将选择的图片设置为桌面背景，如图 2.4.4 所示。

提示：打开“桌面背景”窗口，如果在中间的列表中没有找到需要的背景图片，可单击 浏览(B)... 按钮，在打开的 浏览文件夹 对话框中选择保存在电脑磁盘中的图片。

图 2.4.3　“桌面背景”窗口

图 2.4.4　应用桌面背景效果

3. 设置屏幕保护程序

为电脑设置屏幕保护程序不仅可以保护显示屏，还能够防止他人查看保存在电脑中的重要文件。设置屏幕保护程序后，如果在规定的时间内不操作键盘或鼠标，将启动该程序。下面将屏幕保护程序设置为“照片”，启动时间为 20 分钟，其具体操作如下：

（1）在桌面空白处单击鼠标右键，从弹出的快捷菜单中选择 个性化(R) 命令，打开“个性化”窗口。

（2）单击窗口下方的 屏幕保护程序 超链接，打开 屏幕保护程序设置 对话框。

（3）在“屏幕保护程序”下拉列表框中选择需要的屏幕保护程序，在“等待”数值框中输入启动屏幕保护程序的时间（输入 20），如图 2.4.5 所示。

（4）设置完成后，单击 确定 按钮，效果如图 2.4.6 所示。

图 2.4.5　“屏幕保护程序”对话框

图 2.4.6　屏幕保护效果

2.4.2　桌面图标个性化设置

桌面图标除了双击可打开相应的窗口外，还可以对桌面图标进行添加、移动、删除、排列等操作。

1. 添加桌面图标

所谓添加图标，是指在桌面上创建快捷方式图标。在桌面上创建快捷方式图标有以下两种方法：

（1）从“开始”菜单中添加快捷方式图标。单击按钮，在打开的“开始”菜单中选择要创建快捷方式的程序。按住鼠标左键，将其拖动到桌面空白位置，释放鼠标即可。

（2）使用快捷菜单创建快捷方式图标。选中要创建快捷方式的图标，单击鼠标右键，在弹出的快捷菜单中选择 发送到(N) → [redacted] 命令，如图 2.4.7 所示。

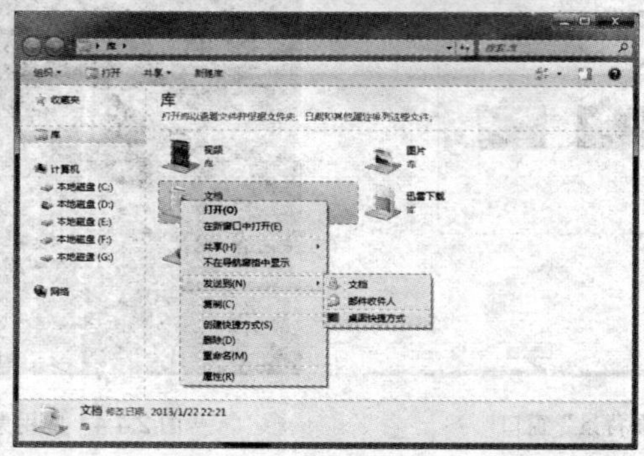

图 2.4.7　使用快捷菜单创建快捷方式图标

2．移动桌面图标

移动图标的方法非常简单，只须选中要移动的图标，然后按住鼠标左键不放，将该图标拖动到目标位置后释放鼠标即可。

3．排列桌面图标

用户可以根据需要将桌面图标按一定的方式进行排列。其具体操作步骤如下：

（1）在桌面空白位置单击鼠标右键，在弹出的快捷菜单中选择 排序方式(O) 命令，弹出如图 2.4.8 所示的子菜单。

（2）在该子菜单中选择所需的排列方式即可。

4．删除桌面图标

可以通过鼠标和键盘来删除桌面上不需要的图标。其具体操作步骤如下：

（1）在要删除的图标上单击鼠标右键，在弹出的快捷菜单中选择 删除(D) 命令，弹出如图 2.4.9 所示的 删除快捷方式 对话框。

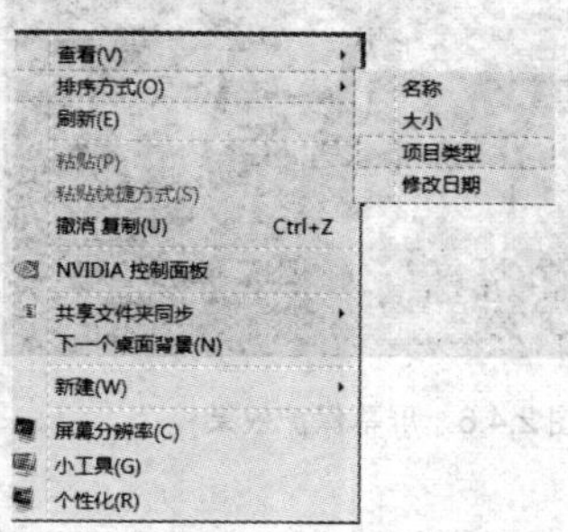

图 2.4.8　排列桌面图标

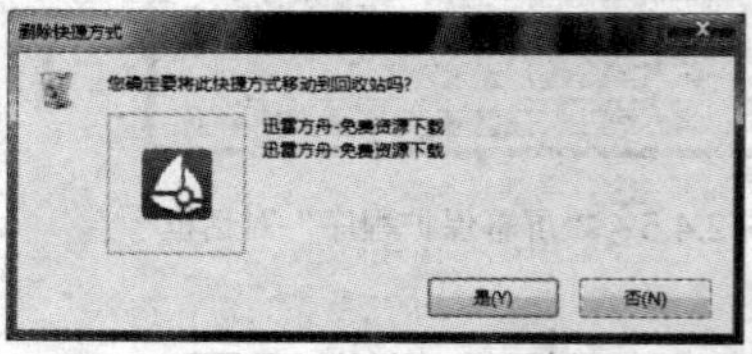

图 2.4.9　“删除快捷方式”对话框

（2）在该对话框中单击 是(Y) 按钮即可。

2.4.3　个性化“开始”菜单

通过对 Windows 7 系统的“开始”菜单做个性化设置，可以使之更适合自己的使用习惯。

在“开始”菜单按钮上单击鼠标右键，从弹出的快捷菜单中选择 属性(R) 命令，弹出 任务栏和「开始」菜单属性 对话框，系统默认打开「开始」菜单 选项卡，如图 2.4.10 所示。

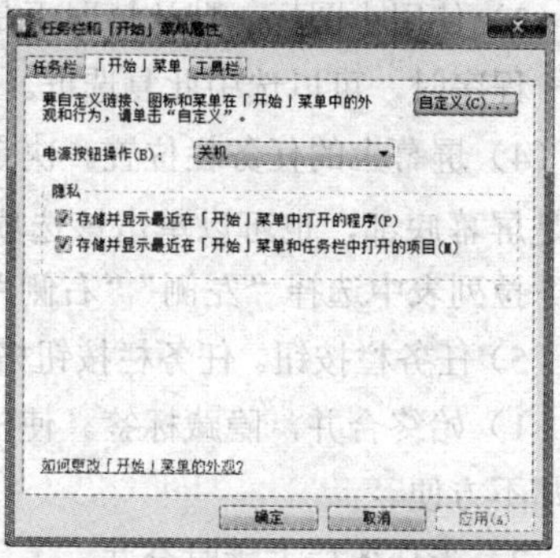

图 2.4.10　“任务栏和‘开始’菜单属性”对话框

（1）电源按钮。该选项决定了菜单右下角的电源按钮所对应的操作，默认是“关机”。如果需要其他的操作，可以从下拉列表中选择“切换用户”“注销”“重新启动”“休眠”等操作。

（2）隐私。隐私栏包含两个默认选项：☑存储并显示最近在「开始」菜单中打开的程序(P) 和 ☑存储并显示最近在「开始」菜单和任务栏中打开的项目(M)，该选项决定了是否在开始菜单中显示有关程序运行和文件打开的历史记录。如果不想显示个别的程序和项目，可以直接从右键菜单中选择 从列表中删除(F) 命令。

（3）单击 自定义(C)... 按钮，弹出 自定义「开始」菜单 对话框，如图 2.4.11 所示。

（4）在该对话框中选中☑运行命令 和☑最近使用的项目 复选框，用户也可以自定义“开始”菜单大小。单击 确定 按钮返回 任务栏和「开始」菜单属性 对话框，在“电源按钮操作”下拉列表中选择“睡眠”选项。

（5）单击 确定 按钮后可以看到“开始”菜单中原来那些最近使用的程序和项目不见了，同时右边的菜单中多出了“最近使用的项目”“运行”，电源按钮的初始选项变为“睡眠”，如图 2.4.12 所示。

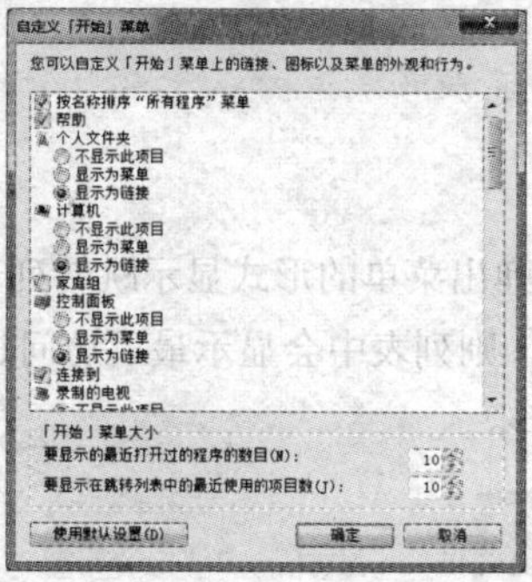

图 2.4.11　“自定义‘开始’菜单”对话框

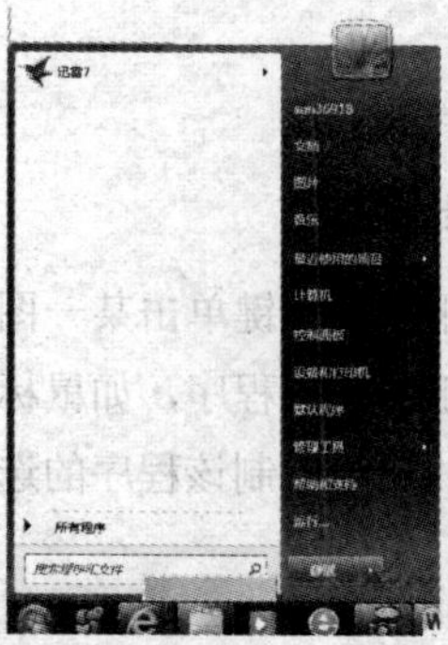

图 2.4.12　自定义“开始”菜单

2.4.4　个性化任务栏

Windows 7 的任务栏功能非常强大，不过很多 Windows XP 用户可能一开始的时候会不太习惯，因此一些个性化的定制工具就应运而生。

1. 定制任务栏

在任务栏空白处单击鼠标右键，从弹出的快捷菜单中选择 属性(R) 命令，弹出 任务栏和「开始」菜单属性 对话框，系统默认打开 任务栏 选项卡，如图 2.4.13 所示。

该对话框包含以下选项：

（1）锁定任务栏。锁定后，任务栏将无法移动，无法调整大小，也就无法产生任何位置上的变化。若需要锁定任务栏，只需选中☑锁定任务栏(L)复选框。

（2）自动隐藏任务栏。如果显示器太小，或希望程序最大化占满整个窗口，可以选中此复选框。

（3）使用小图标。默认情况下是大图标，如需要大面积显示某一程序时，可以选中此复选框。

（4）屏幕上的任务栏位置。决定任务栏显示的位置，默认情况是屏幕底部，也可以单击该选项右侧的下拉按钮▼，从弹出的下拉列表中选择“左侧”“右侧”“顶部”。

（5）任务栏按钮。任务栏按钮格式，系统定义了三种模式：

1）始终合并，隐藏标签。使任务栏看起来简洁明了，但操作却不方便。

2）当任务栏占满时合并。

3）从不合并。选择此选项，会在任务栏按钮上显示标签。

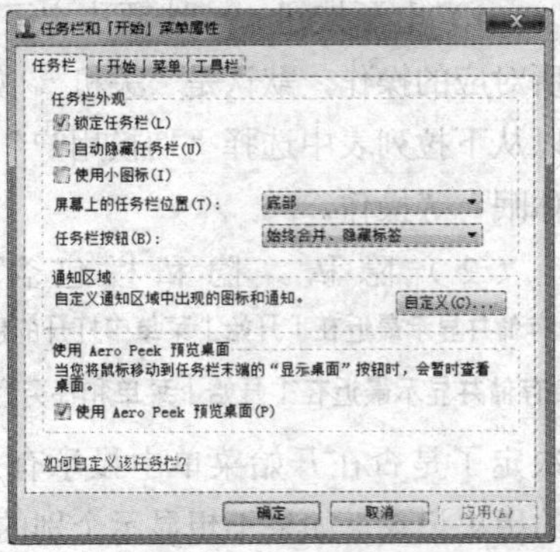

图 2.4.13　“任务栏”选项卡

2．任务栏图标

在任务栏中有两种图标，一种是在周围有方块的，形成了按钮的效果，这是正在运行的程序，单击这个按钮，可以将对应的程序放在最前面。另一种是图标旁边没有方块，这种是属于普通的快捷方式，对应着尚未运行的程序，单击该图标可以启动相应的程序，如图 2.4.14 所示。

图 2.4.14　任务栏图标

3．跳转列表

在任务栏上用鼠标右键单击某一图标后，系统就会用弹出菜单的形式显示跳转列表，而跳转列表的具体内容取决于对应的程序，如鼠标单击的 IE 浏览器，则列表中会显示最近访问过的网页记录，以及少量的常用的用于控制该程序的选项，如图 2.4.15 所示。

图 2.4.15　跳转列表

注意：任务栏缩略图和跳转列表是 Windows 7 的新功能，因此第三方程序必须在经过专门的设计后方可支持，如：Microsoft Word 2010 在同一窗口打开多个标签后，就可以直接用缩略图的形

式显示每个标签的内容，如图 2.4.16 所示。

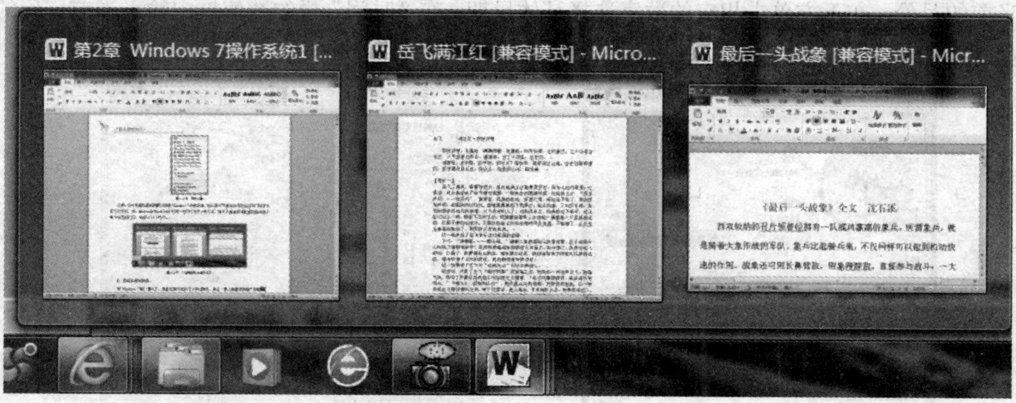

图 2.4.16　以缩略图形式显示标签

4. 自定义通知区域

在 Windows 7 默认情况下，通知区域只显示几个系统图标。单击“显示隐藏的图标”按钮▲，才可以看到正在后台运行的程序或其他通知图标。下面讲解将 QQ 图标显示在任务栏上。

（1）在“显示隐藏的图标”按钮▲上单击鼠标右键，从弹出的快捷菜单中选择 自定义通知图标(C) 命令，打开“通知区域图标”窗口，如图 2.4.17 所示。

（2）该窗口中列出了所有可以显示在 Windows 7 任务栏通知区域的程序图标，找到 QQ，在右侧的下拉列表中选择“显示图标和通知”选项。

（3）单击 确定 按钮保存设置并关闭窗口，这时 QQ 图标就不再被隐藏起来了，如图 2.4.18 所示。如果想要将显示的图标隐藏起来，在刚才的下拉菜单中就选择“隐藏图标和通知”选项即可。

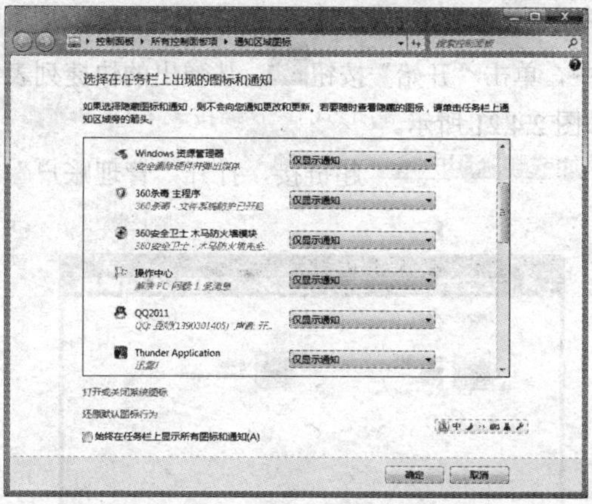

图 2.4.17　“通知区域图标”窗口

图 2.4.18　在任务栏上自定义图标

2.4.5　设置日期和时间

在实际办公中经常强调时间的准确性，电脑中显示的日期和时间正确与否非常重要，如显示错误需及时调整，具体操作步骤如下：

（1）在任务栏的时间/日期区上单击鼠标右键，从弹出的快捷菜单中选择 调整日期/时间(A) 命令，打开 日期和时间 对话框，如图 2.4.19 所示。

（2）单击 更改日期和时间(D)... 按钮，打开 日期和时间设置 对话框，在“日期”栏中单击◀或▶调整当前的月份，在下方单击相应的数字选择具体日期；在“时间”栏的数值框中输入当前正确的时间，如图 2.4.20 所示。

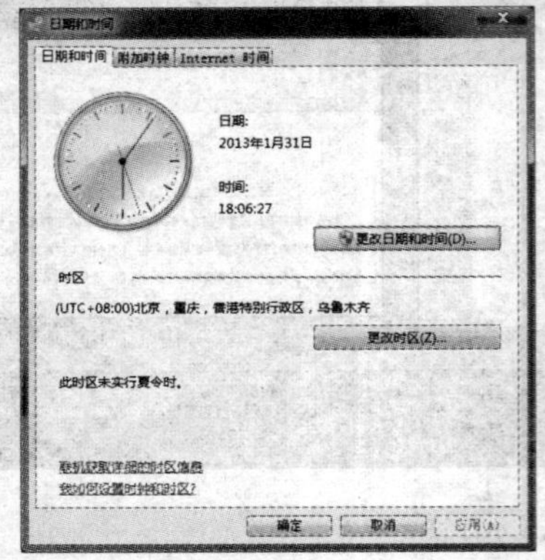

图 2.4.19　“日期和时间”对话框

图 2.4.20　设置当前日期和时间

（3）设置完成后，单击 确定 按钮即可。

2.4.6　创建与管理用户账户

Windows 7 具有多用户管理功能，可以让多个用户共同使用一台计算机，并且每一个用户都可以拥有属于自己的操作环境。

1. 创建用户账户

在 Windows 7 操作系统中，可根据需要创建管理员和标准用户两种账户，其中标准用户的权限小于管理员。下面将创建一个名为“小宝”的标准用户账户，其操作步骤如下：

（1）以管理员账户登录到 Windows 7 操作系统中，单击“开始”按钮，从弹出的快捷列表中选择 控制面板 命令，打开“控制面板”窗口，如图 2.4.21 所示。

（2）在“用户账户和家庭安全”栏中单击 添加或删除用户帐户 超链接，打开“管理账户”窗口，其中显示了当前的账户情况，如图 2.4.22 所示。

图 2.4.21　“控制面板”窗口

图 2.4.22　“管理账户”窗口

（3）在该窗口的下方单击 创建一个新帐户 超链接，打开“创建新账户”窗口，在上方的文本框中输入用户名“小宝”，在下方单击 标准用户(S) 单选按钮，如图 2.4.23 所示。

（4）单击 创建帐户 按钮返回“管理账户”窗口，将显示创建的用户账户，如图 2.4.24 所示。

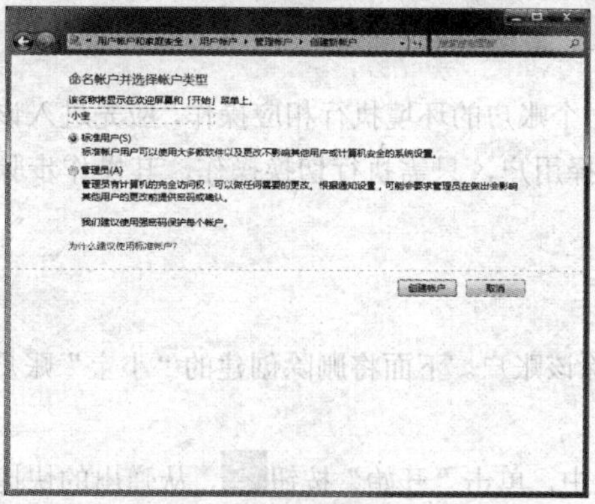

图 2.4.23　“创建新账户”窗口

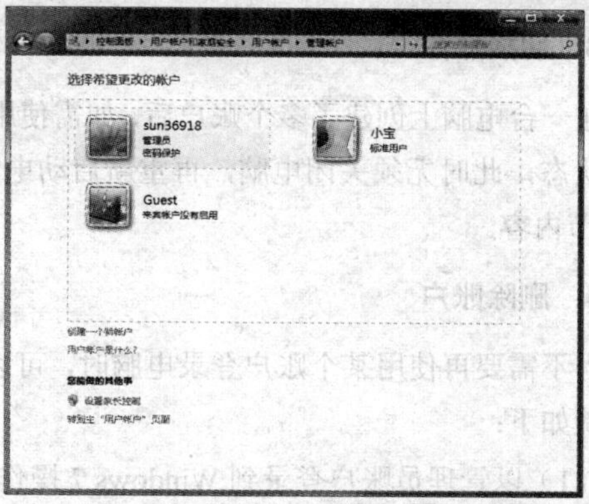

图 2.4.24　查看账户情况

2. 设置账户密码

为了保护办公用户的安全，创建账户后还应设置密码。使用该用户账户登录操作系统时必须输入正确的密码，否则无法进入。下面将为“小宝”账户创建密码，具体操作步骤如下：

（1）通过“控制面板”窗口打开“管理账户”窗口后，选择需设置密码的账户，如“小宝”用户账户图标，打开“更改账户”窗口，如图 2.4.25 所示。

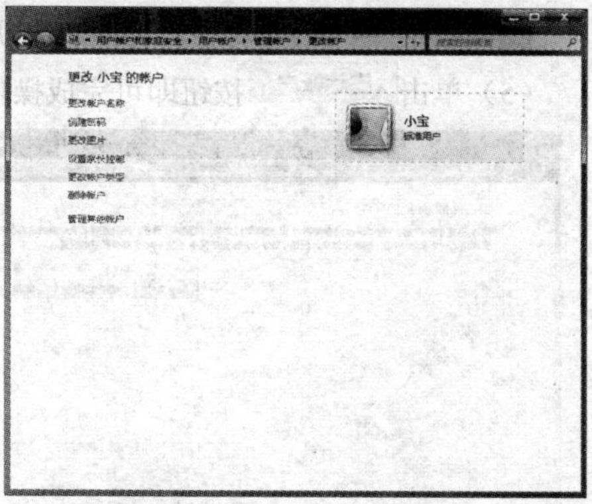

图 2.4.25　“更改账户”窗口

（2）单击 创建密码 超链接，打开“创建密码”窗口，在“新密码”和“确认新密码”文本框中输入相同的密码，在“输入密码提示”文本框中输入所需的文字，如“生日”，如图 2.4.26 所示。

（3）单击 创建密码 按钮返回“更改账户”窗口，可发现用户账户下方显示“密码保护”，如图 2.4.27 所示。设置账户密码后，如忘记密码，可在登录时凭密码提示问题回答出正确答案，从而重新获取密码。

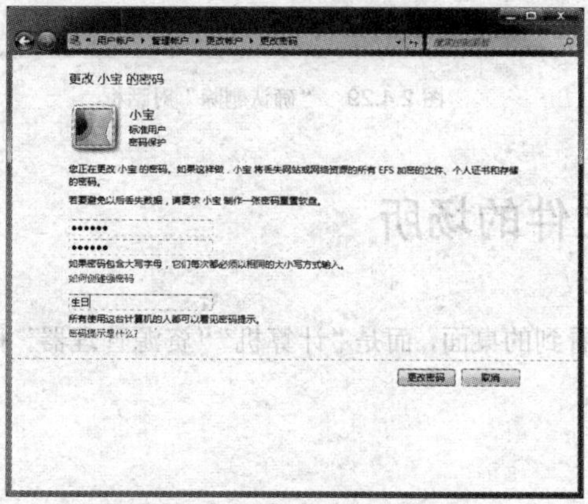

图 2.4.26　“创建密码”窗口

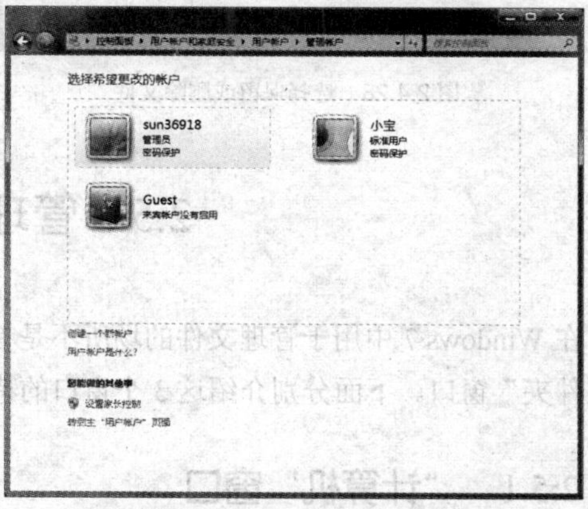

图 2.4.27　设置的账户密码

提示：在“更改账户”窗口中单击相应的超链接，可根据提示在打开的窗口中更改当前账

户的名称、图片和账户类型等，其操作方法与设置密码类似。

3．切换账户

在一台电脑上创建了多个账户后，如需使用另一个账户的环境执行相应操作，应先进入该账户的工作状态，此时无须关闭电脑，再重新启动电脑选择用户，只需执行切换操作，其操作步骤可参见2.2.3节内容。

4．删除账户

当不需要再使用某个账户登录电脑时，可以删除该账户。下面将删除创建的“小宝”账户，其操作步骤如下：

（1）以管理员账户登录到Windows 7操作系统中，单击“开始”按钮，从弹出的快捷列表中选择控制面板命令，打开“控制面板”窗口。

（2）在“用户账户和家庭安全”栏中单击添加或删除用户帐户超链接，打开“管理账户”窗口，选择需要删除的账户。

（3）打开“更改账户”窗口，单击该窗口左侧的删除帐户超链接，在打开的“删除账户”窗口中根据实际情况选择保留或删除用户创建的文件，如图2.4.28所示。

（4）单击删除文件按钮，弹出“确认删除”对话框，如图2.4.29所示。

（5）单击删除帐户按钮即可完成操作。

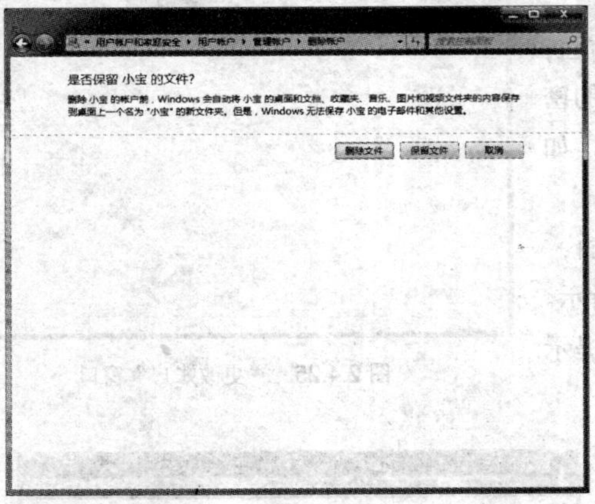

图2.4.28　选择保留或删除文件

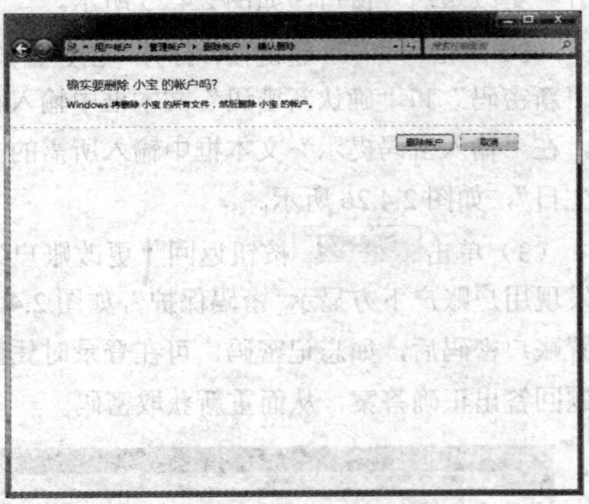

图2.4.29　“确认删除”对话框

2.5　管理文件的场所

在Windows 7中用于管理文件的场所不是首先看到的桌面，而是“计算机”“资源管理器”和“用户文件夹”窗口。下面分别介绍这3个窗口的特点。

2.5.1　“计算机”窗口

“计算机”窗口是常用的管理文件的场所。其打开方法有如下几种：

（1）双击桌面上的“计算机”图标。

（2）在桌面的“计算机”图标上单击鼠标右键，在弹出的快捷菜单中选择打开(O)命令。

（3）单击“开始”按钮，在弹出的菜单中选择 计算机 命令。“计算机”窗口中用于管理文件的区域分为导航窗格和工作区域，如图 2.5.1 所示。

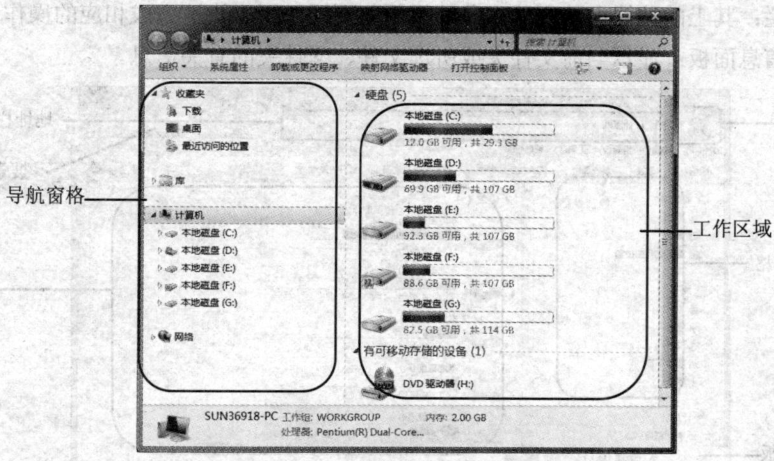

图 2.5.1　“计算机”窗口

其功能和使用方法分别如下：

（1）导航窗格。导航窗格中以树形目录的形式列出了当前磁盘中包含的文件类型。默认选择“计算机”选项，并显示该选项下的所有磁盘。单击某个磁盘选项左侧的 ▷ 图标，可展开该磁盘，并显示其中的文件夹（此时该磁盘选项左侧的图标由 ▷ 变为 ◢ 状态）。再单击某一文件夹左侧的 ▷ 图标，可以显示该文件夹中包含的子文件夹。

（2）工作区域。工作区域一般为“硬盘”和“有可移动存储设备”两栏，其中“硬盘”栏中显示了当前电脑的所有磁盘分区，双击任意一个磁盘分区，可在打开的窗口中显示该磁盘分区下包含的文件夹和文件，再次双击其中的文件夹或文件，又可打开该文件夹中的子文件夹或文件对应的应用程序操作窗口；“有可移动存储设备”栏中显示了当前电脑连接的可移动存储设备，如光驱、U 盘等。

2.5.2　“资源管理器”窗口

“资源管理器”窗口也是常用文件管理窗口，其打开方法有如下两种：

（1）在“开始”按钮上单击鼠标右键，从弹出的快捷菜单中选择 打开 Windows 资源管理器(P) 命令。

（2）单击任务栏中快速启动区中的“Windows 资源管理器”按钮。

“资源管理器”窗口与“计算机”窗口类似，只是左侧的导航窗格中默认选择的是“库”选项，其中包含“视频”“图片”“文档”和“音乐”文件夹，并且各个文件夹中包含 Windows 7 自带的相应文件，如图 2.5.2 所示。用户也可单击导航窗格中的“计算机”选项，打开“计算机”窗口，再对文件进行管理。

（1）导航窗格：采用层次结构来对电脑中的资源进行导航，最顶层的为“收藏夹”“库”“计算机”和“网络”等项目，其下又层层细分为多个子项目（如磁盘和文件夹等）。

（2）内容区：显示具体的资源内容。

（3）地址栏：显示当前文件夹的路径，也可通过输入路径的方式来打开文件夹，还可通过单击文件夹名或三角按钮来切换到相应的文件夹中。

（4）“前进”按钮和“后退”按钮：单击这两个按钮可在打开过的文件夹之间切换。

（5）搜索编辑框：在其中输入关键字，可查找当前文件夹中存储的文件或文件夹。

（6）工具栏：其上的按钮会随所选对象的不同而不同，用于快速完成相应的操作。

（7）详细信息面板：显示当前文件夹或所选文件、文件夹的有关信息。

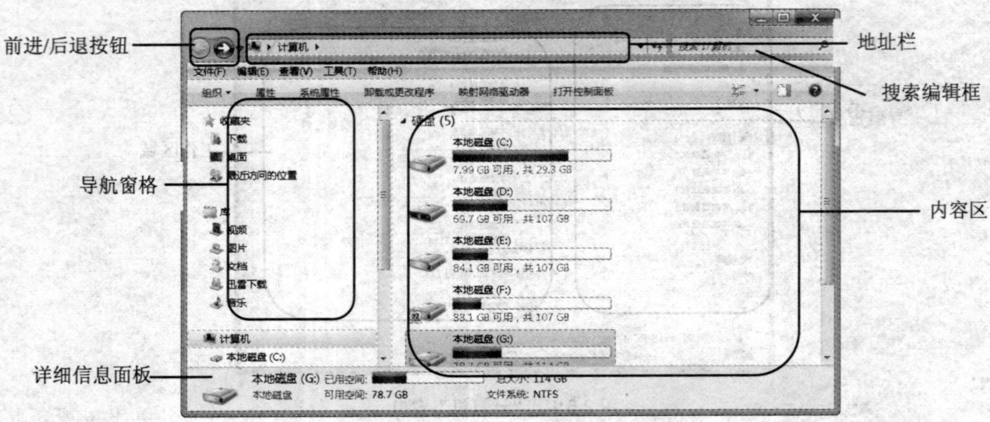

图 2.5.2　“资源管理器”窗口

2.5.3　用户文件夹窗口

在 Windows 7 中，每一个用户账户都有对应的文件夹窗口，其打开方法有如下两种：

（1）在桌面上显示出用户文件夹图标后，双击以当前用户名命令的文件夹图标。

（2）单击“开始”按钮，在弹出的“开始”菜单右上角选择以用户名命名的命令。

打开用户文件夹窗口，默认显示“收藏夹”中的内容。单击“收藏夹”中的各个选项，可在右侧的工作区域中查看其包含的文件夹和文件，如图 2.5.3 所示。

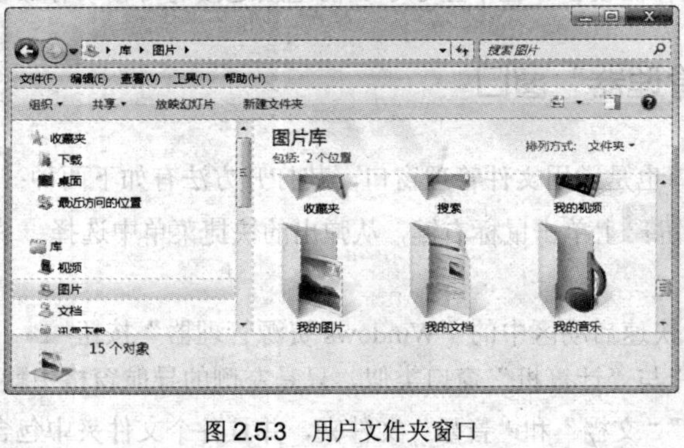

图 2.5.3　用户文件夹窗口

单击导航窗格中的“库”或“计算机”选项，可切换到对应的“资源管理器”窗口和“计算机”窗口。

2.6　文件和文件夹的操作

在使用计算机的过程中常会遇到对文件和文件夹的操作，文件和文件夹的基本操作主要包括新建、选定、复制、删除及重命名等，这些操作通常都是在“我的电脑”窗口中实现的。熟练掌握文件与文件夹的基本操作，可轻松地将计算机中的文件分类整理好，提高工作效率。

2.6.1　新建文件或文件夹

通常情况下，用户可利用文档编辑程序、图像处理程序等应用程序创建文件。此外，我们也可以直接在 Windows 7 中创建某种类型的空白文件。

在要创建文件或文件夹的磁盘窗口单击 新建文件夹 按钮或者选择 新建(W) → 文件夹(F) 命令，即可创建文件夹，如图 2.6.1 所示。

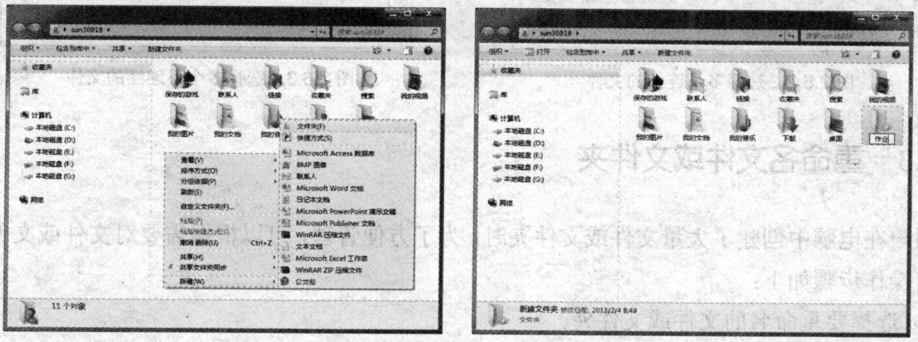

图 2.6.1　创建文件夹

执行新建操作后文件或文件夹名称呈可编辑状态，输入所需的名称后按“Enter”键即可。

2.6.2　文件或文件夹的选定

用户在处理一个或多个文件或者文件夹之前，必须首先选择要处理的文件或者文件夹，而选中后的对象将以反白显示。

（1）如果要选择一个文件或者文件夹，只须单击它即可选中。

（2）如果要选择连续放置的多个文件或文件夹，可以按下述操作步骤进行：

1）打开文件夹窗口，找到要处理的多个文件或文件夹。

2）单击第一个要选择的文件或文件夹。

3）按住“Shift”键，单击最后一个要选择的文件或文件夹。这样，第一个文件或文件夹和最后一个文件或文件夹以及它们之间的所有文件或文件夹都将被选中，如图 2.6.2 所示。

（3）如果要选择不连续放置的多个文件或文件夹，可以按下述操作步骤进行：

1）打开文件夹窗口，找到要处理的多个文件或文件夹。

2）单击第一个要选择的文件或文件夹。

3）按住“Ctrl”键，单击第二个要选中的文件或文件夹，然后单击第三个、第四个……如图 2.6.3 所示。

技巧： 在文件夹窗口内，按住鼠标左键并拖动，会形成一个矩形框，释放鼠标后，被这个矩形框罩住的文件或文件夹都会被选中。这种方法适合选中连续放置的文件。

（4）如果要选择同一磁盘分区或文件夹下的全部文件或文件夹，可按“Ctrl+A”快捷键或单击

工具栏中的 组织▼ 按钮，从其下拉菜单中选择 全选 命令。

图 2.6.2　选择多个连续的文件

图 2.6.3　选择多个不连续的文件

2.6.3　重命名文件或文件夹

当用户在电脑中创建了大量文件或文件夹时，为了方便管理，可以根据需要对文件或文件夹重新命名，其操作步骤如下：

（1）选择要重命名的文件或文件夹。

（2）单击工具栏中的 组织▼ 按钮，在其下拉菜单中选择 重命名 命令，直接输入新的文件夹名称，然后按“Enter”键确认。

用户也可以利用右键快捷菜单中的 重命名(M) 命令重命名文件或文件夹。

注意：在同一个文件夹中不能有两个名称相同的文件或文件夹，还要注意不要修改文件的扩展名。如果文件已经被打开或正在被使用，则不能被重命名；不要对系统中自带的文件或文件夹，以及其他程序安装时所创建的文件或文件夹重命名，以免引起系统或其他程序的运行错误。

2.6.4　移动与复制文件或文件夹

移动文件或文件夹是指调整文件或文件夹的存放位置；复制是指为文件或文件夹在另一个位置创建副本，原位置的文件或文件夹依然存在。

1. 移动文件或文件夹

移动文件或文件夹，通常有以下几种方法：

（1）通过快捷键移动。选中要移动的文件或文件夹，然后按“Ctrl+X”组合键，打开要移动到的目标文件夹后按“Ctrl+V”组合键。

（2）通过菜单移动。选中要移动的文件或文件夹，单击工具栏中的 组织▼ 按钮，在展开的列表中选择 剪切 命令。打开要移动到的目标文件夹，单击工具栏中的 组织▼ 按钮，在展开的列表中选择 粘贴 命令即可，如图 2.6.4 所示。

（3）通过右键快捷菜单移动。选择需移动的文件或文件夹，单击鼠标右键，从弹出的快捷菜单中选择 剪切(T) 命令。打开要移动到的目标文件夹，单击鼠标右键，从弹出的快捷菜单中选择 粘贴(P) 命令。

图 2.6.4　选择相应命令移动

（4）通过导航窗格移动。如果需移动的文件或文件夹与目标文件夹在同一个磁盘中，可通过导航窗格显示出目标文件夹，然后拖动工作区域的文件或文件夹至导航窗格的目标文件夹中，如图 2.6.5 所示。如果需移动的文件或文件夹与目标文件夹不在同一个磁盘中，需在拖动文件或文件夹的同时按住“Shift”键。

（5）通过工作区移动。如果需将文件或文件夹移动到当前窗口的某个文件夹中，可拖动该文件或文件夹图标到目标文件夹图标上再释放鼠标，如图 2.6.6 所示。

图 2.6.5　通过导航窗格移动

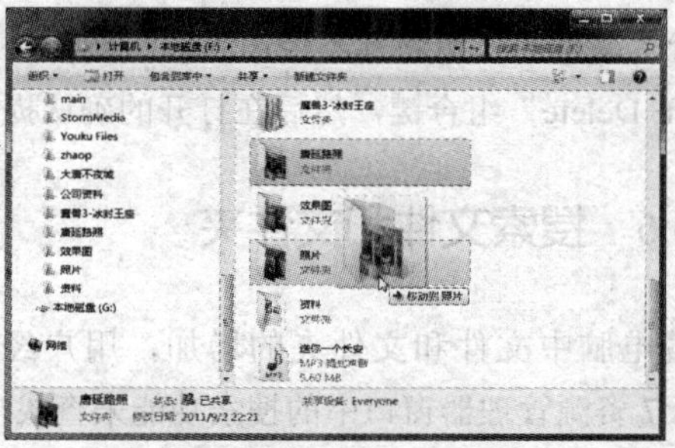

图 2.6.6　通过工作区移动

2．复制文件或文件夹

复制文件或文件夹的操作与移动文件与文件夹的方法类似。

选择需要复制的文件或文件夹，按“Ctrl+C”组合键，选择目标位置后，按“Ctrl+V”即可。

如果需要通过导航窗格将文件或文件夹复制到同一磁盘中，需在拖动的同时按住“Ctrl”键不放；如果需要通过工作区复制文件或文件夹到同一窗口的其他文件夹中，也需在拖动文件的同时按住“Ctrl”键。也可单击工具栏中的 组织▾ 按钮，在展开的列表中选择 复制 命令，选择目标位置后，再单击工具栏中的 组织▾ 按钮，在展开的列表中选择 粘贴 命令即可。

提示：在移动或复制文件或文件夹时，如果目标位置有相同类型并且名称相同的文件夹或文件夹，系统会打开一个提示对话框，用户可根据需要选择覆盖同名文件或文件夹、不移动文件或文件夹，或是保留两个文件或文件夹。复制和剪切作用相似，不同的是复制的对象可以多次粘贴，而剪切的对象只能粘贴一次。

2.6.5　删除文件或文件夹

在使用电脑的过程中应及时删除电脑中已经没有用的文件或文件夹，以节省磁盘空间。删除文件的方法有下述几种。

（1）通过菜单删除。选择需删除的文件或文件夹，单击工具栏中的 组织▾ 按钮，在展开的列表中选择 删除 命令。

（2）通过快捷菜单删除。选择需删除的文件或文件夹，在其图标上单击鼠标右键，从弹出的快捷菜单中选择 删除(D) 命令。

（3）通过快捷键删除。选择需删除的文件或文件夹，直接按“Delete”键。

（4）通过拖动法删除。选择需删除的文件或文件夹，拖动至回收站即可。

如果该文件或文件夹中存在内容，将打开 删除文件夹 对话框，如图 2.6.7 所示。单击 是(Y) 按钮确认删除，单击 否(N) 按钮不删除。

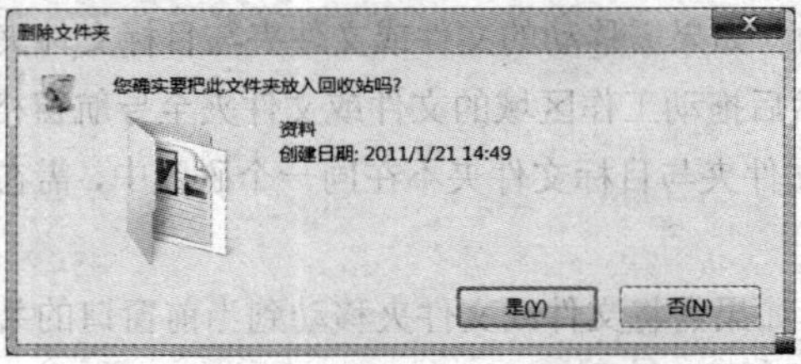

图 2.6.7　“删除文件夹”对话框

删除大文件时，可将其不经过回收站而直接从硬盘中删除。方法：选中要删除的文件或文件夹，按“Shift+Delete”组合键，然后在打开的确认提示框中确认即可。

2.6.6　搜索文件和文件夹

随着电脑中文件和文件夹的增加，用户经常会遇到找不到某些文件的情况，这时可以利用 Windows 7 资源管理器窗口中的搜索功能来查找电脑中的文件或文件夹。

（1）打开资源管理器窗口，此时可在窗口的右上角看到“搜索计算机”编辑框，在其中输入要查找的文件或文件名称，名称中包含所输入文本的文件或文件夹，如图 2.6.8 所示。

（2）此时系统自动开始搜索，等待一段时间即可显示搜索的结果，如图 2.6.9 所示。对于搜到的文件或文件夹，用户可对其进行复制、移动、查看和打开等操作。

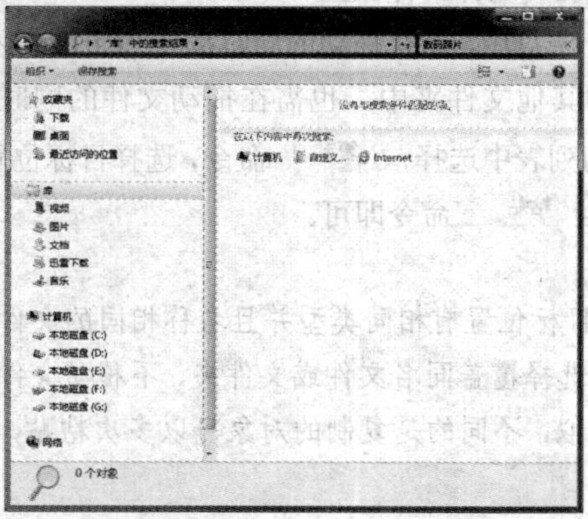

图 2.6.8　搜索文件

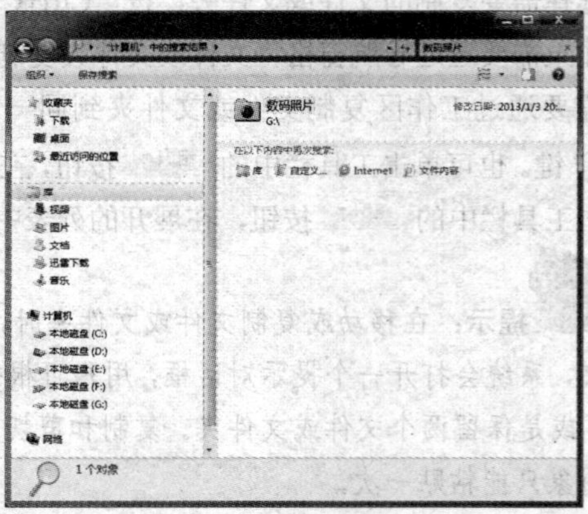

图 2.6.9　搜索到的结果

在“搜索”栏中输入搜索内容时，将出现“添加搜索筛选器”栏，其中有“修改时间”“大小”两个设置选项，其作用分别介绍如下：

（1）修改时间。单击该设置选项，可在弹出的列表框中选择需搜索文件的修改时间，从而缩小搜索范围，减少搜索时间，如图 2.6.10 所示。

（2）大小。单击该设置选项时，可在弹出的列表框中设置文件或文件夹的大小，以缩小搜索范围，如图 2.6.11 所示。

图 2.6.10　设置修改日期

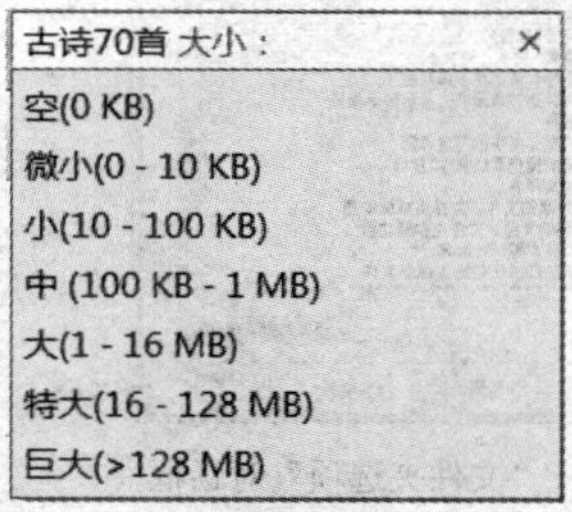

图 2.6.11　设置文件大小

提示：如果用户知道要查找的文件或文件夹的大致存放位置，可在资源管理器中首先打开该磁盘或文件夹窗口，然后再输入关键字进行搜索，以缩小搜索范围，提高搜索效率。如果不知道文件或文件夹的全名，可只输入部分文件名；还可以使用通配符“？”和“*”，其中“？”代表任意一个字符，“*”代表多个任意字符。

2.6.7　设置文件或文件夹属性

拥有不同属性的文件或文件夹可执行的操作不同，Windows 7 为文件或文件夹提供了两种属性，即只读和隐藏，它们的含义如下：

（1）只读：用户只能对文件或文件夹的内容进行查看而不能修改。

（2）隐藏：在默认设置下，设置为隐藏的文件或文件夹将不可见，从而在一定程度上保护了文件资源的安全。

下面将设置“小说”文件夹为只读、隐藏属性，其操作步骤如下：

（1）打开“小说”所在的文件夹，在“小说”文件夹图标上单击鼠标右键，从弹出的快捷菜单中选择 属性(R) 命令。

（2）打开“小说 属性”对话框，在“属性”栏中选中☑只读和☑隐藏(H)复选框，如图 2.6.12 所示。

（3）单击 确定 按钮可将该文件设置为只读和隐藏属性。

图 2.6.12　更改属性

隐藏文件或文件夹后，默认将不在电脑中显示，如需再次操作隐藏的文件或文件夹，可将其显示出来，其操作步骤如下：

（1）打开要设置隐藏属性的文件或文件夹。

（2）单击 组织▾ 按钮，从弹出的下拉列表中选择 文件夹和搜索选项 命令，弹出 文件夹选项 对话框，选择 查看 选项卡，如图 2.6.13 所示。

（3）在“高级设置”列表框中选中◉显示隐藏的文件、文件夹和驱动器单选按钮。

（4）单击 确定 按钮返回文件夹窗口，此时可发现隐藏的文件或文件夹已显示出来，只是图标的颜色比正常文件或文件夹稍浅，如图 2.6.14 所示。

图 2.6.13　“文件夹选项”对话框

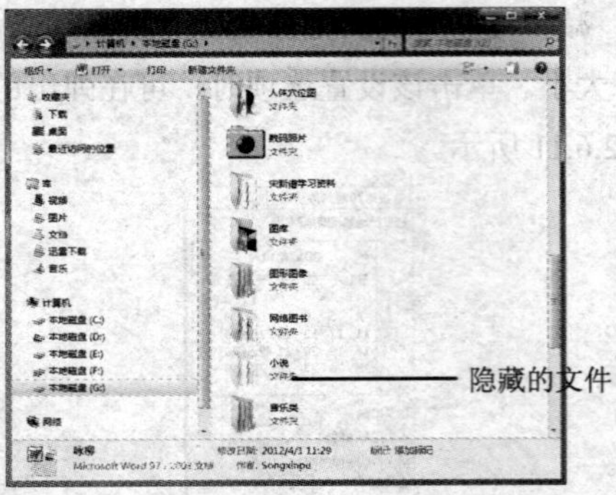

图 2.6.14　查看隐藏的文件或文件夹

2.6.8　设置文件或文件夹的显示效果

文件和文件夹在窗口工作区域中的显示效果并非一成不变，根据需了解的文件情况不同，可将文件和文件夹设置成不一样的显示效果，其操作步骤如下：

（1）打开需设置显示效果的文件夹窗口。

（2）单击窗口右上方的“更改您的视图”按钮 的下拉按钮，从弹出的下拉列表中选择所需的效果选项，如图 2.6.15 所示。

各选项的作用分别如下：

（1）超大图标、大图标、中等图标、小图标。以图标的形式显示文件或文件夹内容，如查看图片文件，选择此效果最佳，因为在图标上即显示图片的效果。

（2）列表。将文件或文件夹以多列的形式显示在窗口中，如图 2.6.16 所示。当文件夹中包含很多文件，并且想在列表中快速查找一个文件名时，这种视图非常有用。

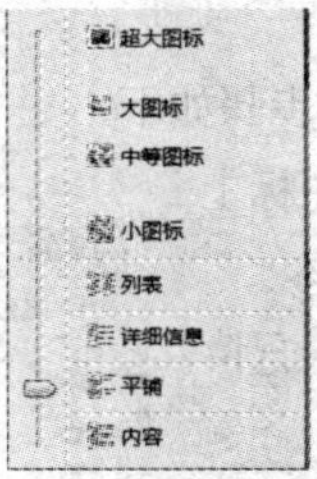

图 2.6.15　显示效果列表

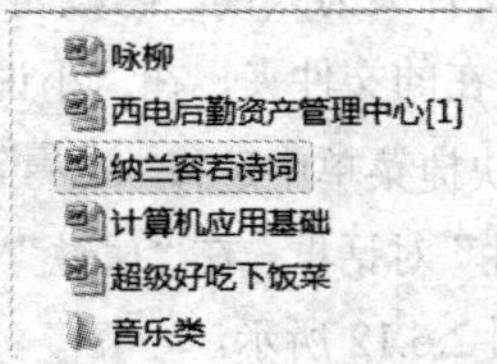

图 2.6.16　以列表显示

（3）详细信息。在该视图中，Windows 按组排列文件，并列出已打开的文件夹的内容和有关文件的详细信息，包括名称、类型、大小和修改日期等，如图 2.6.17 所示。

（4）平铺。这是默认的文件和文件夹的显示效果，它将图标、名称、大小等内容以左右的形式排列，如图 2.6.18 所示。

图 2.6.17　以详细信息显示

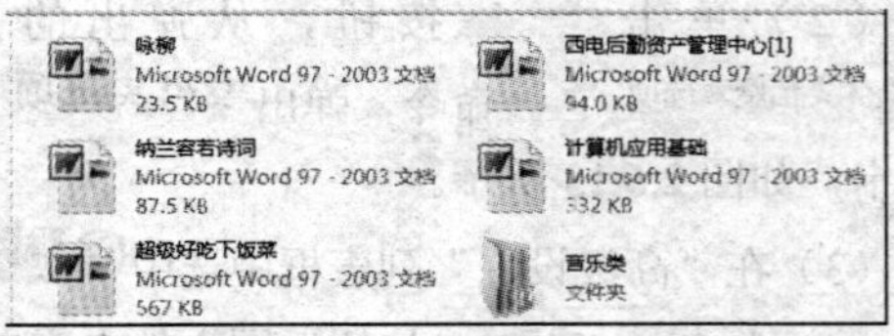

图 2.6.18　以平铺显示

（5）内容。将文件或文件夹图标和名称、大小和修改日期等信息分别分为两列排列，便于用户识别，如图 2.6.19 所示。

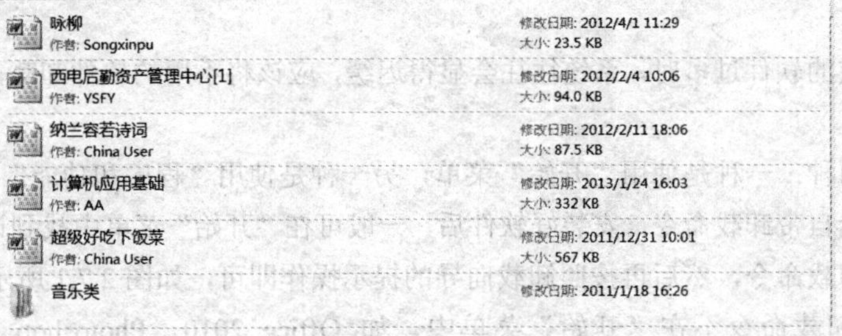

图 2.6.19 以内容显示

2.7 在 Windows 7 中安装和卸载软件

为了扩展电脑的功能，用户需要为电脑安装应用软件。当不需要这些应用软件时，可以将它们从操作系统中卸载，以节约系统资源，提高系统运行速度。

2.7.1 认识常用的应用软件

常用的应用软件主要有以下几种：

（1）办公类。主要用于编辑文档和制作电子表格。Office 是目前使用最为广泛的办公软件，包含多个组件，如编辑文档的 Word、制作电子表格的 Excel 等。

（2）播放器类。主要用于播放电脑和 Internet 中的媒体文件，如播放视频的暴风影音、迅雷看看、PPS 网络电视，播放音乐的千千静听、QQ 音乐等。

（3）下载类。主要用于从 Internet 上下载文件，如迅雷、BT 下载等。

（4）压缩类。主要用于压缩/解压缩文件，如 WinRAR。

（5）翻译类。主要用于帮助用户翻译外文词语，如金山词霸等。

（6）阅读类。主要用于阅读各种电子书，如阅读 PDF 电子书的 Adobe Reader。

（7）杀毒防毒类。主要用于维护电脑的安全，防止病毒入侵，如 360 杀毒、瑞星、卡巴斯基等。

2.7.2 安装应用软件

要安装应用软件，首先要获取该软件，用户除了购买软件安装光盘以外，还可以从软件厂商的官方网站下载。另外，目前国内很多软件下载站点都免费提供各种软件的下载，如天空软件站（http://www.skycn.com）、华军软件园（http://www.onlinedown.net）等。

应用软件必须安装（而不是复制）到 Windows 7 系统中才能使用。一般应用软件都配置了自动安装程序，将软件安装光盘放入光驱后，系统会自动运行它的安装程序。

如果是存放在本地磁盘中的应用软件，则需要在存放软件的文件夹中找到 Setup.exe 或 Install.exe（也可能是软件名称等）安装程序，双击它便可进行应用程序的安装操作。在安装的过程中可根据需要安装相应的选项。

2.7.3　卸载应用软件

当电脑中安装的软件过多时，系统往往会显得迟缓，应该将不用的软件卸载，以节省磁盘空间并提高电脑性能。

卸载方法有两种：一种是使用“开始”菜单，另一种是使用“程序和功能”窗口。

大多数软件会自带卸载命令，安装好软件后，一般可在“开始”菜单中找到该命令，卸载这些软件时，只需执行卸载命令，然后再按照卸载向导的提示操作即可，如图 2.7.1 所示。

有些软件的卸载命令不在“开始”菜单中，如 Office 2010，Photoshop 等，此时可以使用 Windows 7 提供的“程序和功能”窗口进行卸载，操作步骤如下：

（1）打开“控制面板”窗口，单击“程序”图标旁的卸载程序超链接，如图 2.7.2 所示。

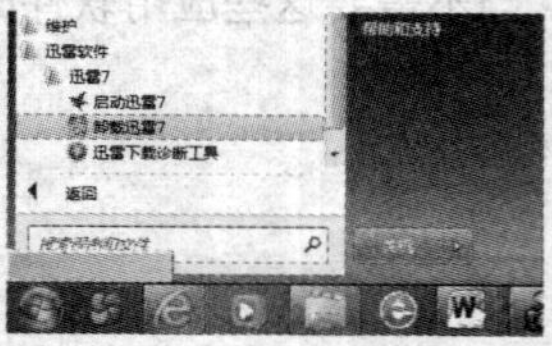

图 2.7.1　从“开始”菜单卸载应用软件

图 2.7.2　选择“卸载程序”超链接

（2）这时打开“程序和功能”窗口，在“名称”下拉列表中选择要删除的程序，如图 2.7.3 所示。

（3）单击卸载按钮，接下来按提示进行操作即可，如图 2.7.4 所示。

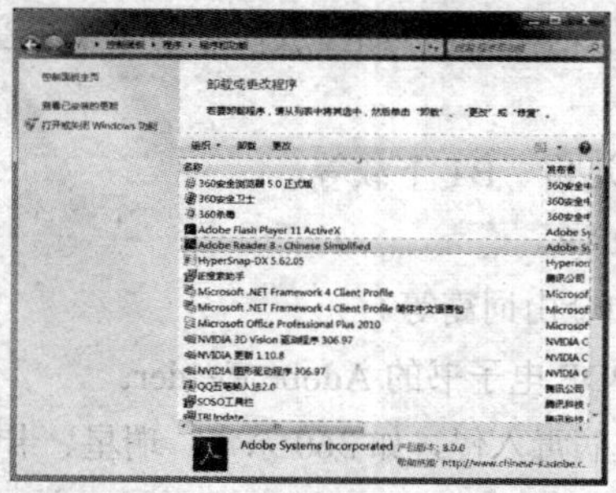

图 2.7.3　“程序和功能”窗口

图 2.7.4　卸载软件

2.8　Windows 7 的常用附件

Windows 7 提供了一些实用的小程序，如便笺、画图、计算器、写字板、放大镜和录音机等，这些程序被统称为附件，用户可使用它们完成相应的工作。

2.8.1　便笺

利用 Windows 7 系统附件中自带的“便笺”功能，可以方便用户在使用电脑的过程中随时记录备忘信息。

1. 新建并书写便笺

新建并书写便笺的具体操作步骤如下：

（1）单击“开始”按钮，选择所有程序→附件文件夹，再单击其中的便笺选项，如图 2.8.1 所示。

（2）此时在桌面的右上角位置将出现一个黄色的便笺纸，然后在便笺中输入相应的内容，如图 2.8.2 所示。单击 + 按钮可新建一个或多个便笺。

图 2.8.1 选择“便笺”命令

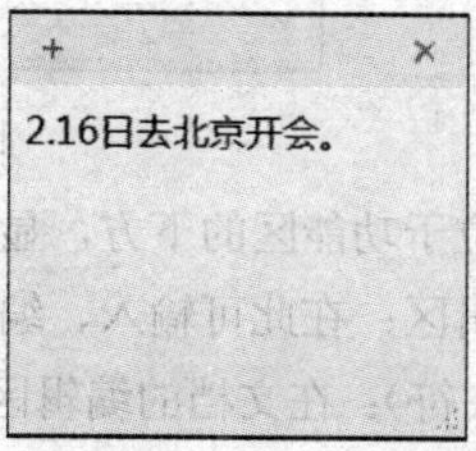

图 2.8.2 在便笺中输入内容

2. 修改便笺样式并删除便笺

默认情况下，便笺纸的颜色是黄色的，用户可以根据需要在便笺纸上单击鼠标右键，从弹出的下拉菜单中选择一种颜色改变其底色，如图 2.8.3 所示。

用户也可以通过拖动便笺纸四周的边框线或角点改变其大小，如图 2.8.4 所示。

单击 × 按钮可删除便笺，这时会弹出“删除便笺”信息框，询问是否删除此便笺，单击是(Y)按钮，如图 2.8.5 所示。

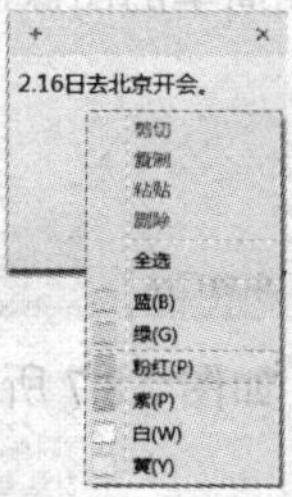

图 2.8.3 更改便笺颜色

图 2.8.4 修改便笺大小

图 2.8.5 “删除便笺”信息框

2.8.2 写字板

写字板是 Windows 系统自带的一个文档处理程序，利用它可以在文档中输入和编辑文本，插入图片、声音和视频等，还可以对文档进行编辑、设置格式和打印等操作。

1. 认识写字板

单击“开始”按钮，选择所有程序→附件文件夹，再单击其中的写字板选项，可启动写字板程序，如图 2.8.6 所示。它与画图程序窗口类似，有些组成元素的功能也一样。

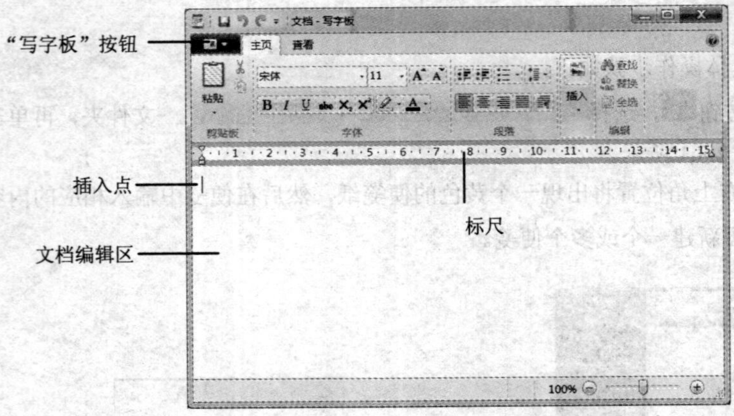

图 2.8.6　"写字板"窗口

（1）标尺：位于功能区的下方，显示了当前页面的尺寸，也可用于设置段落的缩进。

（2）文档编辑区：在此可输入、编辑和修改文档内容。

（3）插入点（符）：在文档的编辑区中有一个不断闪烁的竖线，称为插入符或插入点，表示可以从此处开始输入文本。

2. 使用写字板

启动写字板程序后就可以在其中创建文档并编辑，如设置所选文本的字符和段落格式，在文档中插入图片等，以及选择、移动和复制文本等。

2.8.3　画图

画图程序是 Windows 自带的一款图像绘制和编辑工具，用户可以使用它绘制简单的图像，或对电脑中的图片进行处理。

1. 认识画图程序

要使用画图程序绘制图像，首先要启动它。单击"开始"按钮，选择所有程序→附件文件夹，再单击其中的画图选项，即可启动画图程序，如图 2.8.7 所示。

"画图"窗口中各部分的作用如下：

（1）"画图"按钮：单击该按钮，在展开的列表中选择相应选项，可以执行新建、保存和打印图像文件，以及设置画布属性（包括颜色和大小）等操作。

（2）快速访问工具栏：单击其中的"保存"按钮可保存文件，单击"撤销"按钮可撤销上一步操作，单击"重做"按钮可重做撤销的操作。

（3）功能区：包含 主页 和 查看 两个选项卡，每个选项卡又分为几个组（如 主页 选项卡中包含"图像""工具""颜色"等组）。利用功能区中的按钮可以完成画图程序的大部分操作（将鼠标指针移至某按钮上，可显示该按钮的作用）。

（4）画布：相当于真实绘画时的画布，用户可以拖动画布的边角来调整画布的大小。

（5）状态栏：用来显示画图程序的当前工作状态。此外，拖动其右侧的滑块可调整画布的显示比例。

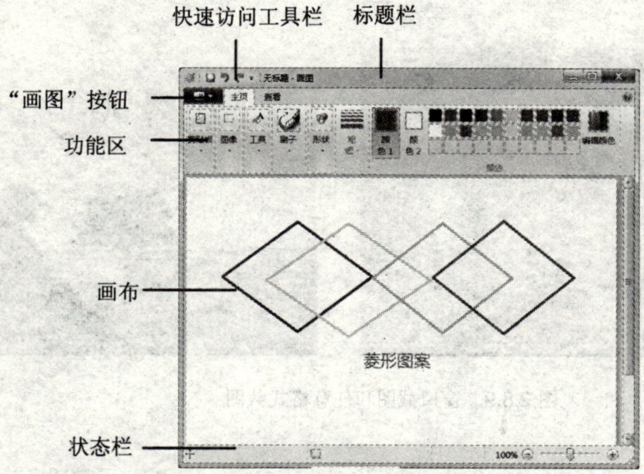

图 2.8.7　“画图”窗口

2．使用画图程序绘图

启动画图程序后，用户可以发挥自己的想象力和创意，使用 主页 选项卡中提供的各绘图工具绘制和编辑图片。

2.8.4　截图工具

截图工具是 Windows 7 中自带的一款用于截取屏幕图像的工具，使用它能够将屏幕中显示的内容截取为图片，并保存为文件或复制到其他程序中。

单击“开始”按钮，选择 所有程序 → 附件 文件夹，再单击其中的 截图工具 选项，可启动截图工具。

截图工具提供了 4 种截图方式，单击 新建(N) 按钮右侧的三角按钮，在展开的列表中可以看到这 4 种方式，如图 2.8.8 所示。

（1）任意格式截图：选择该方式，在屏幕中按下鼠标左键并拖动，可以将屏幕上任意形状和大小的区域截取为图片。

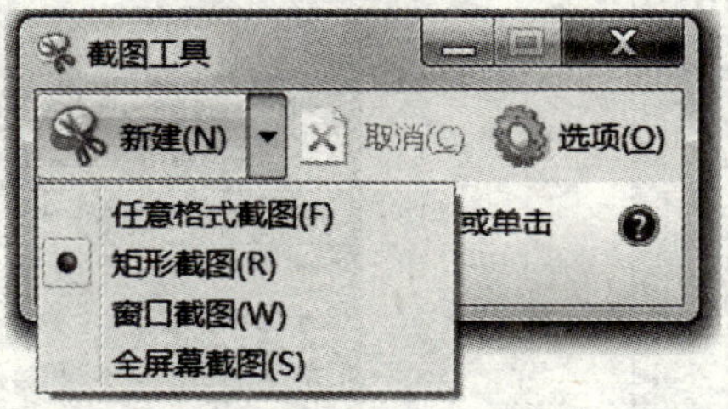

图 2.8.8　“截图工具”窗口

（2）矩形截图：这是程序默认的截图方式。选择该方式，在屏幕中按下鼠标左键并拖动，可以将屏幕中的任意矩形区域截取为图片。

（3）窗口截图：选择该方式，在屏幕中单击某个窗口，可将该窗口截取为完整的图片。

（4）全屏截图：选择该方式，可以将整个显示器屏幕中的图像截取为一张图片。

图 2.8.9 所示为窗口截图和任意格式截图效果。

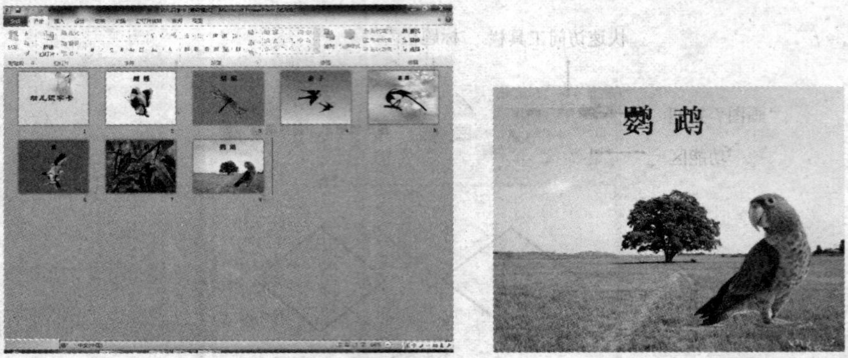

图 2.8.9　窗口截图和任意格式截图

2.8.5　计算器

计算器是 Windows 7 中的一个数学计算工具，与我们日常生活中的小型计算器类似。它分为“标准型”“科学型”“程序员”和“统计信息”等模式，用户可以根据需要选择特定的模式进行计算。

要启动计算器，单击“开始”按钮，选择 所有程序 → 附件 文件夹，再单击其中的 计算器 选项即可。

1．使用标准型计算器

默认情况下，第一次打开计算器时，显示的即是标准型计算器界面。在此模式下，用户可以单击相应按钮进行简单的加、减、乘、除运算，如图 2.8.10 所示。

2．使用科学型计算器

科学型计算器是标准型计算器的扩展，提供了方程、函数和几何等计算功能。在标准型计算器界面中，选择 查看(V) → 科学型(S)　Alt+2 命令，可切换到科学型计算器，如图 2.8.11 所示。

图 2.8.10　标准型计算器

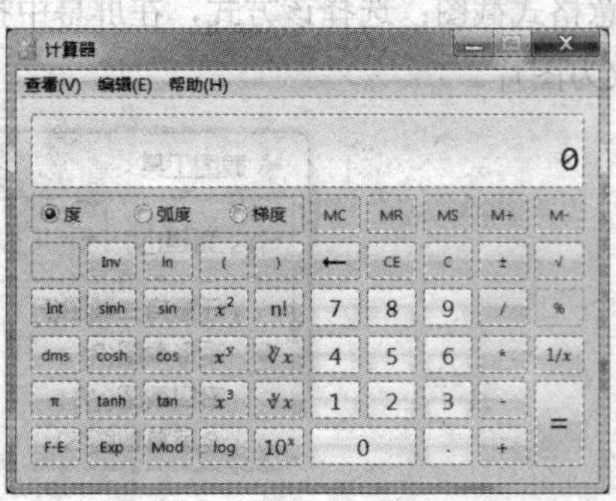

图 2.8.11　科学型计算器

2.9　管理回收站

回收站中的内容一般都被保留在磁盘中，直到用户决定从计算机中永久地将它们删除。回收站中的项目仍然占用硬盘空间并可以被恢复或还原到原位置。回收站被占满后，Windows 会自动清除“回收站”中的空间以存放最近删除的文件和文件夹。

2.9.1　清空“回收站”

如果要手工清空“回收站”中的内容，可以按下述操作步骤进行：

（1）双击桌面上的“回收站”图标，打开“回收站”窗口，如图 2.9.1 所示。

（2）单击工具栏中的 清空回收站 按钮，弹出 删除多个项目 对话框，提示用户是否确认删除，如图 2.9.2 所示。

图 2.9.1　“回收站”窗口

图 2.9.2　确认删除提示框

（3）单击 是(Y) 按钮可将回收站中所有文件清除。

提示：在桌面的“回收站”图标上单击鼠标右键，从弹出的快捷菜单中选择 清空回收站(B) 命令，也可清空“回收站”。

2.9.2　还原项目

在文件夹窗口删除某个文件后，若发现是误删除，可以从“回收站”窗口中将其恢复，其方法分别如下：

（1）打开“回收站”窗口，在需还原的文件或文件夹上单击鼠标右键，从弹出的快捷菜单中选择 还原(E) 命令。

（2）打开“回收站”窗口，选择需还原的文件或文件夹，单击工具栏中的 还原此项目 按钮可将文件或文件夹还原到删除之前的位置。

2.10　应用实例——使用写字板编辑文档

本例为利用写字板的编辑功能编辑一篇文档，最终效果如图 2.10.1 所示。

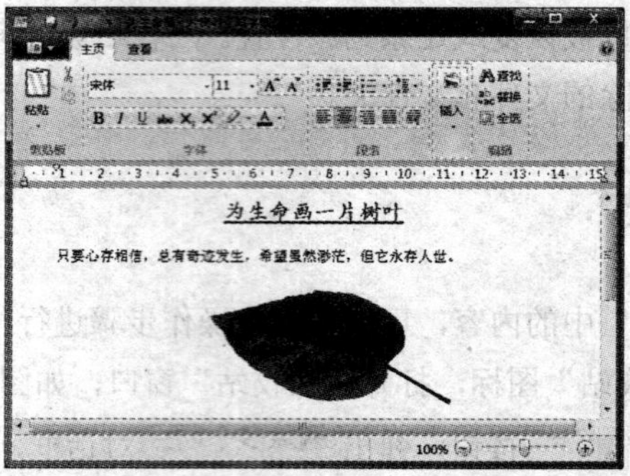

图 2.10.1　最终效果图

操作步骤

（1）单击“开始”按钮，选择 所有程序 → 附件 → 写字板 命令，启动写字板程序。

（2）在文档编辑区中输入文本，如图 2.10.2 所示。

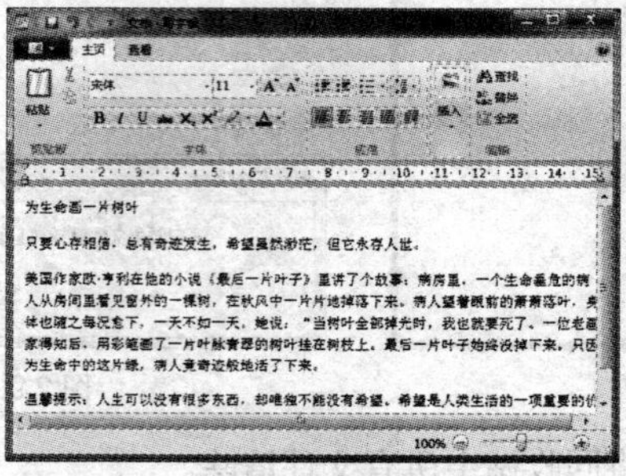

图 2.10.2　输入文本

（3）选中标题文本，设置其字体为“华文楷体”，字号为“16”，字形为“加粗”和“加画线”，字体颜色为“红色”。单击“居中”按钮，设置其段落格式为“居中”，效果如图 2.10.3 所示。

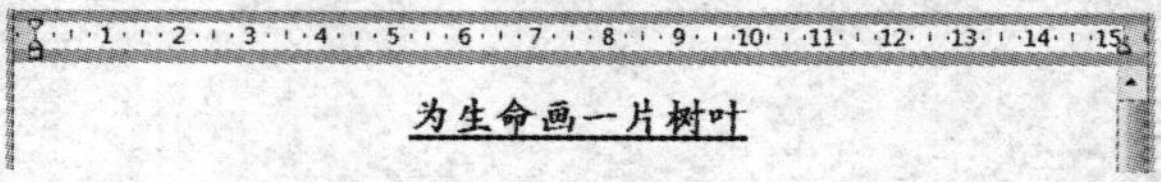

图 2.10.3　设置标题格式

（4）单击“段落”组中的“段落”按钮，弹出 段落 对话框，设置“首行”为“0.85 厘米”，行距为“1.50”，如图 2.10.4 所示。

（5）单击 确定 按钮返回写字板中，如图 2.10.5 所示。

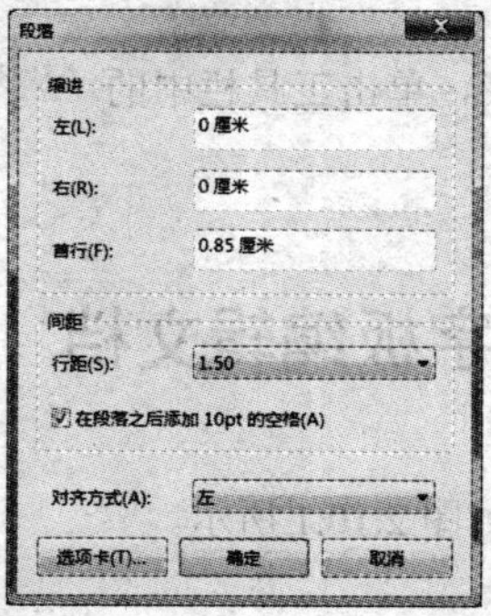

图 2.10.4　“段落”对话框

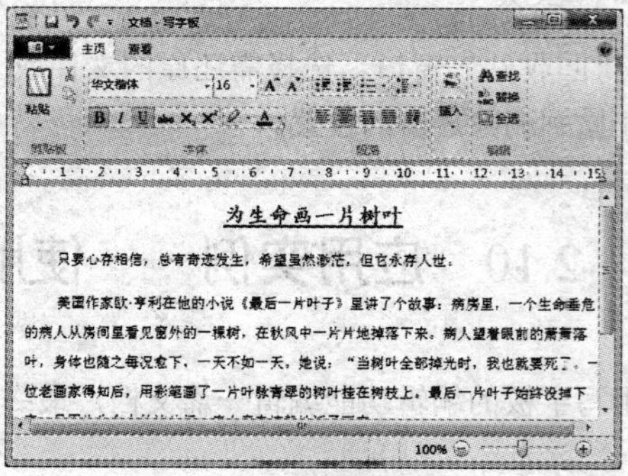

图 2.10.5　设置段落格式

（6）单击插入按钮，从弹出的下拉列表中选择图片→图片(P)选项，弹出选择图片对话框，从中找到所需的图片，如图 2.10.6 所示。

（7）单击打开(O)按钮将图片插入到文档中，调整图片的大小和位置，效果如图 2.10.7 所示。

图 2.10.6　“选择图片”对话框

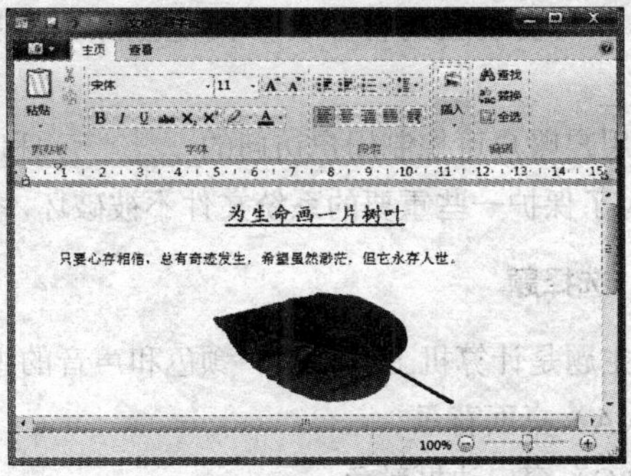

图 2.10.7　在写字板中插入图片

（8）单击“写字板”按钮，从弹出的下拉菜单中选择保存(S)命令，弹出保存为对话框，选择文档保存的路径和输入文件名，如图 2.10.8 所示。

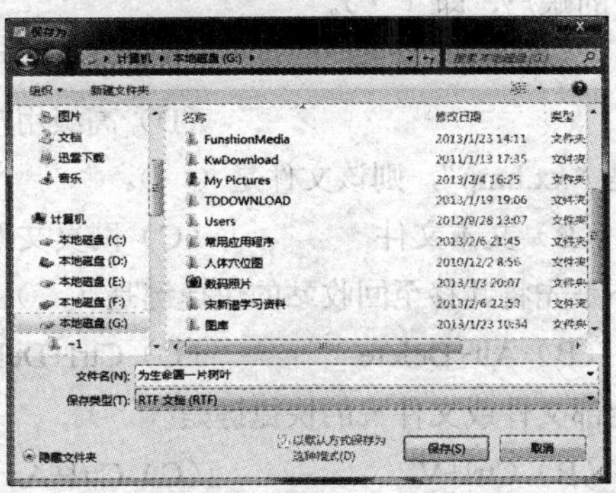

图 2.10.8　“保存为”对话框

（9）单击保存(S)按钮，将该文档保存为默认的 RTF 格式，效果如图 2.10.1 所示。

本 章 小 结

本章介绍了操作系统简介、Windows 7 的基本操作与设置、文件和文件夹的操作、Windows 7 的常用附件及回收站的管理等内容。通过本章的学习，读者能够熟练掌握 Windows 7 的使用方法。

习 题 二

一、填空题

1．在计算机中，信息（如文本、图像或音乐）以_________的形式保存在存储盘上。

2．文件名通常由_________和_________两部分组成，其中_________能反映文件的类型。

3．Windows 7 中，有四个默认库，包括_________、_________、_________和_________。

4. Windows 7 环境中的一个库中最多可以包含________个文件夹。

5. 复制文件的快捷键是________，粘贴文件的快捷键是________。

6. 桌面个性化可以通过________、颜色、声音、________、________、字体大小和用户账户图片来向计算机添加个性化设置。

7. 手动安装应用程序时，浏览整张光盘打开程序的安装文件，文件名通常为________或________。

8. 用户账户可控制用户访问的________和________，以及可以对计算机进行更改的类型。

9. 为了保护一些重要的系统文件不被破坏，系统一般都将这些文件的属性默认设置为________。

二、选择题

1. 主题是计算机上的图片、颜色和声音的组合，它包括（　）。

（A）桌面背景　　（B）屏幕保护程序

（C）窗口边框颜色　　（D）声音方案

2. 能够提供即时信息及可轻松访问常用工具的桌面元素是（　）。

（A）桌面图标　　（B）桌面小工具　　（C）任务栏　　（D）桌面背景

3. Windows 7 有三种类型的账户，即（　）。

（A）来宾账户　　（B）标准账户

（C）管理员账户　　（D）高级用户账户

4. 如果一个文件的名字是“xx.bmp”，则该文件是（　）。

（A）可执行文件　　（B）文本文件　　（C）网页文件　　（D）位图文件

5. 直接永久删除文件而不是先将其移至回收站的快捷键是（　）。

（A）Esc+Delete　　（B）Alt+Delete　　（C）Ctrl+Delete　　（D）Shift+Delete

6. 同时选择某一位置下全部文件或文件夹的快捷键是（　）。

（A）Ctrl+C　　（B）Ctrl+V　　（C）Ctrl+A　　（D）Ctrl+S

7. 保存“画图”程序建立的文件时，默认的扩展名为（　）。

（A）PNG　　（B）BMP　　（C）GIF　　（D）JPEG

8. 写字板是一个用于（　）的应用程序。

（A）图形处理　　（B）文字处理　　（C）程序处理　　（D）信息处理

三、简答题

1. 任务栏按钮的显示方式有哪几种？

2. 简述在资源管理器中同时选择多个连续文件或文件夹的方法。

3. 试列出至少三种打开资源管理器的方法。

4. 怎样还原回收站的文件。

四、上机操作题

1. 在 Windows 7 操作系统下，卸载 Office 2007，安装 Office 2010 应用软件。

2. 创建一个名为“贝贝”的来宾账户，并为其设置密码保护。

第 3 章　Word 2010 的使用

Word 2010 是 Microsoft 公司开发的 Office 2010 办公组件之一，主要用于文字处理工作。Microsoft Word 2010 提供了世界上最出色的功能，其增强后的功能可创建专业水准的文档，用户可以更加轻松地与他人协同工作并可在任何地点访问您的文件，本章将介绍 Word 2010 的这些基本功能。

本章主要内容

- Word 2010 的基础知识
- 文档的基本操作
- 文本的基本操作
- 格式化文本
- 表格的使用
- 丰富 Word 文档
- 打印 Word 文档

3.1　Word 2010 的基础知识

Word 2010 是目前流行、功能强大的文字处理软件，它包括文字编辑、表格制作、图文混排以及 Web 文档制作等功能，适合众多的普通计算机用户、办公人员和专业排版人员使用。使用 Word 2010，用户可以更加轻松和方便地完成办公过程中的文字处理工作。

3.1.1　Word 2010 的启动和退出

Word 2010 的启动与退出是两种最基本的操作。Word 2010 必须在启动后才能使用，使用完毕后应退出，以释放占用的系统资源。

1. Word 2010 的启动

（1）使用“开始”菜单栏启动。单击“开始”按钮，选择 所有程序 → Microsoft Office → Microsoft Word 2010 命令，如图 3.1.1 所示，即可启动 Word 2010。

图 3.1.1　从“开始”菜单栏启动 Word 2010

（2）使用桌面快捷方式启动。如果在 Word 2010 桌面中建立了 Word 2010 快捷图标，则用户只须双击该快捷图标，即可启动 Word 2010。

（3）直接启动。在 Windows 资源管理器中，找到需要编辑的 Word 文档，直接双击此文档即可启动 Word 2010。

提示：Windows 系统提供了应用程序与相关文档的关联关系，安装了 Word 2010 以后，双击任何一个 Word 文档图标，不仅能启动 Word 2010 程序，还会打开相应的文档内容。

2. Word 2010 的退出

当不再使用 Word 2010 时，可退出该应用程序，以减少对系统内存的占用。与启动 Word 2010 一样，退出 Word 2010 程序可以使用下列方法之一：

（1）单击 Word 2010 标题栏右侧的"关闭"按钮 X 。

（2）单击左上角的控制菜单图标，在弹出的下拉菜单中选择 关闭(C) Alt+F4 命令。

（3）单击 文件 按钮，打开"文件"面板，在左侧窗格中选择 退出 命令。

（4）单击 文件 按钮，打开"文件"面板，在左侧窗格中选择 关闭 命令。

注意：如果用户在退出 Word 2010 之前对文档进行了修改，系统将自动弹出一个信息提示框，如图 3.1.2 所示，询问用户是否保存修改后的文档。单击 保存(S) 按钮，保存对文档进行的修改；单击 不保存(N) 按钮，不保存对文档的修改，直接退出 Word 2010 程序；单击 取消 按钮，取消本次操作，返回到编辑状态。

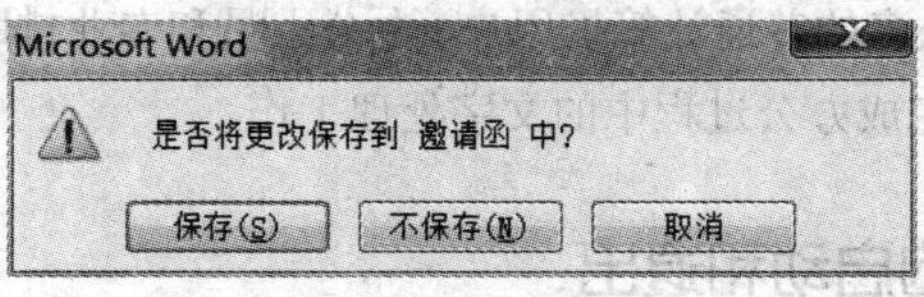

图 3.1.2 信息提示框

3.1.2 Word 2010 的界面介绍

Word 2010 继承了 Word 2007 的界面，相对于 Word 2003 及以前的版本，有了质的变化。Word 2010 的工作界面包括"文件"按钮、快速访问工具栏、标题栏、功能区、文档编辑区以及状态栏等，如图 3.1.3 所示。下面将对界面中的各个部分分别予以介绍。

1. "文件"按钮

Microsoft Word 从 Word 2007 升级到 Word 2010，其最显著的变化就是使用 文件 按钮代替了 Word 2007 中的 Office 按钮。"文件"按钮位于 Word 2010 窗口左上角。单击 文件 按钮可以打开"文件"面板，包含"信息""最近""新建""打印""共享""打开""关闭""保存"等常用选项，如图 3.1.4 所示。

（1）信息。在默认打开的"信息"面板中，用户可以进行旧版本格式转换、保护文档（包含设置 Word 文档密码）、检查问题和管理自动保存的版本。

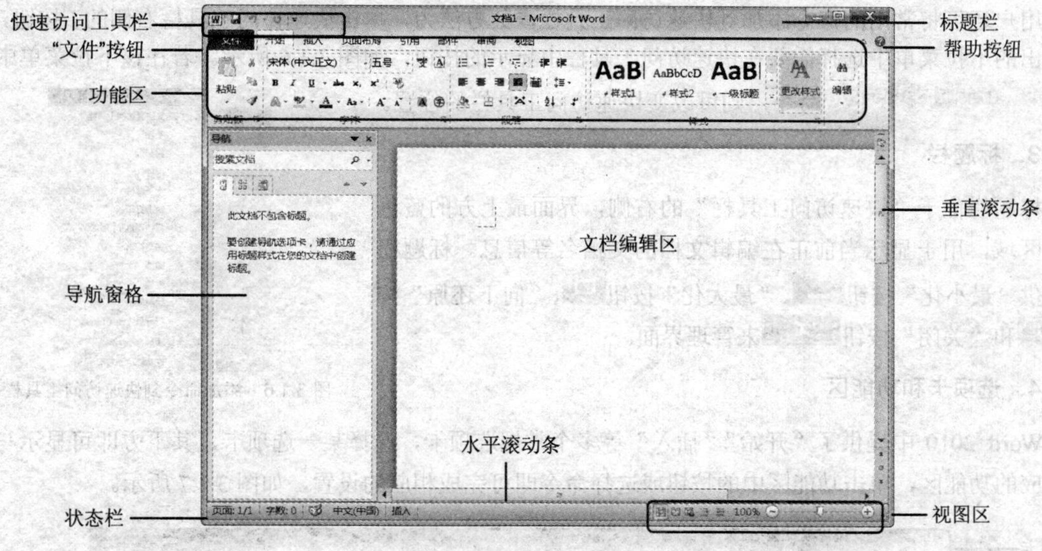

图 3.1.3　Word 2010 的工作界面

（2）最近。打开“最近”面板，在面板右侧可以查看最近使用的 Word 文档列表，用户可以通过该面板快速打开使用的 Word 文档。

（3）新建。打开“新建”面板，用户可以看到丰富的 Word 2010 文档类型，包括“空白文档”“博客文章”“书法字帖”等 Word 2010 内置的文档类型。用户还可以通过 Office 网站提供的模板新建诸如“会议日程”“证书”“奖状”“小册子”等实用 Word 文档。

（4）打印。打开“打印”面板，在该面板中可以详细设置多种打印参数，例如双面打印、指定打印页等参数，从而有效控制 Word 2010 文档的打印结果。

（5）共享。打开“共享”面板，用户可以在面板中将 Word 2010 文档发送到博客文章、发送电子邮件或创建 PDF 文档。

（6）选项。选择“文件”面板中的“选项”命令，可以打开 Word 选项 对话框。在该对话框中可以开启或关闭 Word 2010 中的许多功能或设置参数，如图 3.1.5 所示。

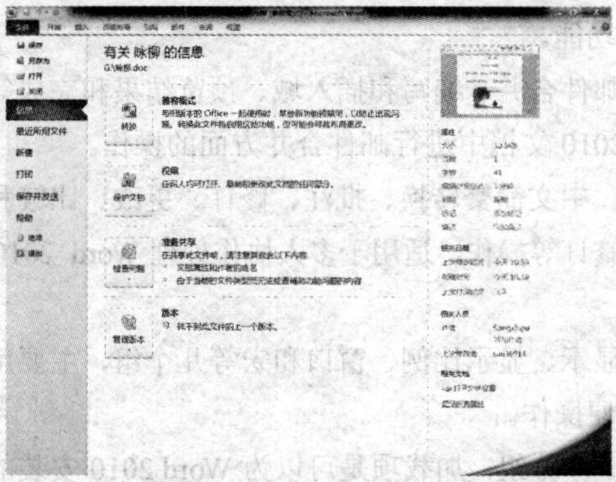
图 3.1.4　“文件”面板

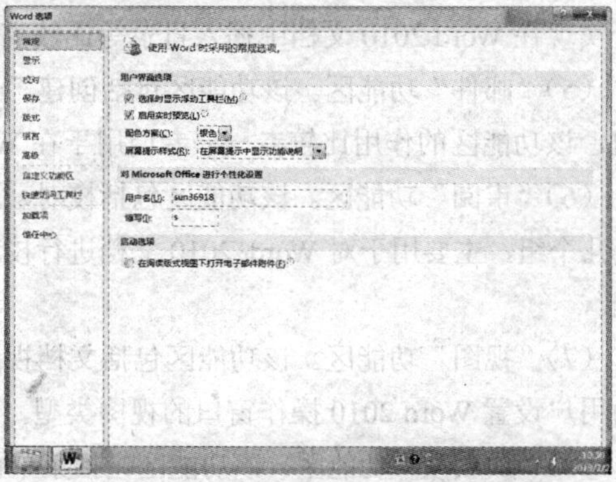
图 3.1.5　“Word 选项”对话框

2．快速访问工具栏

默认情况下，快速访问工具栏位于 Word 窗口的顶部，“Office”按钮的右侧，使用它可以快速访问使用频率较高的工具，如“保存”按钮，“撤销”按钮和“恢复”按钮等。

用户还可将常用的命令添加到快速访问工具栏，其方法为，单击快速访问工具栏右侧的按钮，在弹出的下拉菜单中选择需要在快速访问工具栏中显示的按钮，如图 3.1.6 所示。若在该下拉菜单中选择 在功能区下方显示(S) 命令，则可改变快速访问工具栏的位置。

3. 标题栏

标题栏位于“快速访问工具栏”的右侧，界面最上方的蓝色长条区域，用于显示当前正在编辑文档的文档名等信息。标题栏并提供“最小化”按钮、“最大化”按钮、“向下还原”按钮和“关闭”按钮来管理界面。

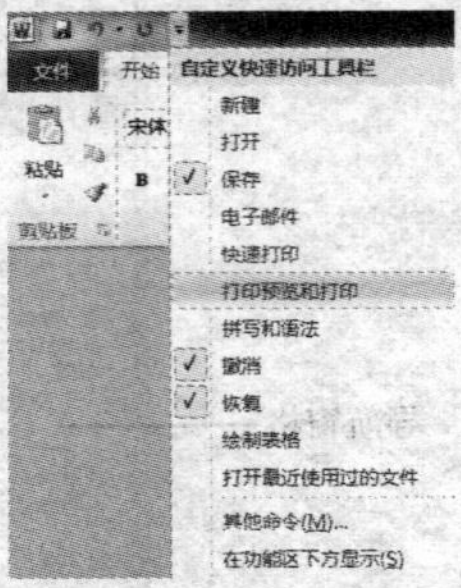

图 3.1.6 添加命令到快速访问工具栏

4. 选项卡和功能区

Word 2010 中提供了“开始”“插入”等多个常规选项卡，选择某一选项卡，其下方即可显示与其对应的功能区，单击功能区中的按钮或选择命令即可完成相应的设置，如图 3.1.7 所示。

图 3.1.7 “开始”功能区

每个功能区的功能如下：

（1）“开始”功能区。该功能区中包括剪贴板、字体、段落、样式和编辑五个组，该功能区主要用于帮助用户对 Word 2010 文档进行文字编辑和格式设置，是用户最常用的功能区。

（2）“插入”功能区。该功能区包括页、表格、插图、链接、页眉和页脚、文本、符号和特殊符号等几个组，主要用于在 Word 2010 文档中插入各种元素。

（3）“页面布局”功能区。该功能区包括主题、页面设置、稿纸、页面背景、段落、排列等几个组，用于帮助用户设置 Word 2010 文档页面样式。

（4）“引用”功能区。该功能区包括目录、脚注、引文与书目、题注、索引和引文目录等几个组，用于实现在 Word 2010 文档中插入目录等比较高级的功能。

（5）“邮件”功能区。该功能区包括创建、开始邮件合并、编写和插入域、预览结果和完成等几个组，该功能区的作用比较专一，专门用于在 Word 2010 文档中进行邮件合并方面的操作。

（6）“审阅”功能区。该功能区包括校对、语言、中文简繁转换、批注、修订、更改、比较和保护等几个组，主要用于对 Word 2010 文档进行校对和修订等操作，适用于多人协作处理 Word 2010 长文档。

（7）“视图”功能区。该功能区包括文档视图、显示、显示比例、窗口和宏等几个组，主要用于帮助用户设置 Word 2010 操作窗口的视图类型，以方便操作。

（8）“加载项”功能区。该功能区包括菜单命令一个分组，加载项是可以为 Word 2010 安装的附加属性，如自定义的工具栏或其他命令扩展。“加载项”功能区则可以在 Word 2010 中添加或删除加载项。

5. 文档编辑区

文档编辑区是用户工作的主要区域，用来实现文档、表格、图表和演示文稿等的显示和编辑。

Word 2010 的文档编辑区除了可以进行文档的编辑之外，还有水平标尺、垂直标尺、水平滚动条和垂直滚动条等辅助功能。

6．“导航”窗格

“导航”窗格中的上方是搜索框，用于搜索文档中的内容。在下方的列表框中通过单击 、 和 按钮，分别可以浏览文档中的标题、页面和搜索结果，如图 3.1.8 所示。

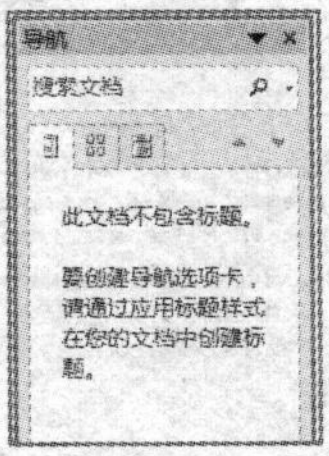

图 3.1.8 “导航”窗格

7．状态栏

状态栏位于工作界面的左下方，显示当前编辑文档的状态，如页数、总页数、字数、当前文档检错结果和语言状态等内容。

8．视图区

视图区位于工作界面的右下方，可以单击其中的按钮完成视图方式切换和调节页面显示比例等操作。Word 2010 的视图方式主要有页面视图、阅读版式视图、Web 版式视图、大纲视图和草稿 5 种。用户在文档的右下角可以直接单击相应的按钮来进行切换。

（1）页面视图。页面视图是最常用的一种视图方式，其布局可以直接显示页面的实际尺寸，在页面中同时会出现水平标尺和垂直标尺，如图 3.1.9 所示。如果要切换到该视图方式，可以直接单击视图切换按钮中的“页面视图”按钮 。

（2）阅读版式视图。阅读版式视图以图书的分栏样式显示 Word 2010 文档， 文件 按钮、功能区等窗口元素被隐藏起来。单击视图切换按钮中的“阅读版式视图”按钮 ，可切换至该视图方式，如图 3.1.10 所示。在阅读版式视图中，用户还可以单击 工具 按钮选择各种阅读工具，若要停止阅读文档时，单击“阅读版式视图”工具栏上的 关闭 按钮或按“Esc”键，就可以从阅读版式视图切换到原来的视图方式。

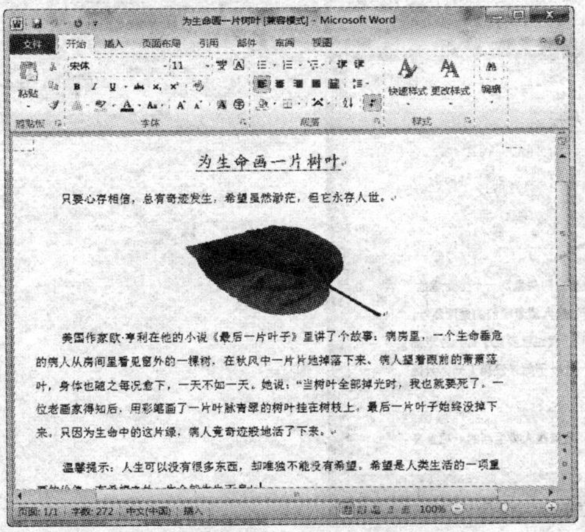

图 3.1.9 页面视图

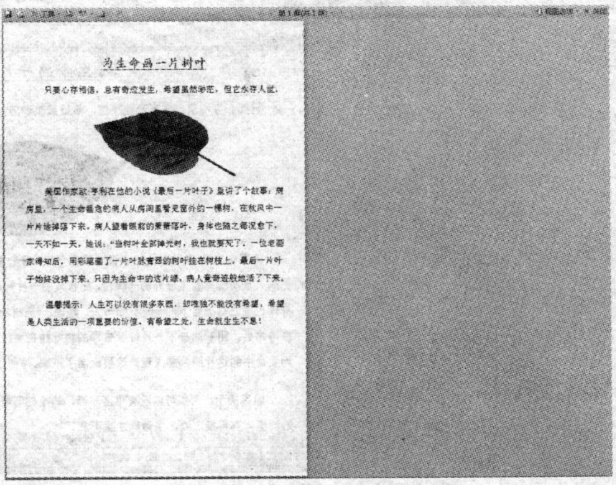

图 3.1.10 阅读版式视图

（3）Web 版式视图。Web 版式视图是一种近似于 Web 页显示方式的视图，其编辑的文档可以直接用于 Internet 中，用浏览器可以直接浏览。单击视图切换按钮中的“Web 版式视图”按钮 ，可以直接切换到该视图方式，如图 3.1.11 所示。

（4）大纲视图。单击视图切换按钮中的“大纲视图”按钮 ，可以切换到大纲视图。大纲视图中文本的正文部分用一个空心的小方块标记，如图 3.1.12 所示。在该视图模式下主要显示了文档的结构，而且通过缩进文本反映文档中不同的标题级别。

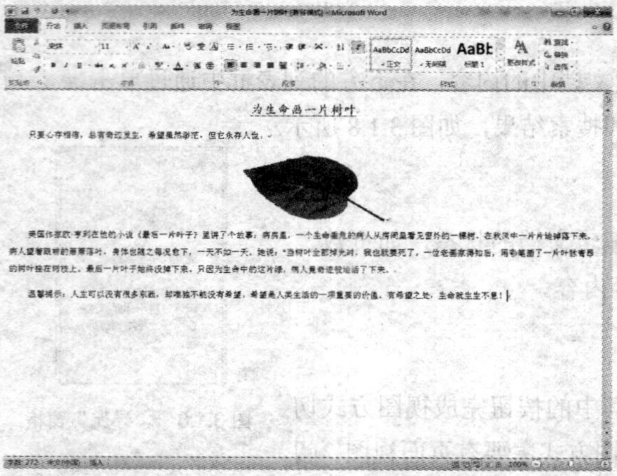

图 3.1.11　Web 版式视图

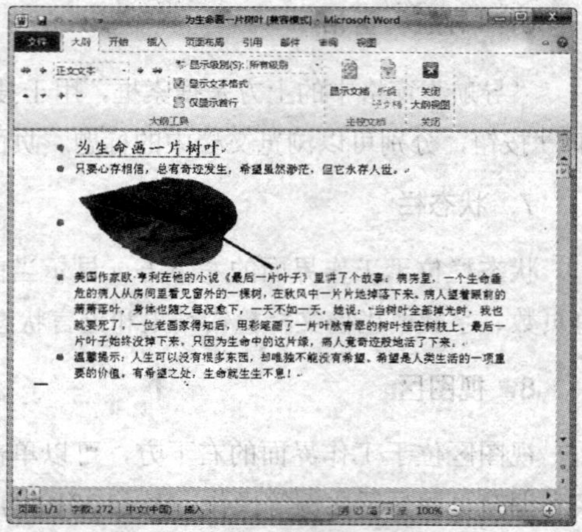

图 3.1.12　大纲视图

提示：在大纲视图中不会显示段落格式，也不能使用段落格式命令。若要浏览或修改段落格式，必须切换到其他视图。

（5）草稿。“草稿”视图取消了页面边距、分栏、页眉页脚和图片等元素，仅显示标题和正文，是最节省计算机系统硬件资源的视图方式。当然现在计算机系统的硬件配置都比较高，基本上不存在由于硬件配置偏低而使 Word 2010 运行遇到障碍的问题。单击视图切换按钮中的“草稿”视图按钮，可以切换到“草稿”视图，如图 3.1.13 所示。

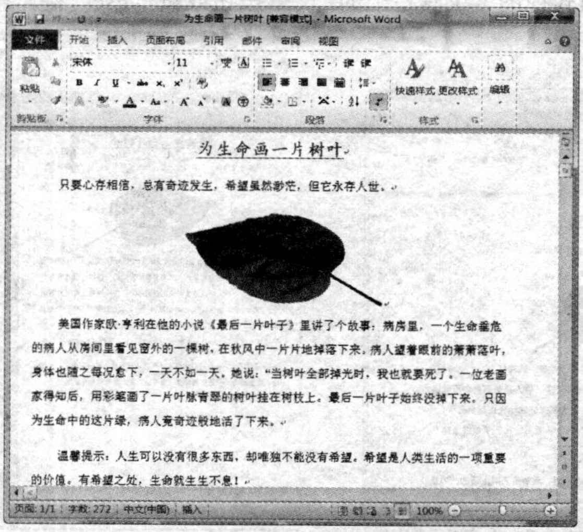

图 3.1.13　“草稿”视图

3.2　文档的基本操作

应用 Word 2010 进行工作的过程中，Word 文档的基本操作是用户使用该程序的基础。本节将介绍新建文档、保存文档、打开和关闭文档的操作方法。

3.2.1 创建文档

文本的输入和编辑操作都是在文档中进行的，因此要进行各种文本操作必须先新建一个文档。

1. 新建空白文档

默认情况下，Word 2010 程序在打开的同时会自动新建一个空白文档。用户在使用该空白文档完成文字输入和编辑后，如果需要再次新建一个空白文档，则可以按照如下步骤进行操作：

（1）打开 Word 2010 文档窗口，单击 文件 按钮，从弹出的下拉菜单中选择 新建 命令。

（2）在打开的“新建”面板中，选中需要创建的文档类型，例如可以选择“空白文档”“博客文章”“书法字帖”等文档，在此选择“空白文档”，如图 3.2.1 所示。

（3）完成选择后单击 创建 按钮，即可创建一个新文档。

2. 使用模板创建文档

在 Word 2010 中使用模板创建文档除了通用型的空白文档模板之外，Word 2010 中还内置了多种文档模板，如博客文章模板、书法字帖模板等等。另外，Office.com 网站还提供了证书、奖状、名片、简历等特定功能模板。借助这些模板，用户可以创建比较专业的 Word 2010 文档。

使用模板创建文档的操作步骤如下：

（1）打开 Word 2010 文档窗口，单击 文件 按钮，从弹出的下拉菜单中选择 新建 命令。

（2）在打开的“新建”面板中，用户可以单击“博客文章”“书法字帖”等 Word 2010 自带的模板创建文档，还可以单击 Office.com 提供的“名片”“日历”等在线模板，在此选择“样本模板”，如图 3.2.2 所示。

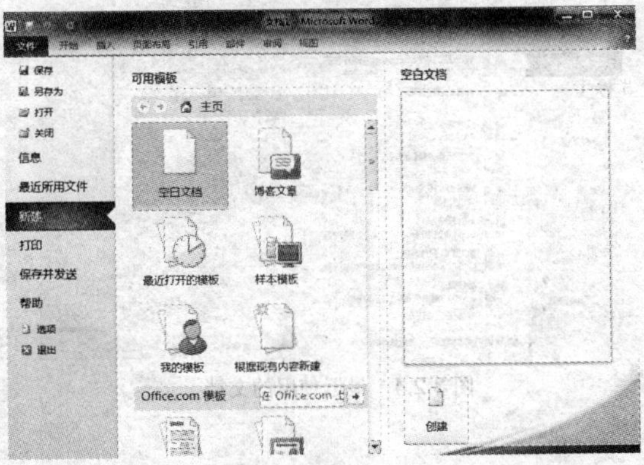

图 3.2.1 “新建文档”窗口

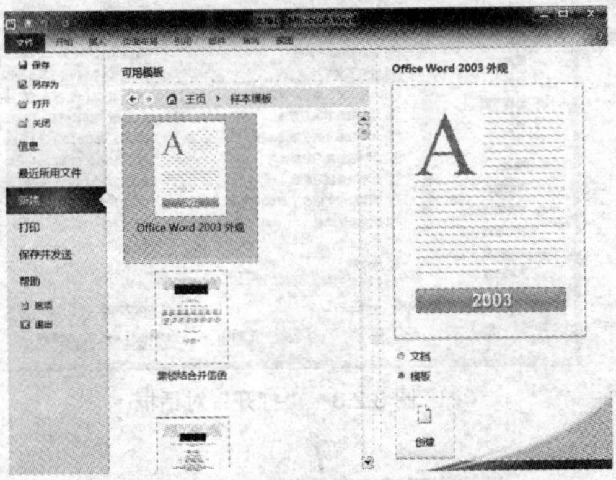

图 3.2.2 选择“样本模板”选项

（3）打开样本模板列表，单击合适的模板后，在“新建”面板右侧单击 ◉ 文档 或 ◉ 模板 单选按钮，在此选择“文档”，然后单击 创建 按钮即可创建一个新文档。

提示：（1）在 Word 2010 中有三种类型的 Word 模板，分别为.dot 模板（兼容 Word 97—2003 文档）、.dotx（未启用宏的模板）和.dotm（启用宏的模板）。在“新建文档”窗口中创建的空白文档使用的是 Word 2010 的默认模板 Normal.dotm。

（2）除了使用 Word 2010 已安装的模板，用户还可以使用自己创建的模板和 Office.com 提供的模板。在下载 Office.com 提供的模板时，Word 2010 会进行正版验证，非正版的 Word 2010 版本无法下载 Office Online 提供的模板。

3.2.2　打开文档

将文档保存在计算机磁盘后，可将其打开进行浏览或编辑，这里介绍两种较常用的方法。

1. 使用“打开”对话框打开文档

使用“打开”对话框打开文档的具体操作步骤如下：

（1）单击 文件 按钮，从弹出的下拉菜单中选择 打开 选项，弹出 打开 对话框。

（2）在“查找范围”下拉列表中选择文档所在的位置，然后在文件列表中选择需要打开的文档；在“文件类型”下拉列表中选择所需的文件类型，如图 3.2.3 所示。

（3）单击 打开(O) 按钮打开需要的文档。

2. 打开最近使用的文档

在 Word 2010 中默认会显示 20 个最近打开或编辑过的 Word 文档，用户可以通过“最近”面板打开最近使用的文档，具体操作步骤如下：

（1）打开 Word 2010 文档窗口，单击 文件 按钮，从弹出的下拉菜单中选择 最近所用文件 选项。

（2）在“文件”面板右侧的“最近使用的文档”列表中单击准备打开的 Word 文档名称即可，如图 3.2.4 所示。

图 3.2.3　“打开”对话框

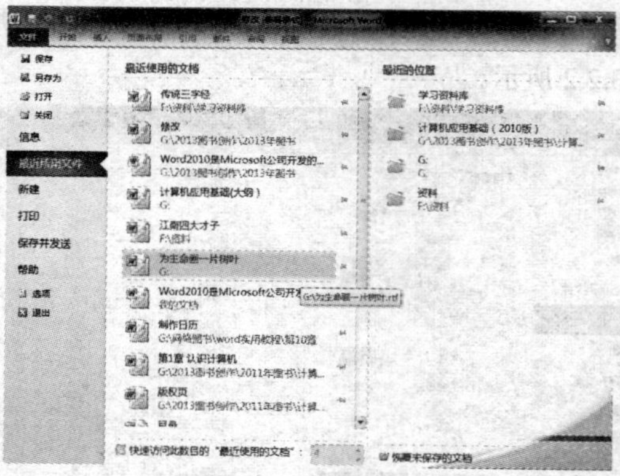

图 3.2.4　最近使用的文档

3.2.3　保存文档

新建的文档必须执行保存操作后才能储存在电脑磁盘中，同时在输入文档的过程中也应随时保存文档，以避免因停电或死机造成文档数据丢失。Word 2010 为用户提供了多种保存文档的方法，而且具有自动保存功能，可以最大限度地保护因意外而引起的数据丢失。

1. 保存新建文档

保存新建文档的具体操作步骤如下：

（1）单击 文件 按钮，从弹出的下拉菜单中选择 保存 选项，弹出 另存为 对话框，如图 3.2.5 所示。

（2）在该对话框中的“保存位置”下拉列表中选择要保存文件的文件夹位置；在“文件名”下拉列表框中输入文件的名称；在“保存类型”下拉列表中选择保存文件的格式。

（3）设置完成后，单击 保存(S) 按钮即可。

图 3.2.5　“另存为”对话框

2．保存已有文档

如果文档已存在，用户需要在修改后进行保存，可采用以下两种方法：

（1）在原有位置保存。在对已有文档修改完成后，单击 文件 按钮，从弹出的下拉菜单中选择 保存 选项，Word 2010 将修改后的文档保存到原来的文件夹中，修改前的内容将被覆盖，并且不再弹出 另存为 对话框。

（2）另存为。如果需要将已有的文档保存到其他的文件夹中，可在修改完文档之后，单击 文件 按钮，从弹出的下拉菜单中选择 另存为 选项，弹出 另存为 对话框。保存方法与保存新建文档一样。

3．自动保存文档

Word 2010 可以按照某一固定时间间隔自动对文档进行保存，这样大大减少断电或死机时由于来不及保存文档所造成的损失。设置自动保存文档的具体操作步骤如下：

（1）单击 文件 按钮，从弹出的下拉菜单中选择 保存 选项，然后在弹出的菜单中选择 选项 选项，弹出 Word 选项 对话框。单击 保存 标签，打开“保存”选项卡，如图 3.2.6 所示。

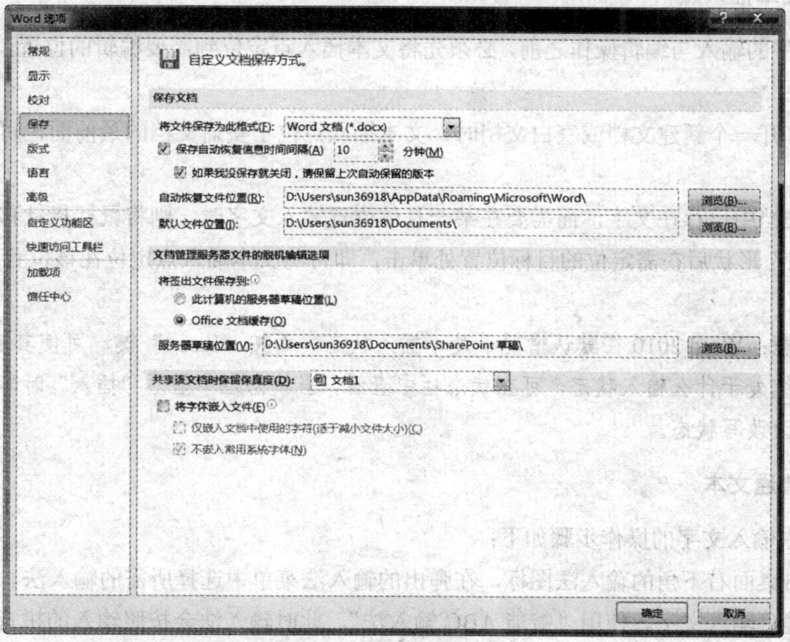

图 3.2.6　“保存”选项卡

（2）在该对话框右侧的“保存文档”选区中的“将文件保存为此格式”下拉列表中选择文件保存的类型。

（3）选中 ☑ 保存自动恢复信息时间间隔(A) 单选按钮，并在其后的微调框中输入文件的保存时间间隔。

（4）在“自动恢复文件位置”文本框中输入文件的保存位置，或者单击 浏览(B)... 按钮，在弹出的 修改位置 对话框中设置文件的保存位置。

（5）设置完成后，单击 确定 按钮即可。

3.2.4 关闭文档

编辑完一篇文档后应关闭它，以免占用屏幕空间。一般退出 Word 2010 后即可关闭文档，但这将关闭所有 Word 文档，如果需要关闭某个文档，可采用以下方法中的任意一种，可参见 3.1.1 节内容。

3.3 文本的基本操作

新建 Word 文档之后，需要在文档中输入文本使文档更加完整，文本输入之后，还需要对输入的文本进行编辑处理，从而使文本的内容更加完善。

3.3.1 输入文本

创建空白文档后，就可以在文档中输入文本。输入的文本将显示在插入点处，插入点自动向右移动。当输入完一行时，Word 2010 将自动换行。如果用户需要另起一段，按回车键即可。

1. 定位文本插入点

在进行文字的输入与编辑操作之前，必须先将文本插入点定位到需要编辑的位置，主要分为两种情况：

（1）在打开一个新建文档或空白文档时，文本插入点位于整篇文档的最前面，可以直接在该位置输入文字。

（2）若文档中已存在文字，而需要在某一具体位置输入文字时，则将鼠标指针移至文档编辑区中，其变为“I”形状后在需定位的目标位置单击，即可将文本插入点定位在该位置处。

注意：Word 2010 在默认情况下处于插入状态，而按“Insert”键，可使其变为改写状态。要判断此时系统处于什么输入状态，可在状态栏中查看，当状态栏中显示“插入”时即输入状态为插入状态，反之为改写状态。

2. 输入普通文本

在 Word 中输入文字的操作步骤如下：

（1）单击桌面右下角的输入法图标，在弹出的输入法菜单中选择所需的输入法。

（2）从键盘输入文字。使用“智能 ABC 输入法”，此时输入法会按照输入的拼音逐步联想要输入的文字，当输入到行末的时候，程序会自动换行，如果按“Enter”键，光标就会跳到下一行的开始处。

（3）当出现错别字时，可以按“Back Space”键或“Delete”键删除错别字。“Back Space”键用来删除光标之前的文字；“Delete”键用来删除光标之后的文字。

（4）整个文档输入完毕后保存并关闭文档。

3．输入标点符号和特殊符号

若需在 Word 文档中输入一些键盘上找不到的特殊符号，如“※”或“◆”等，除可使用中文输入法的软键盘进行输入外，还可以使用 Word 2010 提供的插入符号功能进行输入。

下面以插入数学运算符“Σ”为例，介绍如何插入特殊符号，操作步骤如下：

（1）将光标移动到要插入符号的位置处单击。

（2）打开 插入 选项卡，单击 Ω符号 按钮，在其下拉列表中将会显示出最近使用过的符号，如果要选择其他符号则选择 Ω 其他符号(M)... 命令，弹出 符号 对话框，如图 3.3.1 所示。

（3）在“字体”下拉列表框中选择“普通文本”选项；在“子集”下拉列表框中选择“数学运算符”选项。

（4）选中符号“Σ”，然后单击 插入(I) 按钮即可插入到相应位置。

如果一个符号在输入过程中多次用到，就需要自定义快捷键，操作步骤如下：

（1）在 符号 对话框中选中要使用的符号。

（2）单击 快捷键(K)... 按钮，弹出 自定义键盘 对话框，如图 3.3.2 所示。

图 3.3.1 “符号”对话框

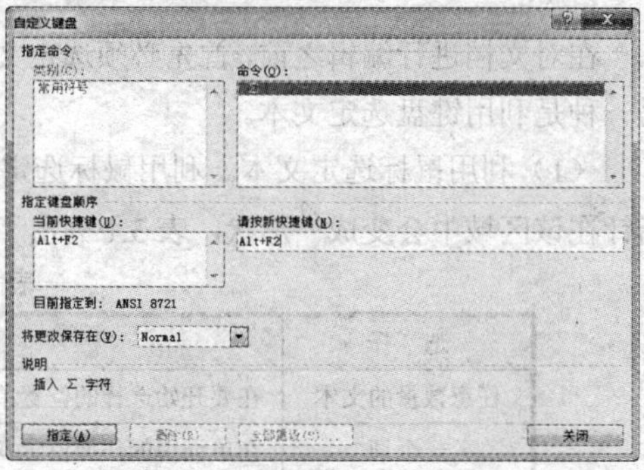

图 3.3.2 “自定义键盘”对话框

（3）在“请按新快捷键”文本框中输入习惯使用的快捷键。

（4）单击 指定(A) 按钮，则在“当前快捷键”文本框中出现刚才自定义的快捷键。

（5）单击 关闭 按钮完成操作。以后插入该符号时，直接使用自定义的快捷键就可以了。

注意：自定义的快捷键不能与系统指定的快捷键相冲突，否则系统原来的快捷键将不起作用。

4．插入日期和时间

Word 2010 提供了输入当前日期和时间文本的功能，以减少用户的输入量，其具体操作步骤如下：

（1）将光标移动到要插入日期和时间的位置处单击。

（2）打开 插入 选项卡，在“文本”组中单击 日期和时间 按钮，弹出 日期和时间 对话框，如图 3.3.3 所示。

（3）在“可用格式”列表框中选择一种日期和时间格式；在“语言（国家/地区）”下拉列表中

选择一种语言。

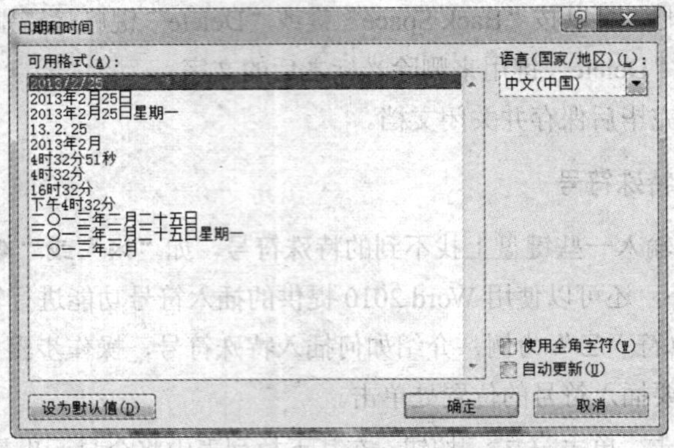

图 3.3.3 “日期和时间”对话框

（4）如果选中☑自动更新(U)复选框，则以域的形式插入当前的日期和时间，该日期和时间是一个可变的数值，它可根据打印的日期和时间的改变而改变；取消选中☐自动更新(U)复选框，则可将插入的日期和时间作为文本永久地保留在文档中。

（5）单击 确定 按钮，即可在文档中插入日期和时间。

3.3.2 选定文本

在对文档进行编辑之前，首先必须选定文本，选定文本的方法有两种：一种是利用鼠标选定文本；另一种是利用键盘选定文本。

（1）利用鼠标选定文本。利用鼠标选定文本比较简单，每个 Word 文档的左边为选定栏，鼠标指针在该区域中会变成↗形状，表 3.1 列出了利用鼠标选定文本的方法。

表 3.1 鼠标选定文本

选 择	操 作
任意数量的文本	在要开始选择的位置单击，按住鼠标左键，然后在要选择的文本上拖动指针
一个词	在单词中的任何位置双击
一行文本	将指针移到行的左侧，指针变为右向箭头↗后单击
一个句子	按下“Ctrl”键，然后在句中的任意位置单击
一个段落	在段落中的任意位置连击三次
多个段落	将指针移动到第一段的左侧，指针变为右向箭头后，按住鼠标左键，同时向上或向下拖动指针
较大的文本块	单击要选择的内容的起始处，滚动到要选择的内容的结尾处，然后按住“Shift”键，同时在要结束选择的位置单击
整篇文档	将指针移动到任意文本的左侧，在指针变为右向箭头后连击三次
页眉和页脚	在页面视图中，双击灰色显示的页眉或页脚文本。将指针移到页眉或页脚的左侧，在指针变为右向箭头后单击
脚注和尾注	单击脚注或尾注文本，将指针移到文本的左侧，在指针变为右向箭头后单击
垂直文本块	按住“Alt”键，同时在文本上拖动指针
文本框或图文框	在图文框或文本框的边框上移动指针，指针变为四向箭头后单击

（2）利用键盘选定文本。在某些情况下，使用键盘选定文本也比较方便，例如要选定整个文档，按“Ctrl+A”快捷键即可。表 3.2 列出了键盘选定文本的快捷键。

表 3.2 键盘选定文本

快捷键	键盘操作范围
Shift+↑	选定从当前光标处到上一行文本
Shift+↓	选定从当前光标处到下一行文本
Shift+←	选定当前光标处左边的文本
Shift+→	选定当前光标处右边的文本
Ctrl+A	选定整个文档
Ctrl+Shift+Home	选定从当前光标处到文档开头处的文本
Ctrl+Shift+End	选定从当前光标处到文档结尾处的文本

3.3.3 复制与粘贴文本

对于文档中内容重复部分的输入，可通过复制粘贴操作来完成，从而提高文档编辑效率。复制文本的具体操作步骤如下：

（1）在文档中选中要复制的文本内容。

（2）在“开始”选项卡的“剪贴板”组中单击“复制”按钮。

（3）将光标插入点定位在要输入相同内容的位置。

（4）单击“剪贴板”组中的“粘贴”按钮。

另外，利用鼠标也可以复制文本，具体方法是在选定文本之后，按住“Ctrl”键，当鼠标指针变成形状时，拖动鼠标到目标位置，释放鼠标即可。

提示：粘贴文本内容时，若单击“粘贴”按钮下方的下拉按钮，在弹出的下拉列表中可以选择粘贴方式，且将鼠标指针指向某个粘贴方式时，可在文档中预览粘贴后的效果。若在下拉列表中选择 选择性粘贴(S)... 命令，可在弹出的 选择性粘贴 对话框中选择其他粘贴方式。

3.3.4 移动文本

在编辑文档的过程中，有时需要移动文本，即将文本从文档中的一个位置移动到另一个位置。可通过“剪切”和“粘贴”命令移动文本，具体操作步骤如下：

（1）选定要移动的文本。

（2）将鼠标指针定位在要移动的文本之上，当指针变成形状时，拖动鼠标到目标位置，释放鼠标即可。

另外，在选定一段文本之后，单击鼠标右键，在弹出的快捷菜单中选择 剪切(T) 命令，然后将鼠标指针定位在目标位置上，单击鼠标右键，在弹出的快捷菜单中选择 粘贴(P) 命令，也可以实现文本的移动。

3.3.5 查找与替换文本

在一篇较长的文档中，如果想找到需要的文本，或要对多个相同的文本进行统一修改，可使用 Word 2010 的查找与替换功能，从而提高编辑文本的效率。

1. 查找文本

在文本编辑的过程中，可能需要在文档中查找指定的文本，此时可用 Word 提供的“查找”功能，具体操作步骤如下：

（1）在要查找内容的文档中切换到 视图 选项卡，选中“显示”组中的 ☑ 导航窗格 复选框，打开“导航”窗格。

（2）在搜索框中输入要查找的文本的内容，文档中将突出显示要查找的全部内容，如图 3.3.4 所示。

2. 替换文本

当发现某个字或词全部输入错误时，可通过 Word 的“替换”功能进行替换，具体操作步骤如下：

（1）将光标插入点定位在文档的起始处。

（2）在“导航”窗格中单击搜索框右侧的下拉按钮 ，从弹出的下拉列表中选择 替换(R)... 命令，如图 3.3.5 所示。

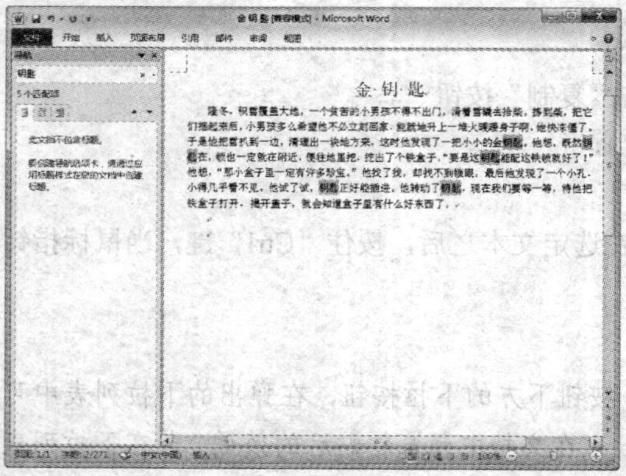

图 3.3.4　查找文本

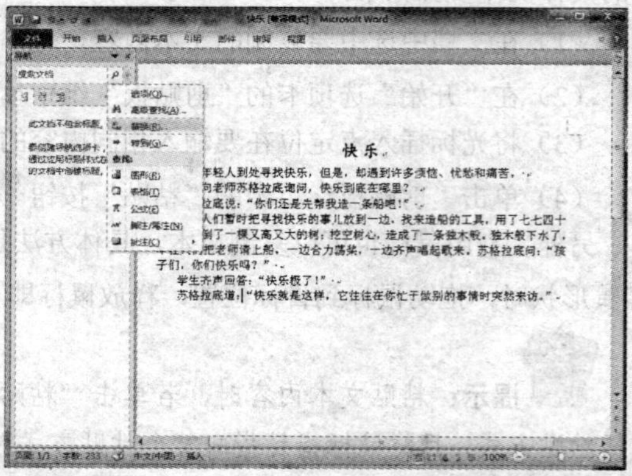

图 3.3.5　选择“替换”命令

（3）这时弹出 查找和替换 对话框，并自动定位在 替换(P) 选项卡，在“查找内容”文本框中输入要查找的内容，在“替换为”文本框中输入要替换的内容，如图 3.3.6 所示。

（4）单击 全部替换(A) 按钮，Word 将按照刚才的设置进行替换操作，弹出“替换完成”的提示框，如图 3.3.7 所示。

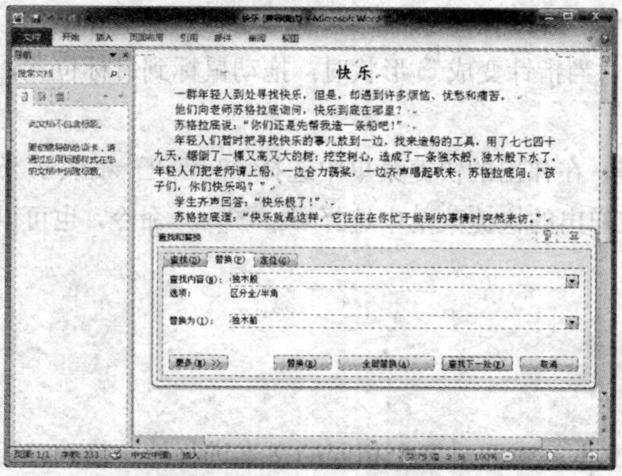

图 3.3.6　设置替换信息

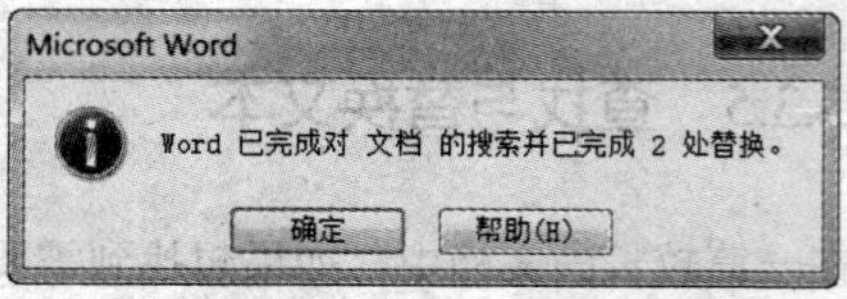

图 3.3.7　“替换完成”提示框

提示：单击 替换(R) 按钮，即可将文档中的内容进行替换。如果要一次性替换文档中的全部对象，可单击 全部替换(A) 按钮，系统将自动替换全部内容。

（5）单击 确定 按钮返回 查找和替换 对话框，单击 关闭 按钮返回文档，即可查看替换后的效果，如图 3.3.8 所示。

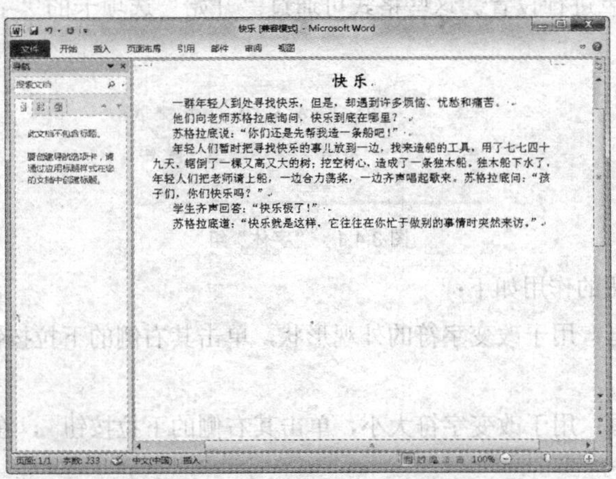

图 3.3.8 查看替换效果

3.3.6 删除文本

如果要删除一个汉字或一个英文单词，选中单词或汉字后直接按键盘上的“Delete”键或“Back Space”键。如果要删除一段文本，在选定文本内容后，除了可以按“Delete”键或“Back Space”键删除外，还可以单击“开始”选项卡中“剪贴板”组中的“剪切”按钮来删除文本。

3.3.7 撤销与恢复操作

如果用户不小心删除了不该删除的内容，可直接单击“快速访问”工具栏中的“撤销”按钮来撤销操作。如果要撤销刚进行的多次操作，可单击工具栏中的“撤销”按钮右侧的下三角按钮，从下拉列表中选择要撤销的操作。

恢复操作是撤销操作的逆操作，可直接单击“快速访问”工具栏中的“恢复”按钮执行恢复操作。

提示：按下“Ctrl+Z”（或 Alt+BackSpace”）组合键，可撤销上一步操作，继续按下该组合键可撤销多步操作。按下“Ctrl+Y”组合键，可恢复被撤销的上一步操作，继续按下该组合键可恢复被撤销的多步操作。

3.4 格式化文本

在 Word 中完成文档的编辑后，还需要对文档进行格式化操作，如设置字符格式、设置段落格式、加项目符号和编号、应用样式等，以达到美化文档的目的。

3.4.1　设置字符格式

默认情况下，在 Word 中输入的文本为“宋体”“五号”“黑色”。用户可以根据自己的实际需要对字体、字号及字体颜色进行设置。这些格式可通过“开始”选项卡的“字体”组进行设置，如图 3.4.1 所示。

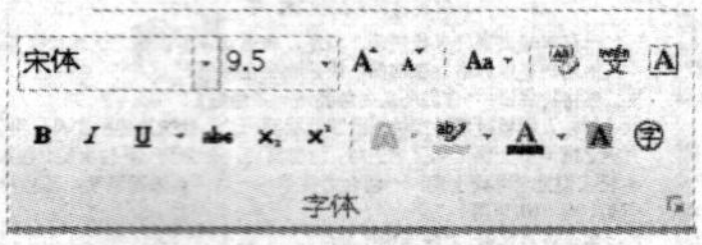

图 3.4.1　“字体”组

“字体”组中各按钮的作用如下：

“字体”下拉列表框：用于改变字符的外观形状，单击其右侧的下拉按钮，在弹出的下拉列表中可选择字体样式。

“字号”下拉列表框：用于改变字符大小，单击其右侧的下拉按钮，在弹出的下拉列表中可选择字符的大小。

“增大字体”和“缩小字体”按钮：单击“增大字体”和“缩小字体”按钮改变所选文本的字号。

“加粗”和“倾斜”按钮：如果要为选中的字符设置加粗或倾斜的效果可单击浮动工具栏中的“加粗”和“倾斜”按钮。

“字体颜色”和“字符底纹”按钮：单击浮动工具栏中的“字体颜色”按钮或“字符底纹”按钮，可在弹出的列表框中设置选中字符的颜色和底纹颜色。

“带圈字符”按钮：单击该按钮，可为选中字符添加圆圈。

“下标”按钮和“上标”按钮：单击该按钮，可将选择的文字设置为下标或上标。

“删除线”按钮：单击该按钮，将为文字添加删除线效果。

“下画线”按钮：单击该按钮，将为文字添加下画线，单击右侧的按钮，在弹出的列表框中可设置不同的下画线样式，如图 3.4.2 所示。

“更改大小写”按钮：单击该按钮，在弹出的列表框中选择相应的选项，定义文本大写或小写，如图 3.4.3 所示。

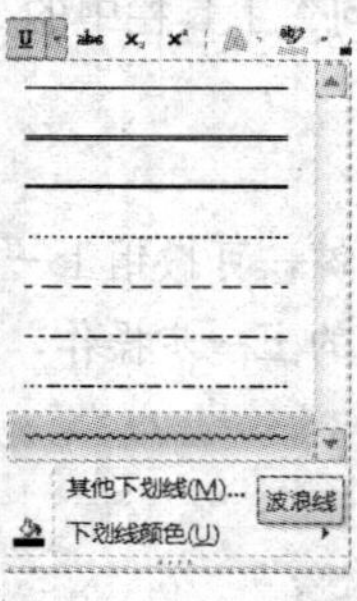

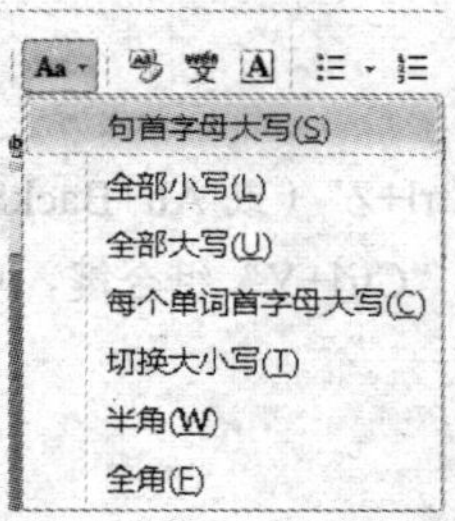

图 3.4.2　选择下画线样式　　图 3.4.3　“更改大小写”下拉列表

在“字体”组中进行字符格式设置，具体操作步骤如下：

（1）在文档中选中要设置字体的文本。

（2）在 开始 选项卡的“字体”组中，单击“字体”文本框右侧的下拉按钮，从弹出的下拉列表中选择需要的字体，如图 3.4.4 所示。

（3）保持当前文本的选中状态，单击“字号”文本框右侧的下拉按钮，从弹出的下拉列表中选择需要的字号，如图 3.4.5 所示。

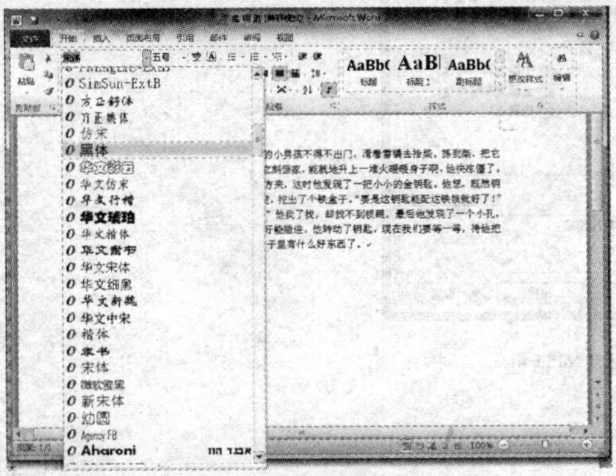

图 3.4.4 设置字体

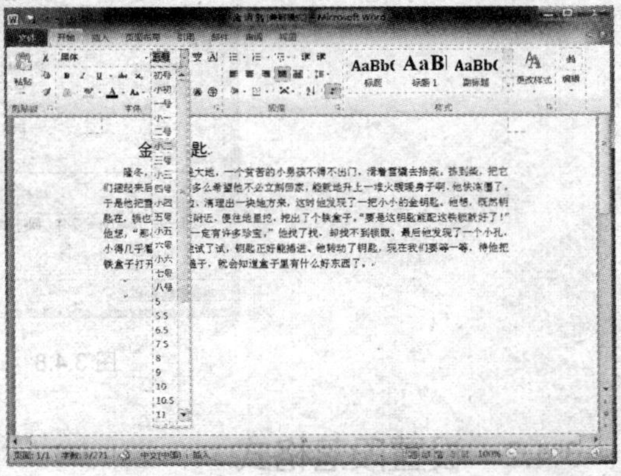

图 3.4.5 设置字号

（4）保持当前文本的选中状态，单击“字体颜色”按钮右侧的下拉按钮，从弹出的下拉列表中选择需要的字符颜色，如图 3.4.6 所示。

（5）按照前面的操作步骤，对文档中其他文本设置需要的字体、字号即可。

除了上述操作方法之外，还可通过浮动工具栏和“字体”对话框来设置文本格式。

（1）使用浮动工具栏。选中需要设置格式的文本后，会自动显示浮动工具栏，如图 3.4.7 所示。通过单击相应的按钮，可设置相应的格式。

浮动工具栏中许多按钮与功能区“字体”组的按钮的作用是相同的。

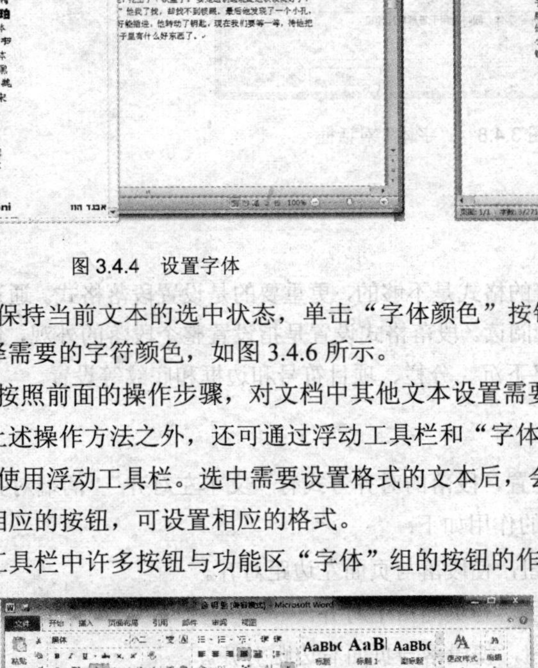

图 3.4.6 设置字符颜色

图 3.4.7 浮动工具栏

（2）使用“字体”对话框。选中需要设置格式的文本后，单击“字体”组中的“对话框启动器”按钮，打开 字体 对话框，如图 3.4.8 所示。在该对话框中可设置字体、字号等基本格式及空心、阴文、阴影等一些比较特殊的效果，还可以预览字符设置后的效果。

提示： 选中要设置格式的文本后，单击鼠标右键，在弹出的快捷菜单中选择 A 字体(F)... 命令，也可打开 字体 对话框。

图 3.4.8　“字体”对话框

3.4.2　设置段落格式

要想使文档更加美观，仅仅设置字符的格式是不够的，更重要的是设置段落格式。通过设置段落格式可使文档的版式更具有层次感，便于阅读。段落格式设置是指设置整个段落的外观，包括段落对齐、段落缩进、段落间距、行间距、首字下沉、分栏、项目符号和边框和底纹等设置。

1．设置对齐方式

对齐方式是指段落在文档中的相应位置，段落的对齐方式有“文本左对齐”“两端对齐”“居中”“文本右对齐”“分散对齐”等，各按钮的作用如下：

“文本左对齐”按钮：单击该按钮，使段落与页面左边距对齐。

“居中”按钮：单击该按钮，使段落与页面居中对齐。

“文本右对齐”按钮：单击该按钮，使段落与页面右边距对齐。

“两端对齐”按钮：单击该按钮，使段落同时与左边距和右边距对齐并根据需要增加字间距。

“分散对齐”按钮：单击该按钮，使段落同时靠左边距和右边距对齐并根据需要增加字间距。

其中“两端对齐”是系统默认的对齐方式，若要更改为其他对齐方式，可按下面的操作步骤实现：

（1）选中要设置对齐方式的段落。

（2）在 开始 选项卡的“段落”组中单击对齐方式按钮中的某个按钮，可实现对应的对齐方式，如单击“居中”按钮。

（3）此时，所选段落将以“居中”对齐方式进行显示。

2．设置段落缩进

段落缩进是指段落中的文本与页边距之间的距离。Word 中的段落缩进方式包括首行缩进、悬挂缩进、左缩进和右缩进 4 种。

首行缩进：可以设置段落中第一行第一个字的起始位置与页面左边距的缩进量。中文段落普遍采用首行缩进方式，一般缩进两个字符。

悬挂缩进：设置段落中除首行以外的其他行与页面左边距的缩进量。悬挂缩进用于一些较为特殊的场合，如报刊、杂志等。

左缩进：可以设置整个段落左边界与页面左边距的缩进量。

右缩进：可以设置整个段落右边界与页面右边距的缩进量。

使用“段落”对话框可以将段落格式设置得更为精确，具体操作步骤如下：

（1）选中要设置段落缩进的段落。

（2）单击“段落”组中的“对话框启动器”按钮，弹出 段落 对话框，如图 3.4.9 所示。

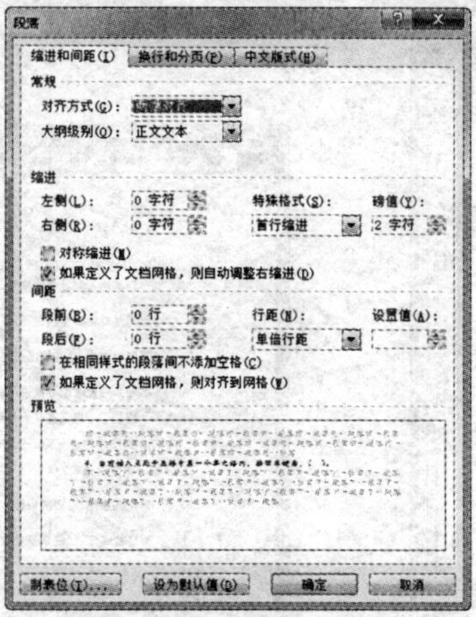

图 3.4.9　“段落”对话框

（3）在“特殊格式”下拉列表框中选择“首行缩进”选项，在右侧的“磅值”微调框设置缩进量，如“2 字符”。

（4）单击 确定 按钮返回 Word 文档，即可查看设置后的效果，如图 3.4.10 所示。

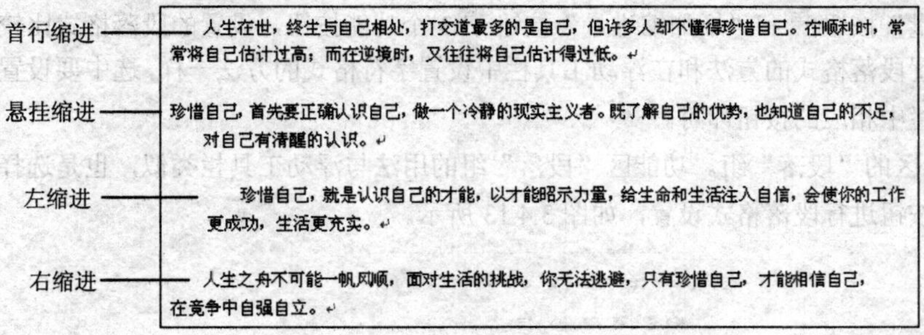

图 3.4.10　各种缩进方式的效果

3. 设置段间距和行距

为了使整个文档看起来疏密有致，可对段落设置合适的间距或行距。间距是指相邻两个段落之间的距离，行距是指段落中行与行之间的距离。设置间距与行距的操作方法如下：

（1）选中需要设置段间距和行距的段落。

（2）单击 开始 选项卡“段落”组中的“对话框启动器”按钮，弹出 段落 对话框。

（3）在“间距”栏中通过“段前”微调框可设置段前距离，通过“段后”微调框可设置段后距离，在“行距”下拉列表框中可选择段落的行间距离大小，如图 3.4.11 所示。

“行距”下拉列表框中各选项的含义如下：

单倍、1.5 倍、2 倍行距：指行距是该行最大字高的单倍、1.5 倍、2 倍。

最小值：选中该选项后可以在“设置值”微调框中输入固定的行间距，当该行中的文字或图片超过该值时，Word 自动扩展行间距。

固定值：选中后可以在“设置值”微调框中输入固定的行间距，当该行中的文字或图片超过该值时，Word 不会扩展行间距。

多倍行距：选中后在“设置值”微调框中输入的值为行间距，但此时的单位为行，而不是磅。

（4）单击 确定 按钮返回 Word 文档，即可查看设置后的效果，如图 3.4.12 所示。

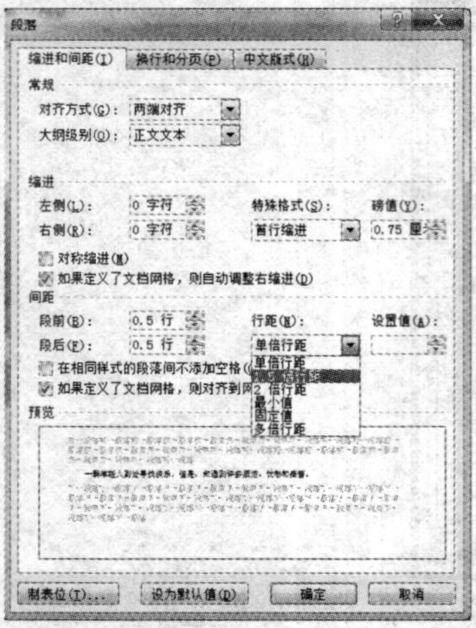

图 3.4.11　设置段间距和行距

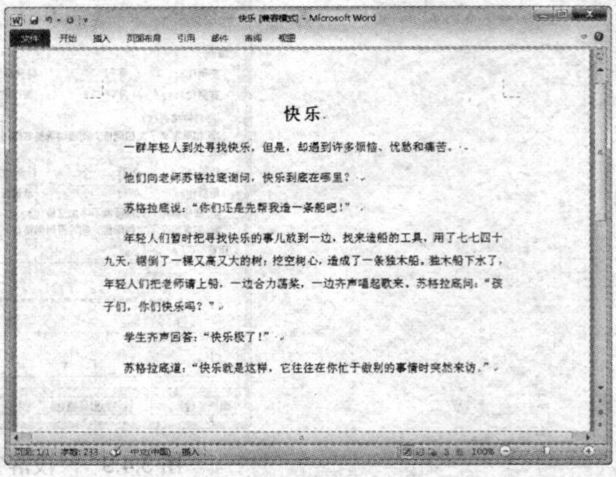

图 3.4.12　设置段间距和行距效果

除了上述操作方法之外，还可通过浮动工具栏和“段落”组来设置段落格式，具体方法如下：

（1）使用浮动工具栏。使用浮动工具栏可以快速设置段落格式，在该工具栏中只有“居中”按钮、“减少缩进量”按钮和“增加缩进量”按钮 3 个功能按钮，设置的段落格式比较单一。在浮动工具栏中设置段落格式的方法和在浮动工具栏中设置字符格式的方法一样，选中要设置的文本后，单击浮动工具栏中相应的按钮即可。

（2）使用功能区的“段落”组。功能区“段落”组的用法与浮动工具栏类似，也是选择段落后在其中单击相应的按钮进行段落格式设置，如图 3.4.13 所示。

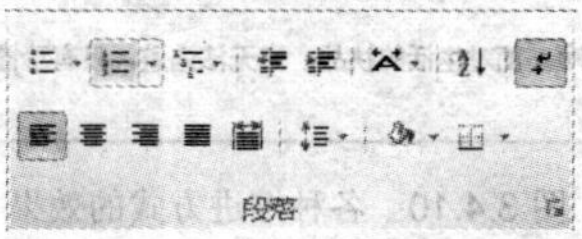

图 3.4.13　“段落”组

3.4.3　添加边框和底纹

在制作一些有特殊用途的 Word 文档时，为了增加文档的生动感和实用性，突出显示这些信息，常常需要为文本、段落添加边框和底纹。

1. 在文本中添加边框和底纹

为文本添加边框和底纹可以突出显示某些文字。下面讲解为文本添加边框和底纹的方法。

（1）添加边框。选择文本后，单击 开始 选项卡“字体”组中的“字符边框”按钮。

（2）添加底纹。选择文本后，单击 开始 选项卡“字体”组中的“字符底纹”按钮。

技巧： 在“字体”组中单击“添加底纹”按钮，可为文字添加灰色底纹，单击“突出显示”按钮右侧的下拉按钮，在弹出的下拉菜单中选择一种颜色可为文字添加有色彩的底纹。

2．在段落中添加边框和底纹

添加段落边框可使段落板块化，要给段落添加边框或底纹，具体操作步骤如下：

（1）选择要添加边框或底纹的文本。

（2）单击功能区“段落”组的“添加边框和底纹”按钮右侧的下拉按钮，从弹出的快捷菜单中选择 边框和底纹(O)... 命令，打开 边框和底纹 对话框。

（3）打开 边框(B) 选项卡，在“设置”选区中选择边框的样式，如“方框”；在“样式”列表框中任意选择一种线型；在“颜色”下拉列表中选择边框的颜色；在“宽度”下拉列表中选择该线型的宽度，如图 3.4.14 所示。

（4）若要给所选的文本添加底纹效果，可打开 底纹(S) 选项卡，如图 3.4.15 所示。在“填充”下拉列表框中选择一种颜色作为填充色；在“样式”下拉列表中选择一种图案样式，在“颜色”下拉列表中可为图案设置相应的颜色；在“应用于”下拉列表中选择设置的底纹应用的是文字还是段落。

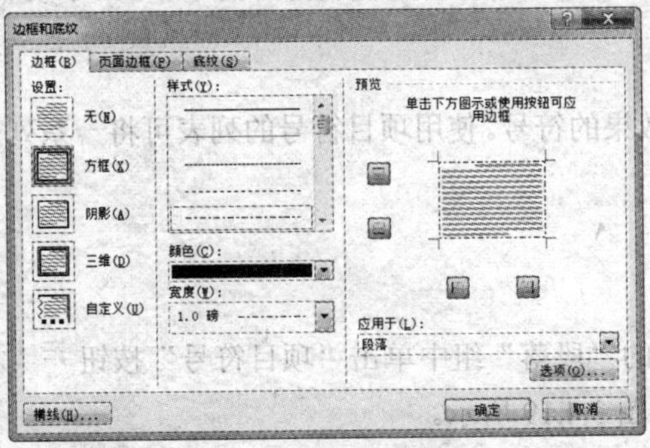

图 3.4.14　“边框”选项卡

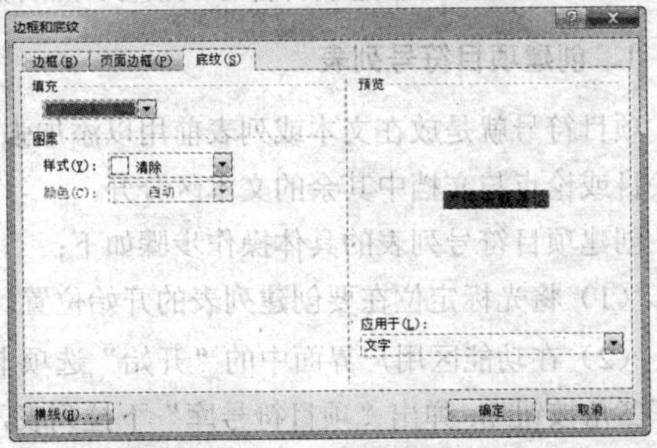

图 3.4.15　“底纹”选项卡

（5）单击 确定 按钮，返回文档中即可看到设置边框或底纹效果，如图 3.4.16 所示。

图 3.4.16　为段落设置边框和底纹效果

3．在页面中添加边框和底纹

如果需要为整个页面添加边框或底纹，可在“页面布局”选项卡中进行，具体操作步骤如下：

（1）将光标置于要添加边框或底纹的页面中。

（2）在“页面布局”选项卡中的“页面设置”组中单击 页面边框 按钮，弹出 边框和底纹 对话框，打开 页面边框(P) 选项卡。

（3）该选项卡中的设置与 边框(B) 选项卡中的设置类似，不同的是多了一个“艺术型”下拉列表，在该下拉列表中选择一种边框样式；在“应用于”下拉列表中选择“整篇文档”选项，为其设置页面边框的范围，如图 3.4.17 所示。

（4）单击 确定 按钮返回 Word 文档，即可看到设置整个页面的边框。

（5）单击“页面设置”组中的 页面颜色 按钮，从弹出下拉列表中选择一种颜色，完成后的效果如图 3.4.18 所示。

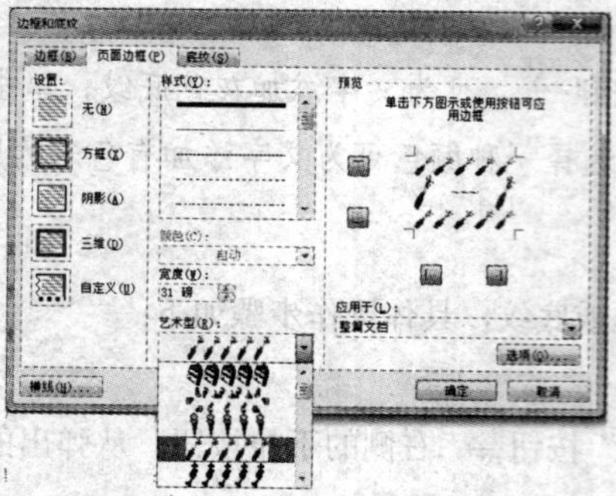

图 3.4.17　“页面边框”选项卡

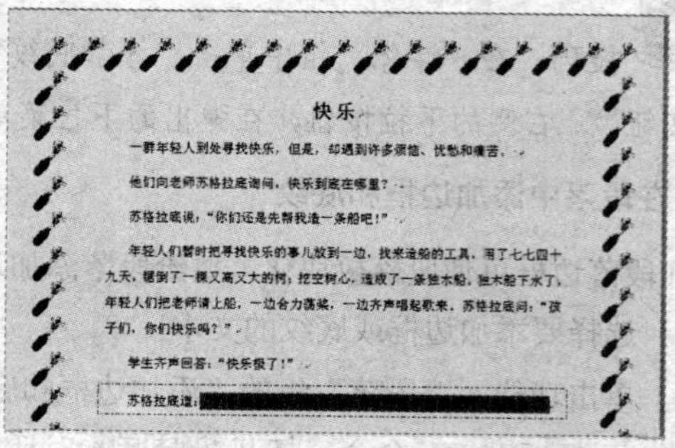

图 3.4.18　设置页面边框和底纹效果

3.4.4　添加项目符号和编号列表

为使文档更加清晰易懂，可以在文本前添加项目符号或编号。Word 2010 为用户提供了自动添加编号和项目符号的功能。在添加项目符号或编号时，用户可以先输入文字内容，再给文字添加项目符号或编号；也可以先创建项目符号或编号，然后输入文字内容，自动实现项目的编号，不必手动编号。

1. 创建项目符号列表

项目符号就是放在文本或列表前用以添加强调效果的符号。使用项目符号的列表可将一系列重要的条目或论点与文档中其余的文本区分开。

创建项目符号列表的具体操作步骤如下：

（1）将光标定位在要创建列表的开始位置。

（2）在功能区用户界面中的“开始”选项卡中的“段落”组中单击“项目符号”按钮右侧的下三角按钮，弹出“项目符号库”下拉列表，如图 3.4.19 所示。

（3）在该下拉列表中选择所需要的项目符号即可，如图 3.4.20 所示。

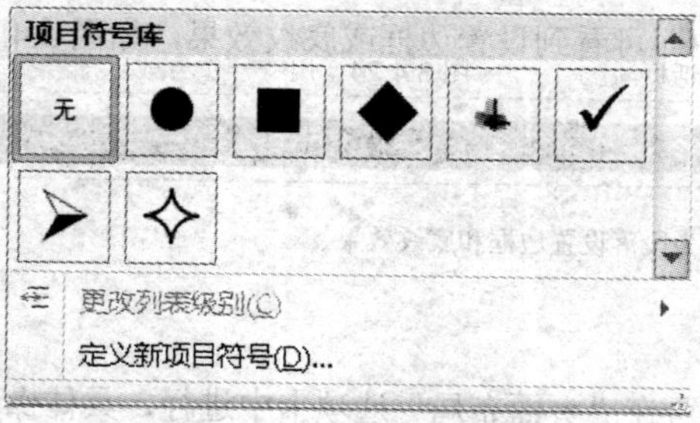

图 3.4.19　“项目符号库”下拉列表

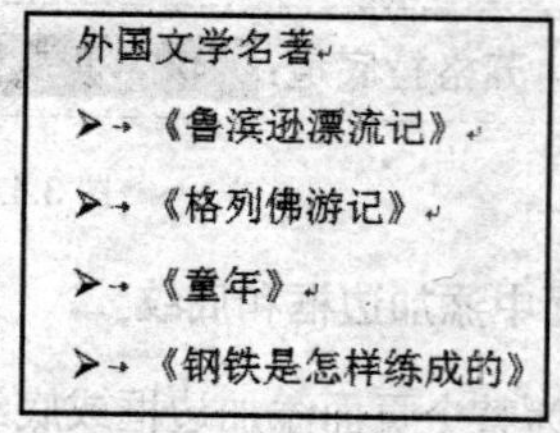

图 3.4.20　设置的项目符号

用户也可以设置多种样式的项目符号，具体操作步骤如下：

（1）将光标定位在要创建列表的开始位置。

（2）在功能区用户界面中的“开始”选项卡中的“段落”组中单击“项目符号”按钮右侧的下三角按钮，弹出“项目符号库”下拉列表选择 定义新项目符号(D)... 选项，弹出 定义新项目符号 对话框，如图 3.4.21 所示。

（3）在“项目符号字符”选区中单击 符号(S)... 按钮，弹出 符号 对话框，用户可以选择需要的符号，如图 3.4.22 所示。

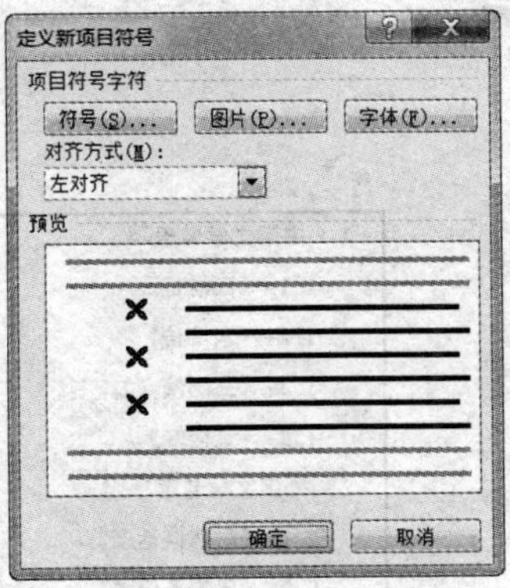

图 3.4.21 “定义新项目符号”对话框

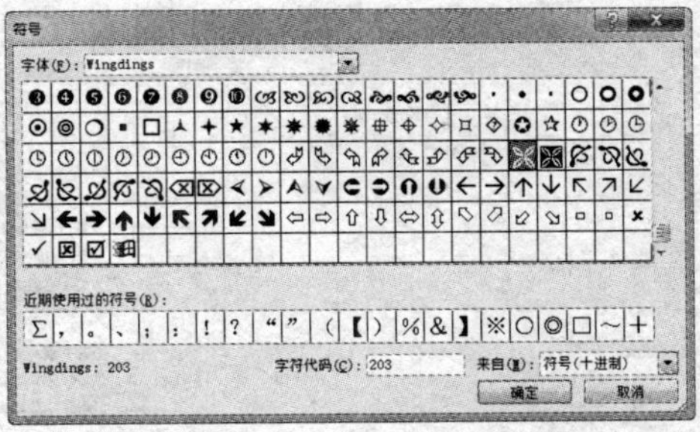

图 3.4.22 “符号”对话框

（4）若需要将图片作为项目符号，可单击 图片(P)... 按钮，弹出 图片项目符号 对话框，从中选择所需的图片即可，如图 3.4.23 所示。

（5）单击 字体(F)... 按钮，在弹出 字体 对话框中可为添加的项目符号设置字体格式。

（6）单击 确定 按钮返回 Word 文档，效果如图 3.4.24 所示。

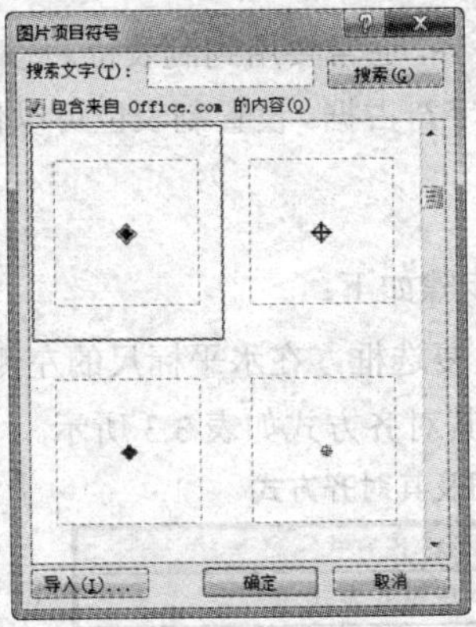

图 3.4.23 “图片项目符号”对话框

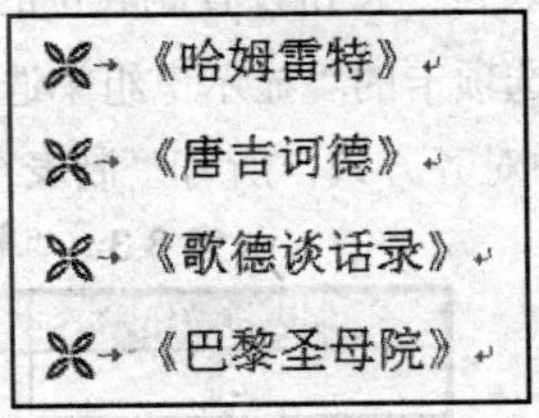

图 3.4.24 用符号作为项目符号

2．添加编号

在日常工作中，制作有关制度时一般都是条文式，这样就要用到像“一”“(1)”“A.”等字符作为编号。添加编号的操作方法与设置项目符号类似，单击“段落”组中的“编号”按钮右侧的下三角按钮，从弹出的下拉列表中选择需要的编号样式即可，如图 3.4.25 所示。

3．设置多级列表

多级列表在展示同级文档内容时，还可展示下一级文档内容。它多用于长文档中，可详细展示文档中的结构，将文章分得更细。在文档中添加多级列表的具体操作步骤如下：

（1）在文档中按输入文本的方法输入编号，或保留自动生成的项目符号和编号。

（2）选择所有文本，单击“多级列表”按钮添加多级列表，或单击“多级列表”按钮右侧的下拉按钮，在弹出列表框中选择系统提供的样式，如图 3.4.26 所示。

（3）用户也可选择 定义新的多级列表(D)... 选项将自定义的多级列表样式添加到文本中，如图 3.4.27 所示。

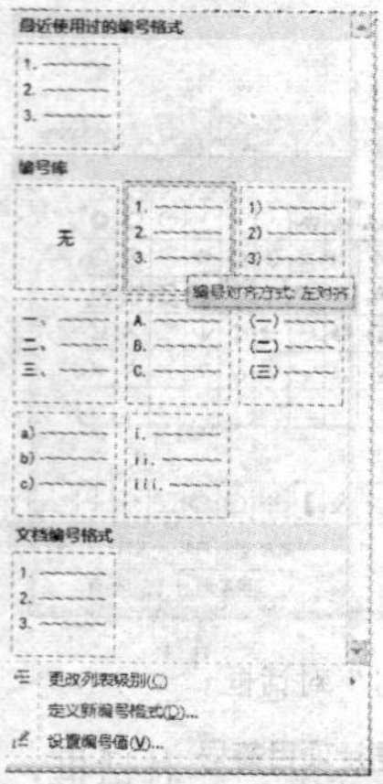

图 3.4.25　“编号”下拉列表

图 3.4.26　选择多级列表样式

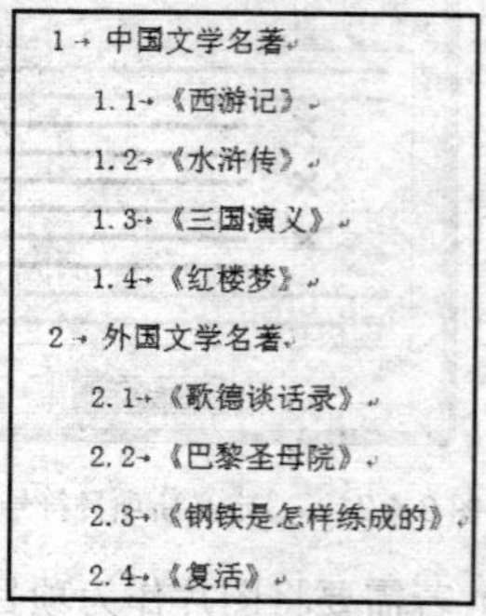

图 3.4.27　添加多级列表

3.4.5　设置段落制表位

在设置段落格式时，为了控制行间或段间文本的对齐，通常要用到制表位。此时只要按一下“Tab”键，则插入点将跳到下一个制表位的位置，间距被制表字符占据。设置制表位可以使用以下 2 种方法。

1．使用“制表符”按钮

用户使用“制表符”按钮设置制表位的具体操作步骤如下：

（1）在 视图 选项卡的“显示”组中选中 ☑ 标尺 复选框，在水平标尺的左侧有一个“制表符”按钮，它有多种对齐方式，所有“制表符”按钮及其对齐方式如表 3.3 所示。

表 3.3　“制表符”按钮及其对齐方式

制表符按钮	对齐方式
⌊	左对齐方式
⊥	居中对齐方式
⌋	右对齐方式
⊥.	小数点对齐方式
|	竖线对齐方式

（2）根据需要选择对齐方式，在标尺上的目标位置单击鼠标，即可在标尺上留下一个制表符。

（3）将光标定位到目标文档的开始处，输入文本，按“Tab”键将光标移动到相邻的制表符处，输入的文本将按照指定的对齐方式对齐。

（4）按住“Alt”键，然后按住鼠标左键拖动制表符，可以看到移动制表符时的制表位位置的精确数值标度。

2．使用“制表位”对话框

用户还可以使用“制表位”对话框来精确地设置制表位，具体操作步骤如下：

（1）在功能区用户界面中的“开始”选项卡的“段落”组中单击“对话框启动器”按钮，弹出 段落 对话框。

（2）在该对话框中单击 制表位(T)... 按钮，弹出 制表位 对话框，如图 3.4.28 所示。

（3）在该对话框的“制表位位置”文本框中输入具体的数值，在“对齐方式”选区中选择一种制表位对齐方式，在“前导符”选区中选择一种前导符。

（4）单击 设置(S) 按钮继续设置下一个制表位。

（5）设置完成后，单击 确定 按钮，效果如图 3.4.29 所示。

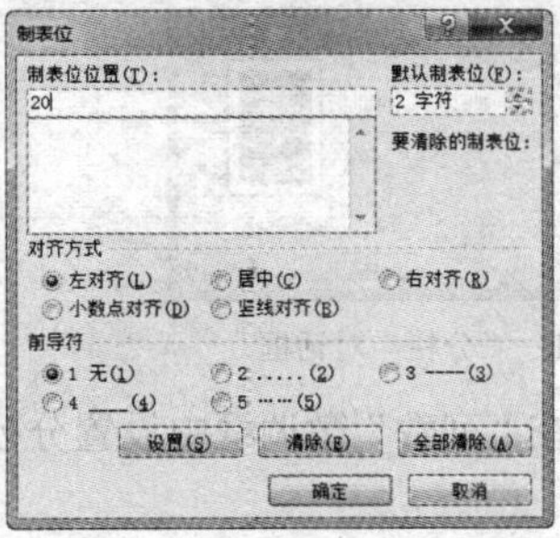

图 3.4.28 “制表位”对话框

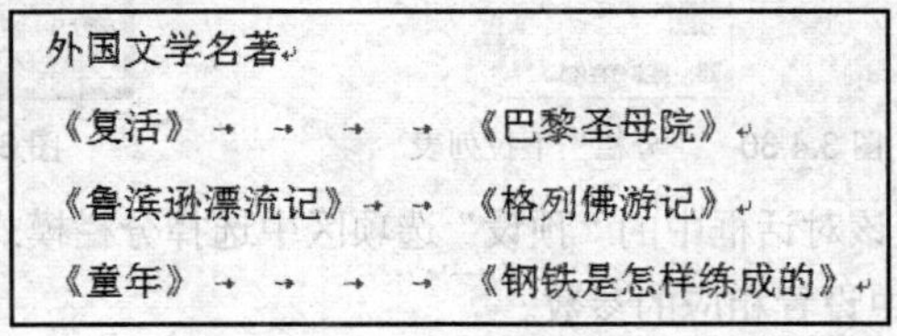

图 3.4.29 应用制表位效果

3.4.6 复制与清除格式

编辑文档时，有时会将文档中的文本或段落设置为相同的格式，可以使用复制格式操作。如果在某些文本中需要取消已设置的格式，则可以使用清除格式操作。

1. 复制格式

“剪贴板”组中有一个“格式刷”按钮，它可以快速将某部分文本中的格式复制给其他文本，其方法如下：

（1）选择已设置格式的文本或段落。

（2）单击“剪贴板”组中的“格式刷”按钮，此时鼠标指针变为形状，用该形状的鼠标指标选择要应用该格式的文本或段落。

2. 清除格式

使用“字体”组中的“清除格式”按钮可清除文本中的格式。清除格式的方法如下：

（1）选择已设置格式的文本或段落。

（2）单击“字体”组中的“清除格式”按钮，可清除选择文本的格式。

3.4.7 特殊排版方式

在报刊、杂志或书籍中，它的一个版面不只显示一篇文章，为了版式的需要常常设置一些带有特殊效果的文档，使用特殊排版方式。Word 2010 提供了多种特殊的排版方式，如分栏排版、首字下沉和改变文字方向等。

1. 设置分栏

分栏可以将一段文本分为并排的几栏显示在一页中。分栏的具体操作步骤如下：

（1）在功能区用户界面中的 页面布局 选项卡的“页面设置”组中，单击“分栏”按钮 分栏，弹出“分栏”下拉列表，用户可从中选择需要的分栏样式，如图 3.4.30 所示。

（2）如果列表中的分栏样式不能满足用户的需要，可在该下拉列表中选择 更多分栏(C)... 选项，弹出 分栏 对话框，如图 3.4.31 所示。

图 3.4.30 “分栏”下拉列表

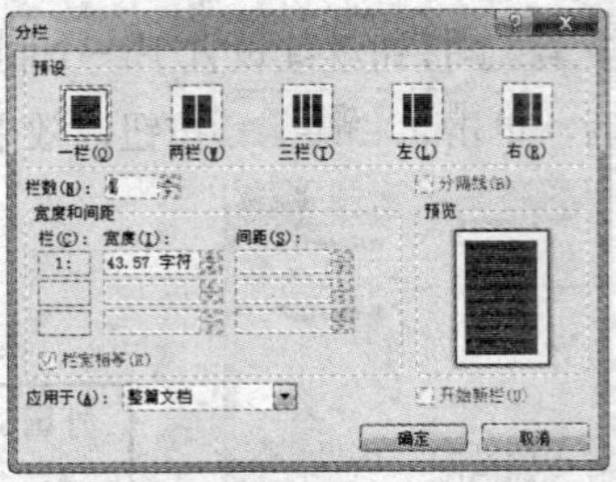

图 3.4.31 “分栏”对话框

（3）在该对话框中的“预设”选项区中选择分栏模式，在“列数”微调框中设置分列数，在“宽度”选项区中设置相应的参数。

（4）设置完成后，单击 确定 按钮，如图 3.4.32 所示为双栏排版效果。

2．设置首字下沉

首字下沉经常出现在一些报刊、杂志上，一般位于段落的首行。要设置首字下沉，其具体操作步骤如下：

（1）将光标置于要设置首字下沉的段落中。

（2）在功能区用户界面中的 插入 选项卡中的“文本”组中选择“首字下沉”选项，弹出“首字下沉”下拉列表，从中选择需要的格式，如图 3.4.33 所示。

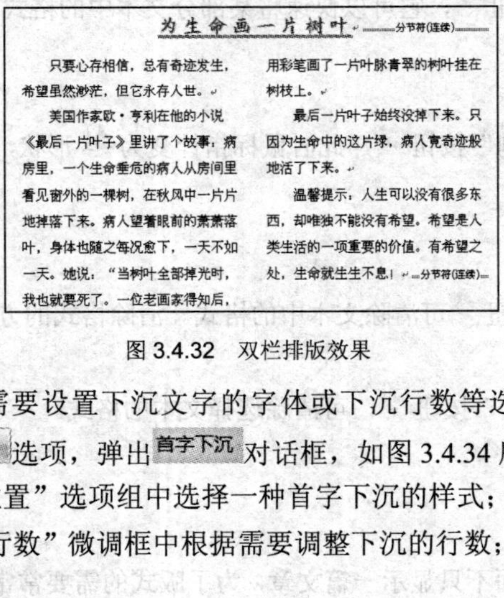
为生命画一片树叶

只要心存相信，总有奇迹发生，希望虽然渺茫，但它永存人世。

美国作家欧·亨利在他的小说《最后一片叶子》里讲了个故事，病房里，一个生命垂危的病人从房间里看见窗外的一棵树，在秋风中一片片地掉落下来。病人望着眼前的萧萧落叶，身体也随之每况愈下，一天不如一天。她说：“当树叶全部掉光时，我也就要死了。一位老画家得知后，用彩笔画了一片叶脉青翠的树叶挂在树枝上。

最后一片叶子始终没掉下来。只因为生命中的这片绿，病人竟奇迹般地活了下来。

温馨提示：人生可以没有很多东西，却唯独不能没有希望。希望是人类生活的一项重要的价值。有希望之处，生命就生生不息！

图 3.4.32 双栏排版效果

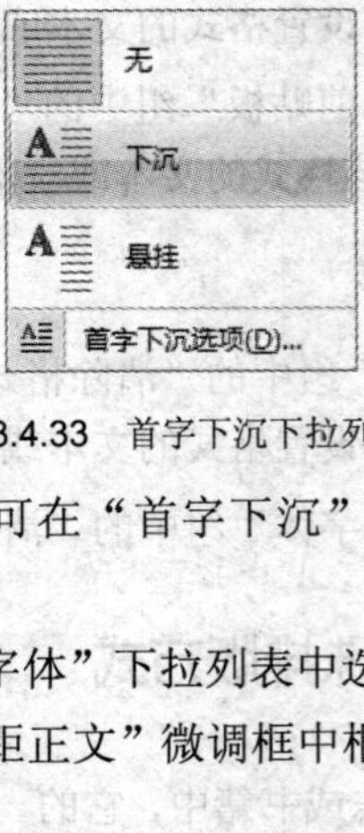

图 3.4.33 首字下沉下拉列表

（3）如果需要设置下沉文字的字体或下沉行数等选项，可在“首字下沉”下拉列表中选择 首字下沉选项(D)... 选项，弹出 首字下沉 对话框，如图 3.4.34 所示。

（4）在“位置”选项组中选择一种首字下沉的样式；在“字体”下拉列表中选择一种所需要的字体；在“下沉行数”微调框中根据需要调整下沉的行数；在“距正文”微调框中根据需要设置距正文的距离。

（5）设置完成后，单击 确定 按钮，效果如图 3.4.35 所示。

图 3.4.34 “首字下沉”对话框

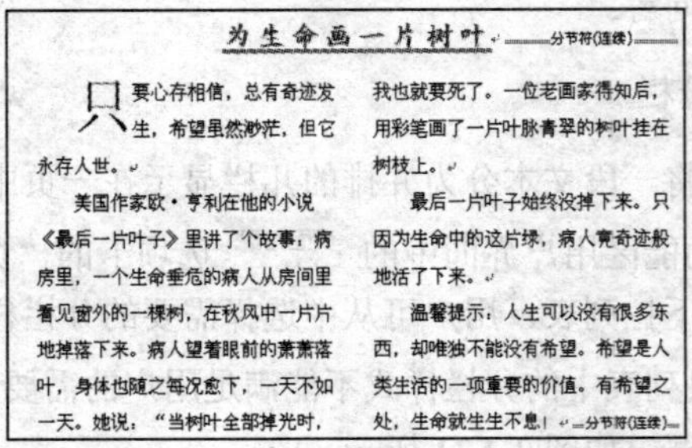
为生命画一片树叶

只要心存相信，总有奇迹发生，希望虽然渺茫，但它永存人世。

美国作家欧·亨利在他的小说《最后一片叶子》里讲了个故事，病房里，一个生命垂危的病人从房间里看见窗外的一棵树，在秋风中一片片地掉落下来。病人望着眼前的萧萧落叶，身体也随之每况愈下，一天不如一天。她说，“当树叶全部掉光时，我也就要死了。一位老画家得知后，用彩笔画了一片叶脉青翠的树叶挂在树枝上。

最后一片叶子始终没掉下来。只因为生命中的这片绿，病人竟奇迹般地活了下来。

温馨提示：人生可以没有很多东西，却唯独不能没有希望。希望是人类生活的一项重要的价值。有希望之处，生命就生生不息！

图 3.4.35 设置首字下沉

3. 竖排文档

在默认情况下，一般的排版方式都是水平排版，如果要对文字进行竖直排版，需要对其进行设置。设置竖直排版的具体操作步骤如下：

（1）选定文本中需要竖直排版的文本。

（2）在 页面布局 选项卡的“页面设置”组中单击 文字方向 按钮，在弹出的列表中选择 文字方向选项(X)... 选项。

（3）在打开的 文字方向 - 主文档 对话框的“方向”栏中选择竖排文字的选项，在“应用于”下拉列表中选择应用范围，如图 3.4.36 所示。

（4）单击 确定 按钮，效果如图 3.4.37 所示。

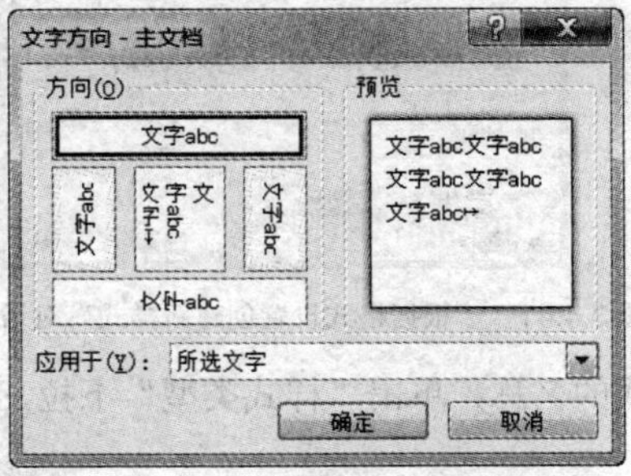

图 3.4.36　“文字方向”对话框

图 3.4.37　竖排文字效果

3.4.8　应用样式

样式就是一组设置好的字符格式或者段落格式，它规定了文档中标题以及正文等各个文本元素的形式。用户可以直接将样式中的所有格式设置应用于一个段落或者段落中选定的字符上，而不需要重新进行具体的设置。

1. 使用内建样式

使用内建样式的具体操作步骤如下：

（1）在 开始 选项卡的“样式”组中单击样式列表右侧的“其他”按钮，弹出样式列表，如图 3.4.38 所示。

（2）从该列表中选择一种样式，在此选择“明显强调”选项，效果如图 3.4.39 所示。

图 3.4.38　样式下拉列表

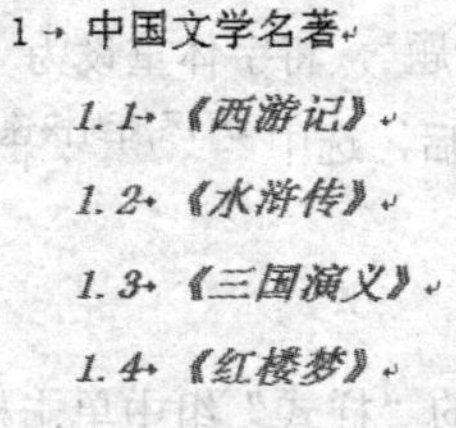

图 3.4.39　应用样式

2. 自定义样式

在 Word 2010 的空白文档窗口中，用户可以新建一种全新的样式。例如新的表格样式、新的列表样式等，具体操作步骤如下：

（1）在开始选项卡的“样式”组中单击“对话框启动器”按钮，打开“样式”任务窗格，如图 3.4.40 所示。

（2）在“样式”任务窗格中单击“新建样式”按钮，弹出根据格式设置创建新样式对话框，如图 3.4.41 所示。

图 3.4.40　“样式”任务窗格

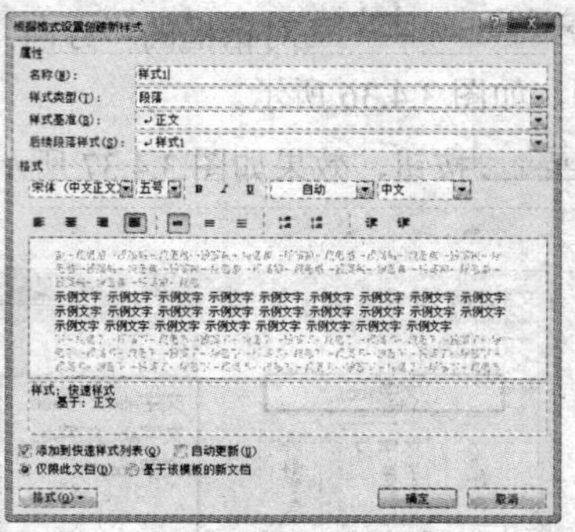

图 3.4.41　“根据格式设置创建新样式”对话框

（3）在“名称”编辑框中输入新建样式的名称，单击“样式类型”下拉三角按钮，从弹出的下拉列表选择一种样式类型，如“段落”。

（4）单击“样式基准”下拉三角按钮，在“样式基准”下拉列表中选择 Word 2010 中的某一种内置样式作为新建样式的基准样式，如“标题”。

（5）单击“后续段落样式”下拉三角按钮，在“后续段落样式”下拉列表中选择新建样式的后续样式，如“正文”。

（6）在“格式”区域，根据实际需要设置字体、字号、颜色、段落间距、对齐方式等段落格式和字符格式。如果希望该样式应用于所有文档，则需要单击◉基于该模板的新文档单选按钮。

（7）设置完成后，单击确定按钮，返回到根据格式设置创建新样式对话框。

（8）选中☑添加到快速样式列表(Q)和☑自动更新(U)复选框，单击确定按钮，完成样式的创建，如图 3.4.42 所示。

3. 修改样式

如果对设置好的样式不满意，可以对样式进行修改。修改样式的具体操作步骤如下：

（1）在“样式”任务窗格中，单击创建的样式右侧的下拉按钮，从弹出的下拉列表中选择修改(M)...命令。

（2）这时弹出修改样式对话框，用户可对样式的名称、格式等进行修改，如将样式名称“样式 1”改为“一级标题”，将字体重设为“黑体”，字号为“三号”，如图 3.4.43 所示。

（3）修改完成后，选中☑添加到快速样式列表(Q)和☑自动更新(U)复选框，单击确定按钮。

4. 删除样式

在开始选项卡的“样式”组中单击样式列表右侧的“其他”按钮，从弹出的下拉列表中选择清除格式(C)选项，可清除当前选择文本的格式。

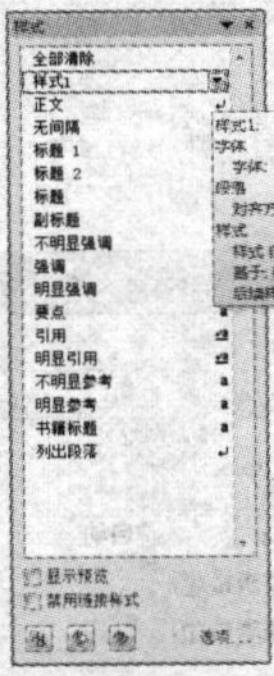

图 3.4.42 创建的样式

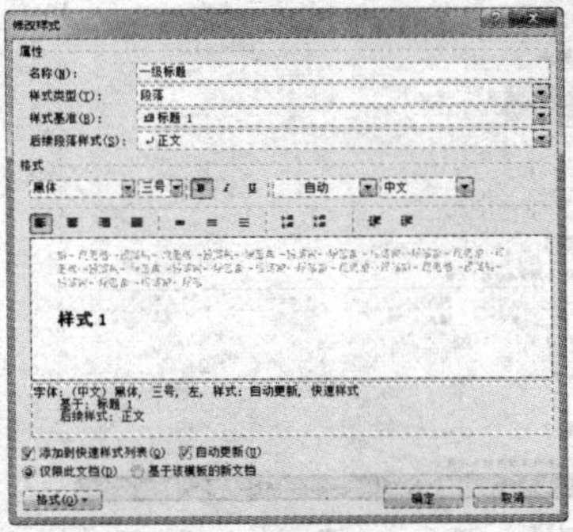

图 3.4.43 “修改样式”对话框

3.5 表格的使用

在 Word 2010 文档中插入表格，可以解决一些用文字无法表达的信息，例如在制作个人简历时，如果只是纯文字的介绍，会显得杂乱无章，但是把相应的文字转换为表格，这样就会显得更加清晰。

3.5.1 创建表格

Word 2010 提供了多种创建表格的方法，最常用的是表格模板、“插入表格”对话框和使用“表格”列表快速创建表格。此外，还可以手动绘制表格。

1. 使用表格模板

表格模板是一组预先设定好格式的表格。使用表格模板可以更加方便地在 Word 2010 文档中插入表格。使用表格模板插入表格的具体操作步骤如下：

（1）将光标定位在需要插入表格的位置。

（2）在 插入 选项卡的“表格”组中单击 表格 按钮，从弹出的下拉列表中选择 快速表格(T) 命令。

（3）在弹出的下拉列表中选择合适的表格模板，可以直接插入带格式的表格，如图 3.5.1 所示。

2. 使用“插入表格”命令

使用“插入表格”命令插入表格，可以让用户在将表格插入文档之前，先选择表格尺寸和格式。具体操作步骤如下：

（1）将光标定位在需要插入表格的位置。

（2）在 插入 选项卡的“表格”组中单击 表格 按钮，从弹出的下拉列表中选择 插入表格(I)... 命令，弹出 插入表格 对话框，如图 3.5.2 所示。

（3）在“表格尺寸”选区中的“列数”和“行数”微调框中输入具体的数值；在“‘自动调整’操作”选区中选中相应的单选按钮，设置表格的列宽。

（4）设置完成后，单击 确定 按钮，即可插入相应的表格。

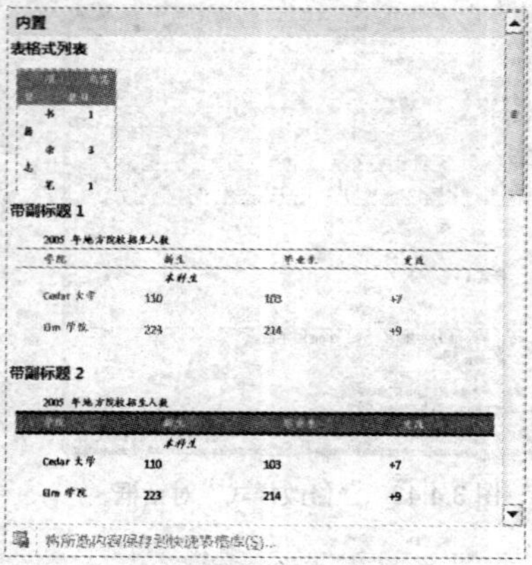

图 3.5.1　内置表格模板

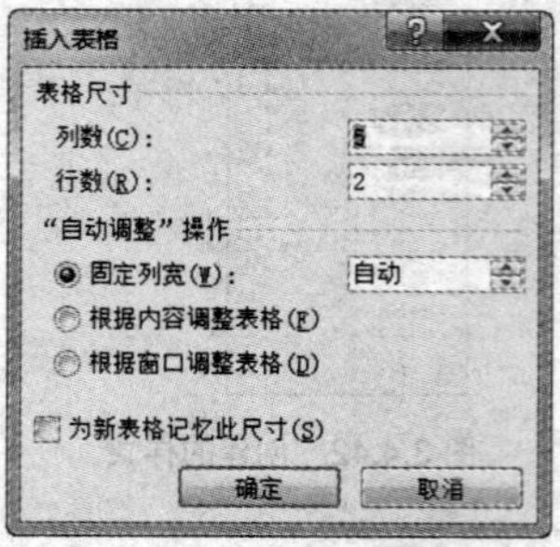

图 3.5.2　"插入表格"对话框

3. 使用"表格"插入表格

使用"表格"插入表格的具体操作步骤如下：

（1）将光标定位在需要插入表格的位置。

（2）在 插入 选项卡的"表格"组中单击 表格 按钮，在弹出的"表格"下拉列表中拖动鼠标，选择需要的行数和列数即可，如图 3.5.3 所示。

4. 手动绘制表格

对于比较复杂的表格，用户可以绘制包含不同高度的单元格或每行有不同列数的表格。其具体操作步骤如下：

（1）在要创建表格的位置单击鼠标。

（2）在 插入 选项卡的"表格"组中单击 表格 按钮，从弹出的下拉列表中选择 绘制表格(D) 命令，此时鼠标指针变为铅笔形状 ✎。

（3）在要定义表格的外边界绘制一个矩形，然后在矩形内绘制行线和列线，如图 3.5.4 所示。

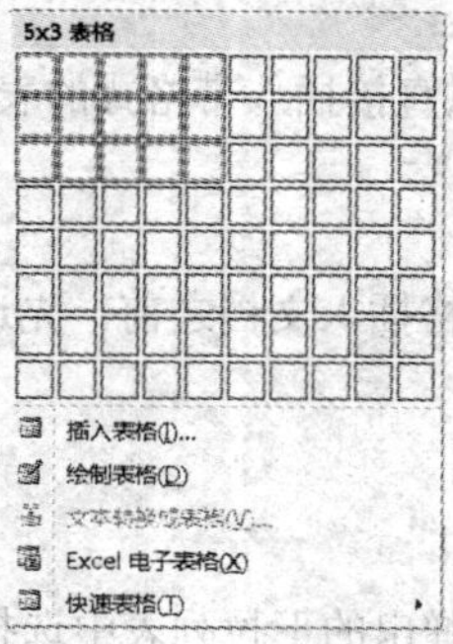

图 3.5.3　选择表格的行数和列数

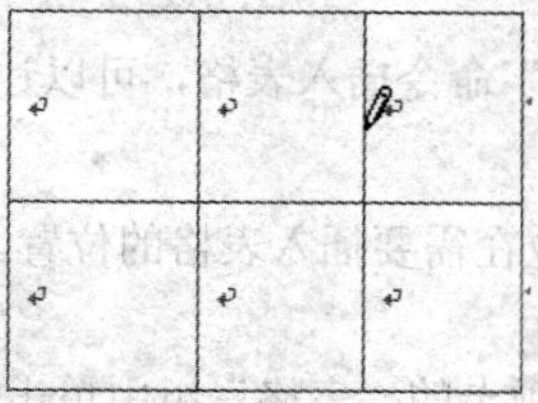

图 3.5.4　绘制表格

（4）若要擦除一条或多条线，在 设计 选项卡的"绘图边框"组中单击 擦除 按钮，此时鼠标指针变为橡皮形状，单击要擦除的线条即可。

（5）绘制完表格后，单击单元格内任一位置，可以输入文本或插入图形。

3.5.2　选择表格元素

在对表格中的内容进行编辑之前，常常需要选择编辑的对象。在选择表格的对象时，根据选择的对象不同，其选择方法也不相同，大致有以下几种情况：

（1）选择单元格。将鼠标指针定位在要选定的单元格中，当指针变成↗形状时单击鼠标左键，即可选定所需的单元格。

（2）选择行或列。将鼠标指针定位在要选定行的左侧，当指针变成↗形状时单击鼠标左键，即可选定所需的行；将鼠标指针定位在要选定列的上方，当指针变成⬇形状时单击鼠标左键，即可选定所需的列。

（3）选择整个表格。移动鼠标光标到表格内，表格左上角出现一个移动控制点，当鼠标指针指向该控制点时，指针变成✥形状单击鼠标左键，即可选定整个表格。

提示： 在选定表格时（包括整个表格、行、列或单元格），当鼠标指针变为↗、⬇或↗形状时，单击鼠标左键并且拖动鼠标，可选定表格中的多行、多列或多个连续的单元格；按住“Shift”键可选定连续的行、列或单元格；按住“Ctrl”键可选定不连续的行、列或单元格。

3.5.3　编辑表格

一般情况下不可能一次就创建出完全符合要求的表格，总会有一些不尽人意的地方，这就需要对表的结构进行适当的调整。此外，由于内容等的变更因而也需要对表格进行一定的修改。

1．修改表格内容

在表格中输入的内容根据需要可能会进行修改，其方法如下：

（1）修改文本。修改表格中文本的方法和在 Word 中普通文本的修改方法相同，在此不再赘述。

（2）删除单元格中的内容。如果需要删除某些单元格中的内容，先选中所需单元格，然后按“Delete”键即可。

2．修改表格结构

创建表格后，Word 将激活表格的“布局”选项卡，如图 3.5.5 所示。在其中可对当前表格的版式进行修改，如插入或删除行或列、合并或拆分单元格、拆分表格等。

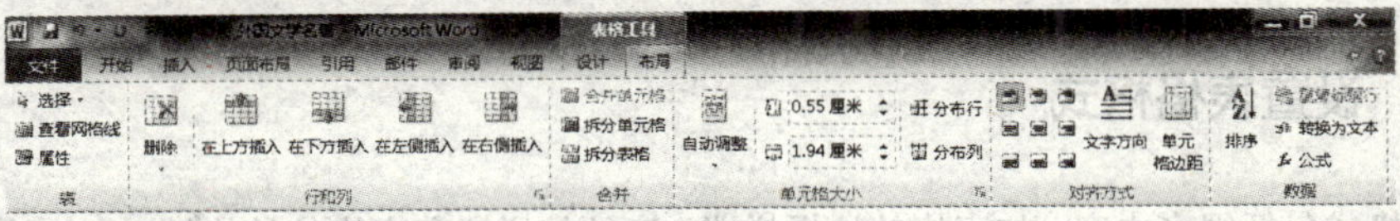

图 3.5.5　表格的“布局”选项卡

（1）插入行。将插入点定位在表格中，在“布局”选项卡的“行和列”组中，单击在上方插入按钮可在插入点的上方插入一行；单击在下方插入按钮可在插入点的下方插入一行。

（2）插入列。将插入点定位在表格中，单击“行和列”组中的在左侧插入按钮，可在插入点左侧插入一列；单击“在右侧插入”按钮，可在插入点右侧插入一列。

（3）插入单元格。将插入点定位在表格中，单击“行和列”组中的“对话框启动器”按钮，弹出“插入单元格”对话框，如图 3.5.6 所示。选择相应的选项，单击“确定”按钮即可。

（4）合并单元格。选择要合并的单元格区域，在“布局”选项卡的“合并”组中单击“合并单元格”按钮，或者单击鼠标右键，在弹出的快捷菜单中选择“合并单元格(M)”命令即可。

（5）拆分单元格。拆分单元格是指将一个单元格拆分为多个单元格。选择要拆分的单元格，在“布局”选项卡的“合并”组中单击“拆分单元格”按钮，弹出“拆分单元格”对话框，如图 3.5.7 所示。设置拆分的行数和列数，单击“确定”按钮即可。

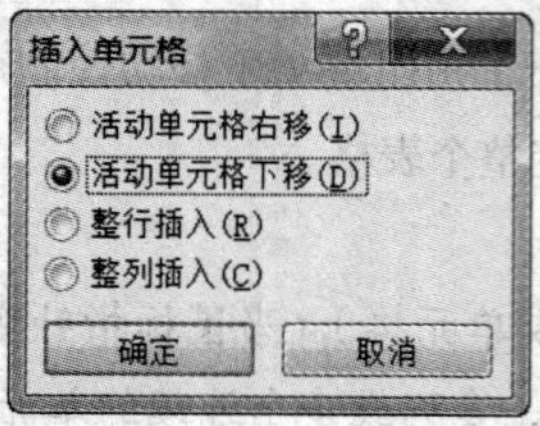

图 3.5.6　“插入单元格”对话框

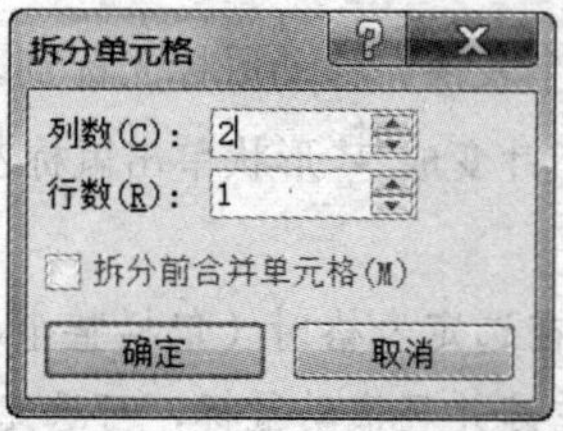

图 3.5.7　“拆分单元格”对话框

（6）拆分表格。将插入点定位在需要拆分的位置，单击“布局”选项卡“合并”组中的“拆分表格”按钮，将其拆分为两个表格。

（7）删除单元格。选择需要删除的单元格，单击“布局”选项卡“行和列”组中的“删除”按钮，弹出“删除”下拉列表，从中选择所需要的命令，即可删除单元格、行或列，如图 3.5.8 所示。

提示：在表格上单击鼠标右键，从弹出的快捷菜单中选择“删除单元格(D)...”命令，弹出“删除单元格”对话框，如图 3.5.9 所示。在该对话框中也可进行表格行和列的删除操作。

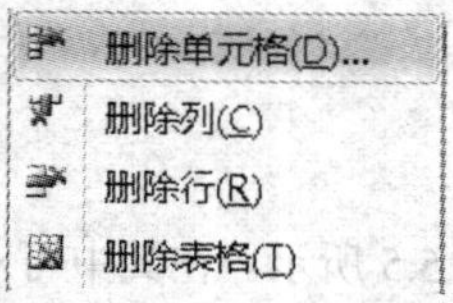

图 3.5.8　“删除”下拉菜单

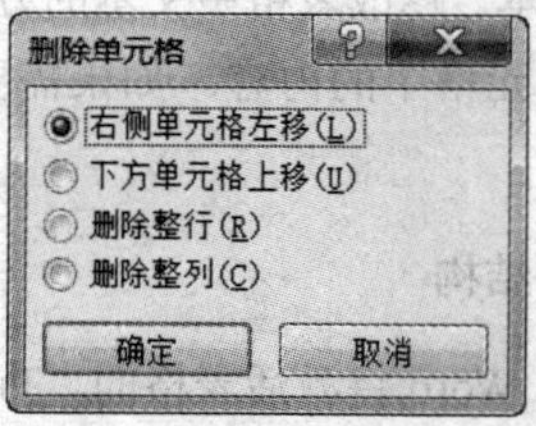

图 3.5.9　“删除单元格”对话框

3.5.4　设置表格格式

表格的格式包括很多内容，如表格的边框样式、底纹的样式和表格的结构等。表格格式直接影响着表格的美观程度。

1．调整表格的列宽和行高

编辑表格时，可以根据需要调整表格行、列的高度和宽度。将鼠标光标移至表格竖线上，当光标变为形状时，可拖动鼠标调整表格列宽。将鼠标光标移至表格横线上，当光标变为形状时，可拖动鼠标调整表格行高。

2. 套用表格样式

Word 2010 提供了多种表格样式，供用户快速设置表格，具体操作步骤如下：

（1）将插入点定位在表格中，并激活 设计 选项卡。

（2）在“表格样式”组中将鼠标指针停留在每个表格样式上，直至找到要使用的样式为止。

（3）如果要查看更多样式，可在“表格样式”组中单击“其他”按钮，弹出“表格样式”下拉列表，如图 3.5.10 所示。

（4）单击选中的样式可将其应用到表格，如图 3.5.11 所示。

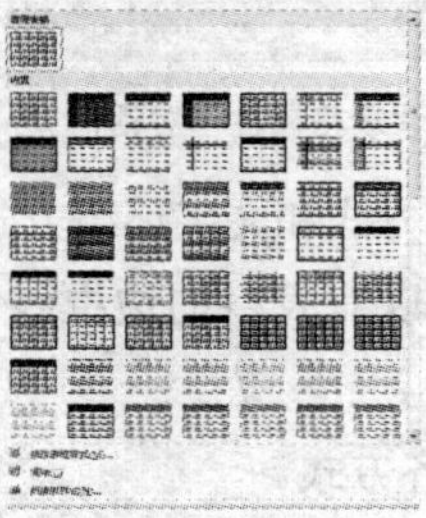

图 3.5.10 “表格样式”下拉列表

产品名称	文具盒	铅笔	钢笔
第一季度销售量	1200	8000	700
第二季度销售量	1700	7500	560
第三季度销售量	1060	6530	510
第四季度销售量	1500	7200	460

图 3.5.11 自动套用格式效果

3. 设置表格边框和底纹

在 Word 2010 中可以根据需要设置表格的边框和底纹，让表格更美观大方，具体操作步骤如下：

（1）选择要设置边框和底纹的表格或表格中的单元格区域。

（2）单击鼠标右键，在弹出的快捷菜单中选择 边框和底纹(B)... 命令，弹出 边框和底纹 对话框，默认打开 边框(B) 选项卡，如图 3.5.12 所示。

（3）在“设置”选区中选择边框形式，如单击“全部”按钮；在“线色”下拉列表中选择“深蓝，文字 2”，在“应用于”下拉列表中选择“表格”。

（4）打开 底纹(S) 选项卡，在“填充”下拉列表中选择一种填充色，如“紫色，强调文字颜色 4，淡色 80%”，在“图案样式”下拉列表中选择一种底纹样式，如“浅色下斜线”；在“图案颜色”下拉列表中选择一种颜色，如“橙色，强调文字颜色 6，淡色 40%”，如图 3.5.13 所示。

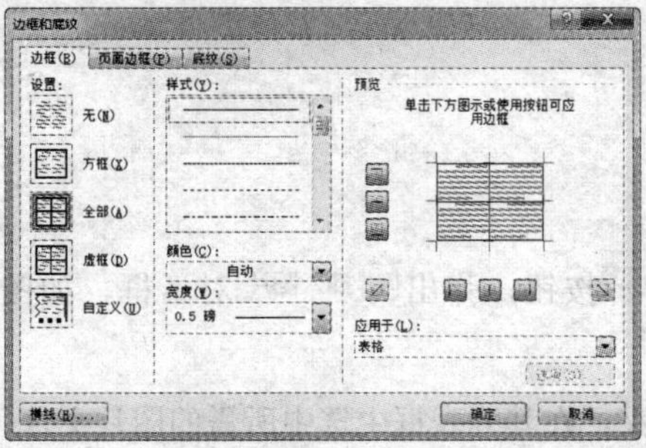

图 3.5.12 “边框”选项卡

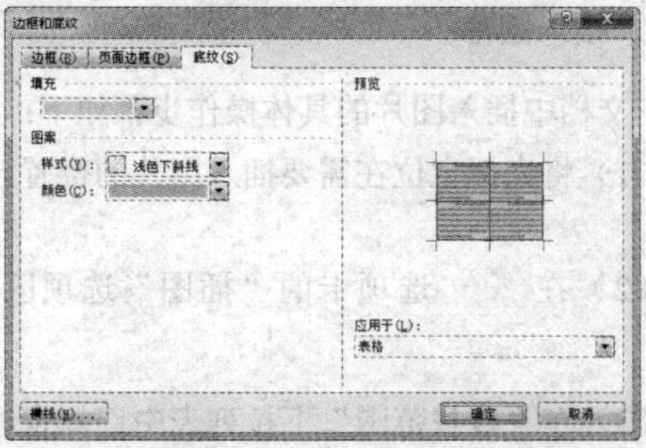

图 3.5.13 “底纹”选项卡

（5）设置完成后，单击 确定 按钮，效果如图 3.5.14 所示。

4. 设置表格属性

通过设置表格的属性可以使文本内容更加突出和醒目，同时还可以美化文档。

（1）选择要设置属性的表格或单元格区域。

（2）单击 布局 选项卡“组”选区中的 属性 按钮，或单击鼠标右键，从弹出的快捷菜单中选择表格属性(R)...命令，弹出表格属性对话框，如图 3.5.15 所示。

项目	所需数目
辅导书	5 本
杂志	2 本
三角板	1 套
钢笔	2 支
铅笔	3 支

图 3.5.14　添加边框和底纹效果

图 3.5.15　“表格属性”对话框

（3）选择表格(T)选项卡，在该选项卡中用户可以对表格的对齐方式和文字环绕方式进行设置。

（4）单击边框和底纹(B)...按钮，弹出边框和底纹对话框，用户可以对表格的边框线和底纹进行设置。

（5）选择单元格(E)选项卡，可以设置单元格中文字的垂直对齐方式。

（6）设置完成后，单击确定按钮。

3.6　丰富 Word 文档

与现实生活中的文档不同的是，Word 文档中除了可以输入文本和数字外，还可以添加多种对象，如图片、图表、表格以及文本框等对象与文档中的文字内容和谐统一，相得益彰，从而使文档的内容更丰富、更直观。

3.6.1　插入图片和剪贴画

在 Word 2010 中可以插入各种各样的图片，如 Office 自带的剪贴画以及电脑中保存的图片等。

1. 插入图片

在文档中插入图片的具体操作步骤如下：

（1）将光标定位在需要插入图片的位置。

（2）在插入选项卡的“插图”选项区中单击图片按钮，弹出插入图片对话框，如图 3.6.1 所示。

（3）在“查找范围”下拉列表中选择合适的文件夹，在其列表框中选中所需的图片文件。

（4）单击插入(S)按钮，即可在文档中插入图片，如图 3.6.2 所示。

提示：打开的插入图片对话框默认打开上次插入图片的保存位置，用户可以根据自己的需要找到电脑中已经保存好的图片，然后再插入。

2. 插入剪贴画

Word 2010 的剪贴库提供了大量的剪贴画，这些剪贴画种类繁多，包括地图、人物、建筑、风景名胜等，用户可根据需要，在文档中插入所需剪贴画，具体操作步骤如下：

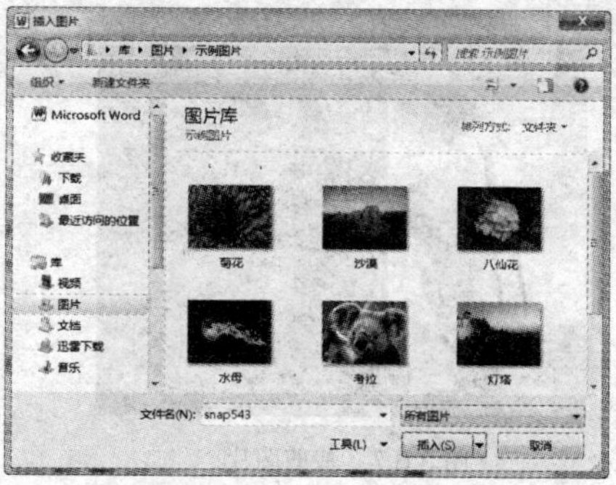

图 3.6.1 “插入图片”对话框

图 3.6.2 插入的图片

（1）将光标定位在需要插入剪贴画的位置。

（2）在“插入”选项卡的“插图”选项区中单击按钮，打开“剪贴画”任务窗格，如图 3.6.3 所示。

（3）在“搜索文字”文本框中输入剪贴画的相关主题或类别，在“结果类型”下拉列表中选择文件类型。

（4）单击“搜索”按钮，即可在“剪贴画”任务窗格中显示查找到的剪贴画，如图 3.6.4 所示。

（5）选择要使用的剪贴画，单击即可将其插入到文档中，如图 3.6.5 所示。

图 3.6.3 “剪贴画”任务窗格

图 3.6.4 搜索剪贴画图片

图 3.6.5 插入的剪贴画

3.6.2 编辑图片和剪贴画

将图片和剪贴画插入到文档中之后，常常还要根据排版需要，对其大小、版式等进行调整，以使其能符合用户的实际需求。

1. 调整图片大小

在文档中插入图片后，可以缩放其尺寸，也可以对其进行裁剪。

（1）缩放图片尺寸。将鼠标光标移至图片边框的控制点上，当鼠标指针变为双向箭头（⤡或⤢）形状时，按住鼠标左键并拖动，当达到合适大小时释放鼠标，即可调整图片大小，如图 3.6.6 所示。

（2）裁剪图片。选择图片后，将出现“格式”选项卡，在其中单击按钮，此时鼠标指针变为

形状，将鼠标指针移至图片边框出现的黑线上，拖动鼠标即可对其进行裁剪，效果如图 3.6.7 所示。

图 3.6.6　缩放图片尺寸

图 3.6.7　裁剪图片

2．设置文字环绕和排列方式

在 Word 2010 编辑文档的过程中，为了制作出比较专业的图文并茂式的文档，往往需要按照版式需求安排图片位置，通常有以下两种方法。

（1）选中需要设置文字环绕的图片，激活格式选项卡，单击“排列”组中的位置按钮，从弹出的下拉列表中选择符合需要的文字环绕方式。其中该列表共有 9 种四周型文字环绕方式，如图 3.6.8 所示。

（2）选中需要设置文字环绕的图片，单击“排列”组中的自动换行按钮，从弹出的下拉列表中选择适合的文字环绕方式，如图 3.6.9 所示。

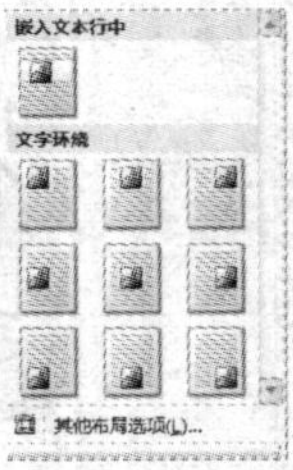

图 3.6.8　四周型文字环绕列表

图 3.6.9　文字环绕列表

在文字环绕列表中，每种环绕的含义如下：

四周型环绕：不管图片是否为矩形图片，文字以矩形方式环绕在图片四周。

紧密型环绕：如果图片是矩形，则文字以矩形方式环绕在图片周围，如果图片是不规则图形，则文字将紧密环绕在图片四周。

衬于文字下方：图片在下、文字在上分为两层，文字将覆盖图片。

浮于文字上方：图片在上、文字在下分为两层，图片将覆盖文字。

上下型环绕：文字环绕在图片上方和下方。

穿越型环绕：文字可以穿越不规则图片的空白区域环绕图片。

编辑环绕顶点：用户可以编辑文字环绕区域的顶点，实现更个性化的环绕效果。

3．设置图片样式

Word 2010 新增了大量的图片样式，应用这些样式可快速更改图片的外观，还可以对该样式的形状、边框以及效果进行调整。应用图片样式的具体操作步骤如下：

（1）选中要应用图片样式的图片。

（2）打开 格式 选项卡，单击“图片样式”组中的“其他”按钮，弹出其下拉列表，如图 3.6.10 所示。

（3）在该列表中选择要应用的样式，即可将其应用到当前所选图片中，如图 3.6.11 所示。

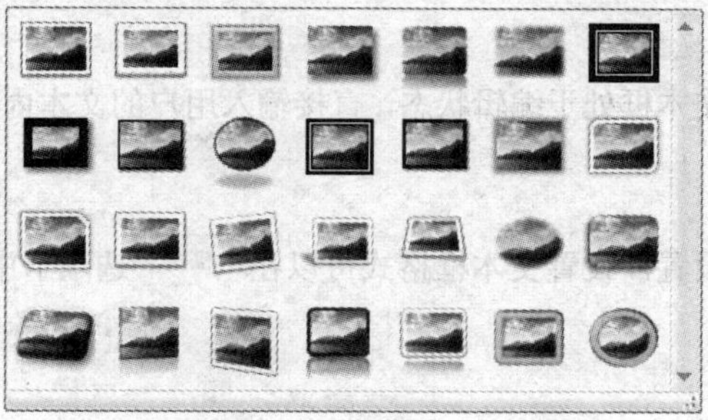

图 3.6.10　图片样式下拉列表

图 3.6.11　应用图片样式后的效果

（4）在“图片样式”选项区中单击 图片边框 按钮，在弹出的下拉菜单中可设置图片边框的颜色、粗细和形状；单击 图片效果 按钮，在弹出的下拉菜单中设置图片的预设、阴影、映像、发光、柔化边缘、棱台、三维旋转等三维效果；单击 图片版式 按钮，可以将所选的图片转换为 SmartArt 图形，可以轻松地排列、添加标题并调整图片的大小。

3.6.3　添加文本框

文本框是 Word 排版的好工具，在文本框中可以添加图片、文字等对象，或者将某些文字排列在其他文字或图形周围等。根据文本框中文字不同的排列方向，文本框可分为横排文本框和竖排文本框，下面以插入横排文本框为例，讲解插入文本框的方法。

1．插入文本框

插入文本框的具体操作步骤如下：

（1）在 插入 选项卡的“文本”组中单击 文本框 按钮，在弹出的下拉列表中选择 绘制文本框(D) 选项，此时光标变为十形状。

（2）将鼠标指针移至需要插入文本框的位置，单击鼠标左键并拖动到合适大小，松开鼠标左键，即可在文档中插入文本框，默认情况下为白色背景。

（3）将光标定位在文本框内，就可以在文本框中输入文字。

（4）输入完毕，单击文本框以外的任意地方即可，效果如图 3.6.12 所示。

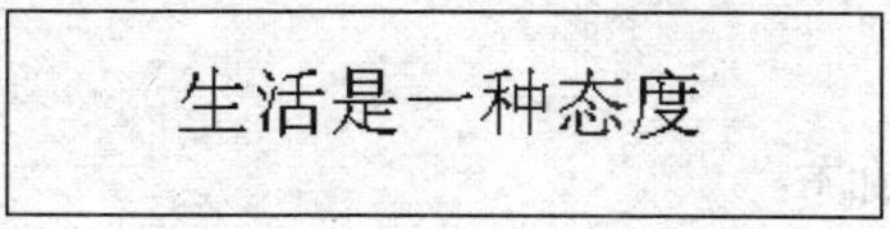

图 3.6.12　插入文本框

提示：在 插入 选项卡的“文本”组中单击 文本框 按钮，在弹出的下拉列表中选择 绘制竖排文本框(V) 选项，可以在文档中插入竖排文本框。

2．使用内置文本框

在 Word 2010 中，不但可以自己绘制文本框，还可使用 Word 中内置的文本框样式。

（1）在 插入 选项卡的“文本”组中单击 文本框 按钮，从弹出的下拉列表中选择合适的文本框类型，如图 3.6.13 所示。

（2）返回 Word 2010 文档窗口，所插入的文本框处于编辑状态，直接输入用户的文本内容即可。

3．编辑文本框

在文档中插入文本框后，可对其格式进行设置。设置文本框格式可以在 格式 选项卡中进行，也可以使用 设置文本框格式 对话框来完成。

使用对话框设置文本框的具体操作步骤如下：

（1）选定要设置格式的文本框，单击鼠标右键，从弹出的快捷菜单中选择 设置文本框格式(O)... 命令，弹出 设置文本框格式 对话框，如图 3.6.14 所示。

图 3.6.13　内置文本框列表

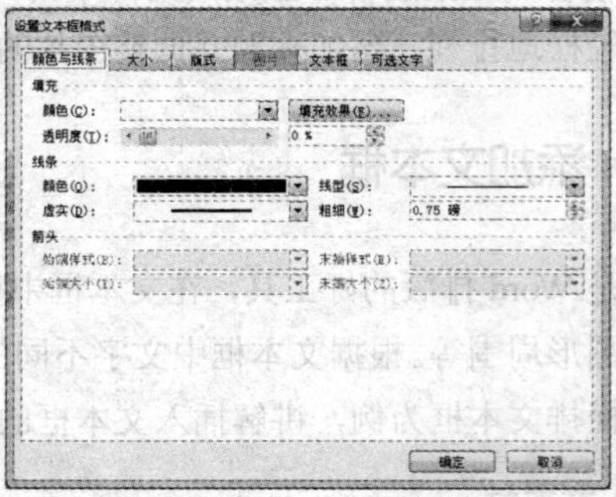

图 3.6.14　“设置文本框格式”对话框

（2）默认情况下打开 大小 选项卡，在该选项卡中可对文本框的大小进行设置；在 颜色与线条 选项卡中，可对文本框的颜色与线条样式进行设置。

（3）在 版式 选项卡中，可对文本框的环绕方式进行设置；在 文本框 选项卡中，可对文本框的内部边距和垂直对齐方式进行设置。

3.6.4　添加自选图形

Word 2010 中自带了很多图形，使用这些图形能快速地美化文档。

1．绘制自选图形

在文档中插入形状的方法如下：

（1）在“插入”选项卡的“插图”选项区中单击 形状 按钮，弹出其下拉列表，如图 3.6.15 所示，在该列表中选择所需插入的形状。

（2）在文档中单击鼠标左键并拖动，到达合适位置后释放鼠标左键，形状就会显示在文档中，如图 3.6.16 所示。

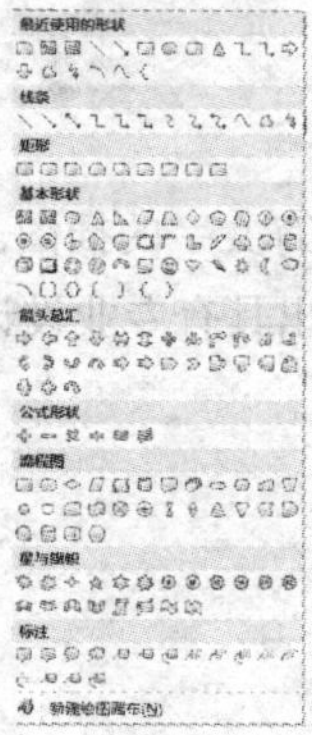

图 3.6.15　形状下拉列表

图 3.6.16　绘制的图形

2．为图形添加文本

在 格式 选项卡中的“插入形状”组中单击“添加文字”按钮，或者在插入的自选图形上单击鼠标右键，从弹出的快捷菜单中选择 添加文字(X) 命令，即可输入要添加的文字。

3．组合图形

对于绘制的图形，用户还可以对其进行组合。组合可以将不同的部分合成为一个整体，便于图形的移动和其他操作。选中需要组合的全部图形，单击鼠标右键，从弹出的快捷菜单中选择 组合(G) → 组合(G) 命令，即可将图形组合成一个整体。

4．设置填充效果

默认情况下，用白色填充所绘制的图形对象。用户还可以用颜色过渡、纹理、图案以及图片等对自选图形进行填充，具体操作步骤如下：

（1）选定需要进行填充的自选图形。

（2）单击鼠标右键，从弹出的快捷菜单中选择 设置自选图形格式(O)... 命令，弹出 设置自选图形格式 对话框，打开 颜色与线条 选项卡，如图 3.6.17 所示。

（3）在“填充”选区中的“颜色”下拉列表中选择一种颜色。若没有需要的颜色，可在颜色下拉列表中选择 其他颜色(M)... 选项，可在弹出的 颜色 对话框中设置其他填充颜色。

（4）单击 填充效果(F)... 按钮，在弹出的如图 3.6.18 所示的 填充效果 对话框中可设置图形的其他填充效果。

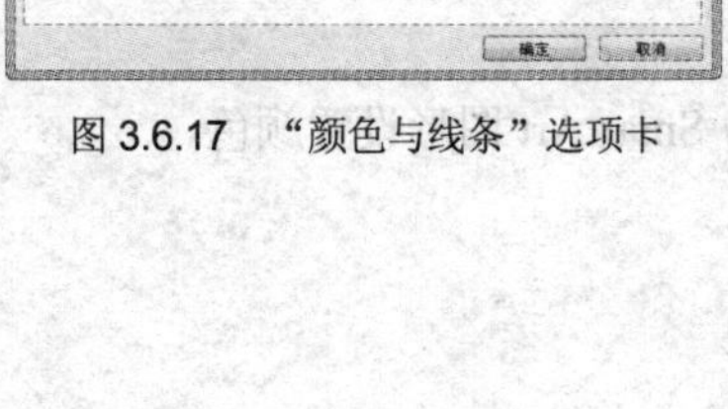

图 3.6.17　“颜色与线条”选项卡

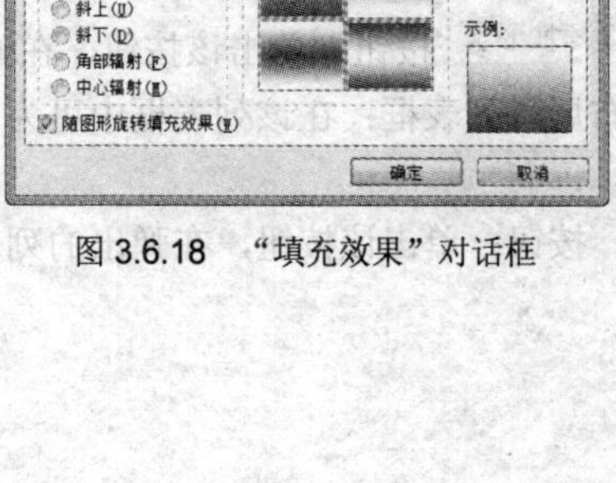

图 3.6.18　“填充效果”对话框

3.6.5　创建 SmartArt 图形

为了使文字之间的关联表示得更加清晰，人们常常使用配有文字的插图。对于普通的文档，只需绘制形状，然后在其中输入文字即可满足需要，但如果想制作出具有专业设计师水准的插图，则需要借助 SmartArt。

1．插入 SmartArt 图形

在文档中插入 SmartArt 图形的具体操作步骤如下：

（1）将光标定位在需要插入 SmartArt 图形的位置。

（2）在“插入”选项卡的“插图”组中单击按钮，弹出 选择 SmartArt 图形 对话框，如图 3.6.19 所示。

（3）在该对话框左侧的列表框中选择 SmartArt 图形的类型，在中间的“列表”列表框中选择子类型，在右侧将显示 SmartArt 图形的预览效果。

（4）设置完成后，单击 确定 按钮，即可在文档中插入 SmartArt 图形，如果需要输入文字，可在写有“文本”字样处单击鼠标左键，即可输入文字，如图 3.6.20 所示。

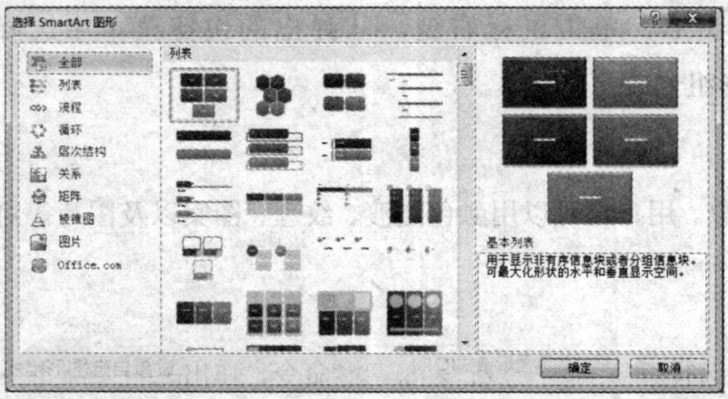

图 3.6.19　“选择 SmartArt 图形”对话框

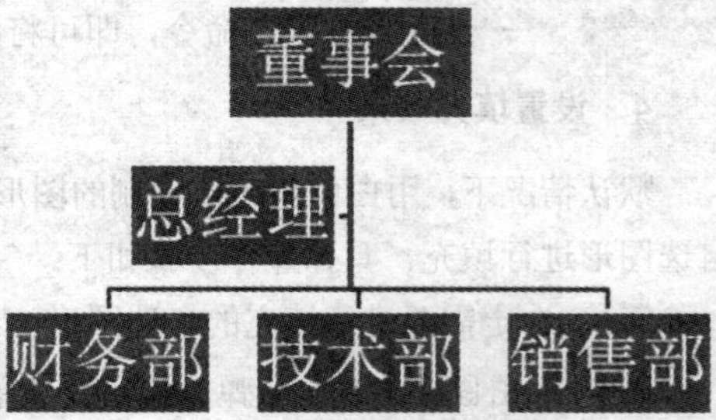

图 3.6.20　插入 SmartArt 图形

2．编辑 SmartArt 图形

创建好 SmartArt 图形后，将激活 SmartArt 工具的“设计”和“格式”选项卡，如图 3.6.21 所示。通过这两个选项卡中的按钮或列表框可对 SmartArt 图形的布局、颜色和样式等进行编辑调整，以使其符合用户的实际需要。

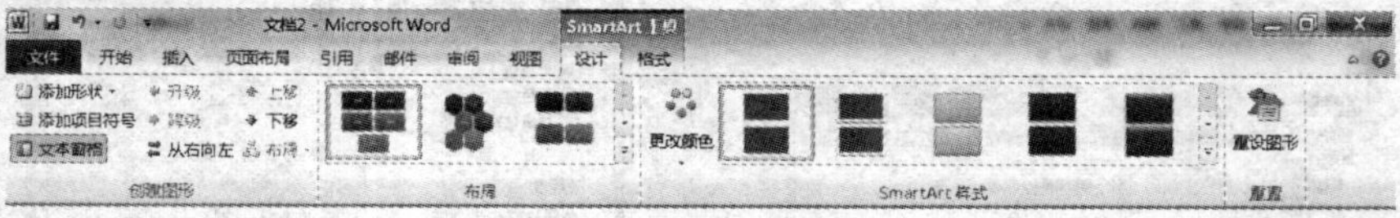

图 3.6.21　SmartArt 的工具栏

下面主要介绍其按钮或列表框的功能。

（1）添加形状 按钮：单击该按钮，在弹出的列表中可选择为 SmartArt 图形添加形状的位置。

（2）“布局”列表框：在该列表框中可为 SmartArt 图形重新定义布局样式。

（3）按钮：单击该按钮，在弹出的列表中可为 SmartArt 图形设置颜色。

（4）“SmartArt 样式”列表框：在该列表框中可选择 SmartArt 图形样式。

（5）重设图形按钮：单击该按钮，将取消对 SmartArt 图形的任何操作，恢复插入时状态。

（6）添加项目符号按钮：单击该按钮，可在 SmartArt 图形中添加文本项目符号。

（7）文本窗格按钮：单击该按钮，可显示或隐藏文本窗格。

3.6.6　艺术字的应用

艺术字比普通文本更美观，Word 2010 提供了多种艺术字样式供用户选择。

1．插入艺术字

在 Word 2010 中，可以方便、快捷地插入艺术字。插入艺术字的具体操作步骤如下：

（1）将光标定位在要插入艺术字的文档中。

（2）在插入选项卡的“文本”组中单击艺术字按钮，弹出如图 3.6.22 所示的艺术字样式列表。

（3）在“艺术字样式”列表中选择一种艺术字样式，弹出编辑艺术字文字对话框，在“文本”文本框中输入艺术字文本，并设置文本的字体和字号，如图 3.6.23 所示。

图 3.6.22　艺术字样式列表

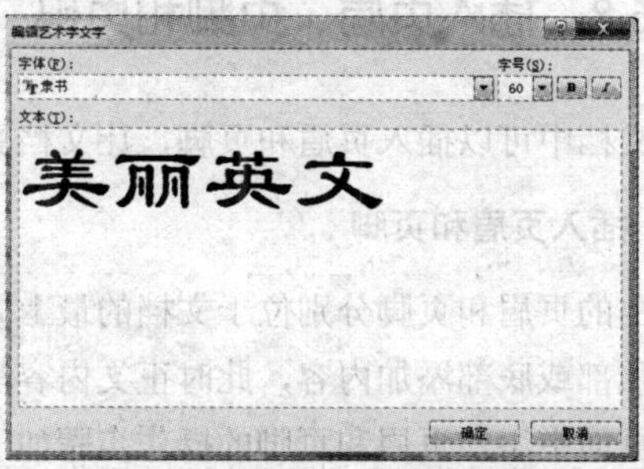

图 3.6.23　“编辑艺术字文字”对话框

（4）单击确定按钮，在文档中即可插入艺术字，如图 3.6.24 所示。

图 3.6.24　插入艺术字效果

2．编辑艺术字

艺术字其实也是图片，调整尺寸大小、设置文字环绕等的方法与图片相同，这里不再赘述。

选择艺术字后，会激活格式选项卡，在“文字”组中单击编辑文字按钮，将弹出编辑艺术字文字对话框，在其中可以重新对字体格式、显示的文本内容等进行相关的设置。

3.6.7　制作文档封面

利用 Word 2010 提供的封面功能，能够快速地为 Word 文档制作一个封面。Word 2010 提供了丰富的封面模板库可以应用，用户可以设计自己的封面模板并保存到文档库，以便将来使用。

如果要在 Word 2010 中插入封面，可按照以下操作步骤进行：

（1）在 插入 选项卡的“页”选项区中单击 封面 按钮，弹出其下拉列表，如图 3.6.25 所示。

（2）该下拉列表中提供了系统预置的多种封面格式，在其中选择要使用的封面，单击即可将其作为当前文档的封面，如图 3.6.26 所示。

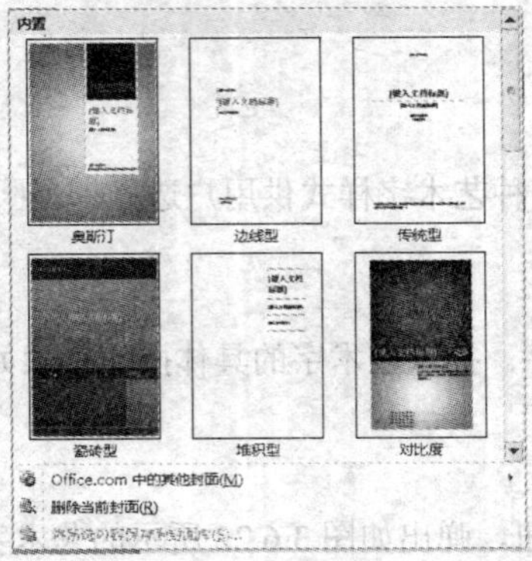

图 3.6.25　封面下拉列表

图 3.6.26　创建的封面

3.6.8　插入页眉、页脚和页码

在文档中可以插入页眉和页脚，让文档更丰富生动；还可以为文档插入页码，方便阅读。

1．插入页眉和页脚

文档的页眉和页脚分别位于文档的最上方和最下方。通过 Word 的页眉和页脚功能，可以在文档每页的顶部或底部添加内容，此时正文内容呈灰色显示，处于不可编辑状态。

在页面中添加页眉和页脚的操作步骤如下：

（1）在打开的文档中，选择 插入 选项卡。单击“页眉和页脚”组中的 页眉 按钮，在弹出的菜单中选择 编辑页眉(E) 命令，激活 设计 选项卡，如图 3.6.27 所示。

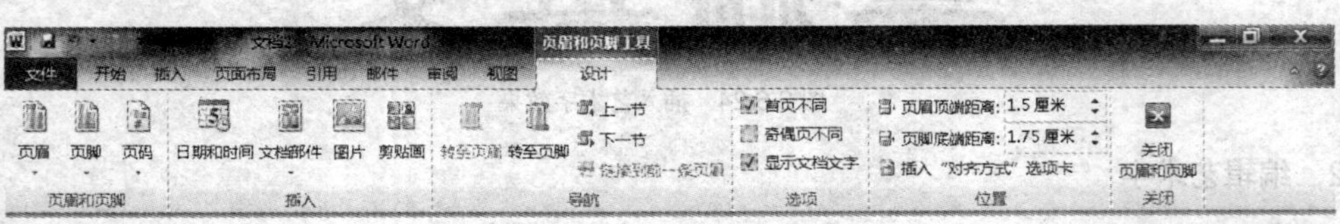

图 3.6.27　“页眉和页脚”工具栏

（2）此时，页面顶部和底部各出现一个虚线框，如图 3.6.28 所示。单击虚线框即可在页眉或页脚中输入文本或插入图形。

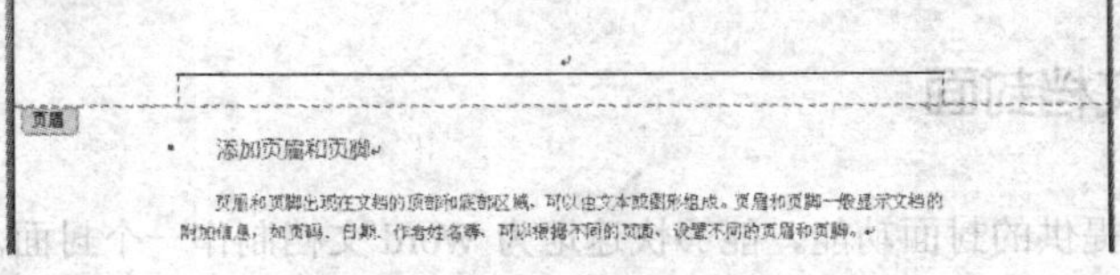

图 3.6.28　设置页眉和页脚

（3）页眉和页脚设计好后，单击 设计 选项卡中的 关闭页眉和页脚 按钮，或双击变灰的正文，返回 Word 文档编辑状态。

2．插入页码

有时需要为文档插入页码，这样当要查看某一页内容时就非常方便了。默认情况下，页码一般位于页眉或页脚位置。在 Word 文档页脚中插入页码的具体操作步骤如下：

（1）在 Word 2010 中，选择 插入 选项卡。

（2）单击“页眉和页脚”组中的 页码 按钮，在弹出的下拉列表中选择 页面底端(B) 选项，在弹出的下拉列表中根据需要选择合适的页码格式。

（3）插入页码后，将鼠标移动到文本输入区中，双击鼠标左键即可返回到输入界面中。

3．编辑页眉和页脚

双击页眉和页脚，进入页眉和页脚编辑状态，此时将出现“设计”选项卡，在其中可对页眉和页脚的属性进行设置。

（1）奇偶页不同。在“选项”组中选中 ☑ 奇偶页不同 复选框，可为奇数页和偶数页设置不同的页眉和页脚。

（2）插入日期和时间。在“插入”组中单击 日期和时间 按钮，在弹出的 日期和时间 对话框中可选择添加的日期、时间格式。

（3）设置页边距。在“位置”组的 页眉顶端距离: 和 页脚底端距离: 数值框中可设置页边距。

（4）退出页眉和页脚编辑状态。在“关闭”组中单击 关闭页眉和页脚 按钮，可退出页眉或页脚的编辑状态。

3.7　打印 Word 文档

有时需要将电脑中的各种办公文档打印出来，这时就会用到 Word 2010 的打印功能。该功能不仅能在打印前预览打印效果，还能对打印时所用的纸张、打印范围和打印数量进行设置。

3.7.1　页面设置

在 Word 文档中，页面设置指对文档的页边距、纸张类型、版式和文档网格等进行的设置。

1．设置页边距

页边距是指页面的正文区域与纸张的边界之间的空白距离。设置页边距的具体操作步骤如下：

（1）打开 页面布局 选项卡，在“页面设置”组中单击 页边距 按钮。

（2）在弹出的列表中选择所需的页边距类型，整个文档将会自动更改为用户选择的页边距类型。

（3）用户也可以自定义页边距。选择 自定义边距(A)... 命令，弹出 页面设置 对话框，在“页边距”选项卡的输入框中输入新的页边距值，如图 3.7.1 所示。

2．设置纸张类型

Word 2010 默认的打印纸张为“A4”，其宽度为“210 毫米”，高度为“297 毫米”，且页面方向为“纵向”。如果实际需要的纸张类型与默认设置不一致，就会造成分页错误，此时就必须重新设置纸张类型。设置纸张类型的具体操作步骤如下：

（1）打开 页面布局 选项卡，在“页面设置”组中单击 纸张大小 按钮，在下拉列表中选择 其他页面大小(A)... 选项，弹出 页面设置 对话框，打开 纸张 选项卡，如图 3.7.2 所示。

图 3.7.1　“页面设置”对话框

图 3.7.2　“纸张”选项卡

（2）在该选项卡中单击“纸张大小”下拉列表右侧的下三角按钮，在打开的下拉列表中选择一种纸张类型。用户还可在“宽度”和“高度”微调框中设置具体的数值，自定义纸张的大小。

（3）在“纸张来源”选区中设置打印机的送纸方式；在“首页”列表框中选择首页的送纸方式；在“其他页”列表框中设置其他页的送纸方式。

（4）在“应用于”下拉列表中选择当前设置的应用范围。

（5）单击 打印选项(T)... 按钮，可在弹出的 Word 选项 对话框中的“打印选项”选区中进一步设置打印属性。

（6）设置完成后，单击 确定 按钮即可。

3．设置版式

Word 2010 提供了设置版式的功能，可以设置有关页眉和页脚、页面垂直对齐方式以及行号等特殊的版式选项。

设置版式的具体操作步骤如下：

（1）在“页面布局”选项卡中的“页面设置”组中单击“对话框启动器”按钮，弹出 页面设置 对话框，打开 版式 选项卡，如图 3.7.3 所示。

（2）在该选项卡中的“节的起始位置”下拉列表中选择节的起始位置，用于对文档分节。

（3）在“页眉和页脚”选区中可确定页眉和页脚的显示方式。如果要使奇数页和偶数页不同，可选中 ☑ 奇偶页不同(O) 复选框；如果需要首页不同，可选中 ☑ 首页不同(P) 复选框。在“页眉”和“页脚”微调框中可设置页眉和页脚距边界的具体数值。

（4）在“垂直对齐方式”下拉列表中可设置页面的对齐方式。

（5）在“预览”选区中单击 行号(N)... 按钮，弹出 行号 对话框，选中 ☑ 添加行号(L) 复选框，如图 3.7.4 所示。

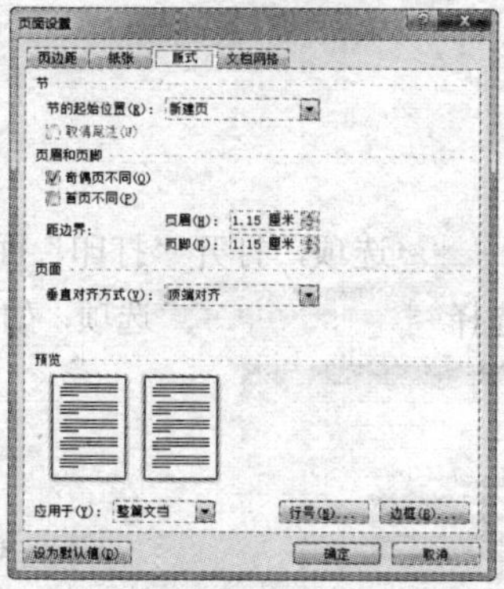

图 3.7.3　“版式”选项卡

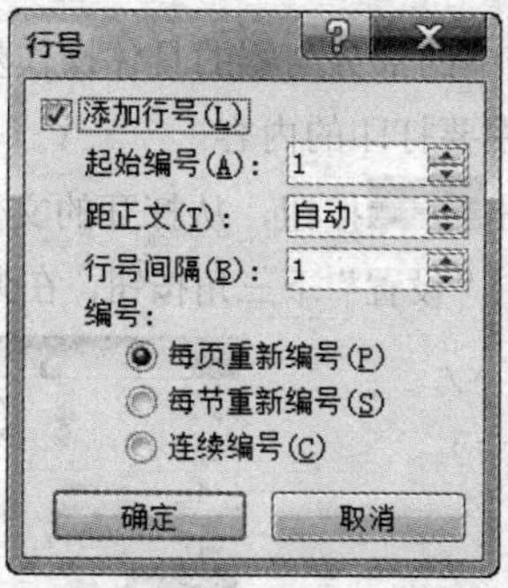

图 3.7.4　“行号”对话框

（6）在“起始编号”“距正文”和“行号间隔”微调框中选择或输入相应的数值；在“编号”选区中根据需要选择一种编号方式。单击 确定 按钮返回 页面设置 对话框。

（7）单击 边框(B)... 按钮，弹出 边框和底纹 对话框，根据需要设置边框和底纹。单击 确定 按钮完成版式设置。

3.7.2　打印预览

在打印之前需要进行打印预览，方便用户对文档进行修改和调整，然后对打印文档的页面范围、打印份数和纸张大小等进行设置，然后才能将文档打印出来，避免浪费时间和纸张。

（1）打开 Word 2010 文档窗口，单击 文件 按钮，从打开的文件面板中选择 打印 命令。

（2）在打开的“打印”窗口右侧预览区域可以查看文档打印预览效果，用户所做的纸张方向、页面边距等设置都可以通过预览区域查看效果。并且用户还可以通过调整预览区下面的滑块改变预览视图的大小，如图 3.7.5 所示。

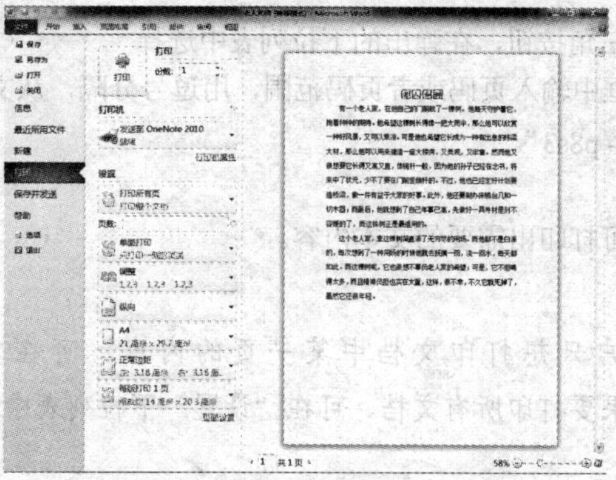

图 3.7.5　查看打印预览效果

3.7.3　打印文档

在 Word 2010 中有多种打印的方式，不仅可以按指定的范围打印文档，而且可以打印多份、多篇文档以及双面打印等。有的时候用户可能只想打印文档中的某一个图或表格的内容，或者只想打印某一页或某几页的内容而不想打印整篇文档，这时就可以通过“打印”选项来设置打印的内容。

1. 打印文档中的部分内容

打印文档中的部分内容的具体操作步骤如下：

（1）选中要打印的内容。

（2）单击 文件 按钮，从打开的文件面板中选择 打印 选项，打开“打印”面板。

（3）单击“设置”下三角按钮，在弹出的下拉列表中选择 打印所选内容 仅打印所选内容 选项，如图 3.7.6 所示。

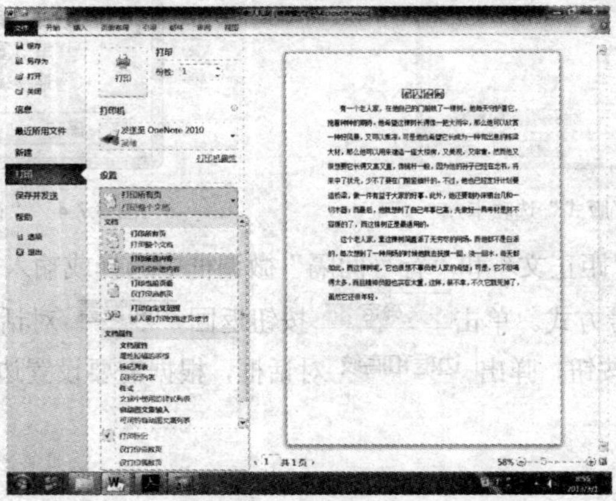

图 3.7.6　设置打印范围

（4）单击 打印 按钮即可打印出所选的文本内容。

2. 打印指定页面

如果用户想打印文档中的某几页连续或不连续的内容，具体操作步骤如下：

（1）打开 Word 2010 文档窗口，单击 文件 按钮，从打开的文件面板中选择 打印 选项，打开“打印”面板。

（2）单击“设置”下三角按钮，在弹出的下拉列表中选择 打印自定义范围 输入要打印的指定页或节 选项。

（3）在“页数”文本框中输入页码或者页码范围，用逗号分隔，从文档的开头算起。如“1，4，6-9”或“p1s1，p1s2，p1s3- p8s3”。

（4）单击 打印 按钮即可打印出需要的文本内容。

提示：如果用户只想打印文档中某一页的内容，可在“设置”下拉列表中选择 打印当前页面 仅打印当前页 选项；如果要打印所有文档，可在“设置”下拉列表中选择 打印所有页 打印整个文档 选项，再单击 打印 按钮。

打印当前页或打印指定的某几页的操作是非常有用的，因为在打印的过程中经常会出现卡纸而未打印出某页或者某几页的内容，或者原稿上出现了错误而需要重新打印某些页的情况，这些情况下都需要用上述的方法打印。

3. 设置打印文档的份数

用户除了设置打印文档的内容外，还可以通过“打印”选项设置打印文档的份数，具体操作步骤如下：

（1）打开需要打印的文档。

（2）单击按钮，从打开的文件面板中选择选项，打开“打印”面板。

（3）单击“份数”调节按钮来调节打印份数或者在“份数”文本框中输入需要打印的份数，系统默认为“逐份打印”。

（4）设置完成后，单击按钮即可打印出所需要的文档份数。

当要打印的文档不止一页时，单击“调整”选项组中的按钮，可以在打印多份文档时，保证在打印了完整一份文档后才开始打印下一份。如果单击按钮，那么在打印时会先将文档的第 1 页按照指定的要求打印多份后，再接着打印第 2 页、第 3 页等文档。

4．打印文档的属性信息

使用 Word 2010 不仅可以打印文档，而且可以打印文档的属性和其他信息，例如标记列表、样式和自动图文集输入等信息。文档的属性信息包括文档的标题、作者、类型以及页数等。如果打印文档时需要打印属性信息或其他信息，可按下面的操作方法：

（1）打开需要打印的文档。

（2）单击按钮，从打开的文件面板中选择选项，打开“打印”面板。

（3）单击“设置”下三角按钮，从弹出的下拉列表中选择需要打印的文档信息，例如信息。

（4）单击按钮，在打印时就会只打印当前文档的属性信息，而不打印文档的其他内容。

3.8　应用实例——制作贺卡

本例为制作一张生日贺卡，在制作的过程中，主要用到新建文档、页面设置、添加背景、插入图片和艺术字、插入文本框等操作，效果如图 3.8.1 所示。

图 3.8.1　效果图

操作步骤

（1）在打开 Word 2010 文档窗口中，单击按钮，从弹出的下拉菜单中选择命令，打开“新建”面板。

（2）在“可用模板”选区中选择“空白文档”，然后单击按钮创建一个新文档。

（3）打开页面布局选项卡，在“页面设置”组中单击“对话框启动器”按钮，弹出页面设置对话框。在页边距选项卡中设置纸张方向为“纵向”，“上、下、左、右”页边框均设置为“1”；打开纸张选项卡，在“纸张大小”下拉列表中选择“自定义大小”选项，设置“宽度”为“15”，“高度”为“8”，如图 3.8.2 所示。

（4）单击确定按钮，完成页面设置，效果如图 3.8.3 所示。

图 3.8.2　“页面设置”对话框

图 3.8.3　设置的页面

（5）打开页面布局选项卡，单击“页面背景”组中的页面颜色按钮，从弹出的下拉列表中选择填充效果(F)...命令，弹出填充效果对话框，选择图片选项卡，如图 3.8.4 所示。

（6）在该对话框中单击选择图片(L)...按钮，弹出插入图片对话框，在“查找范围”下拉列表中选择合适的文件夹，在其列表框中选中所需的背景图片，如图 3.8.5 所示。

图 3.8.4　“图片”选项卡

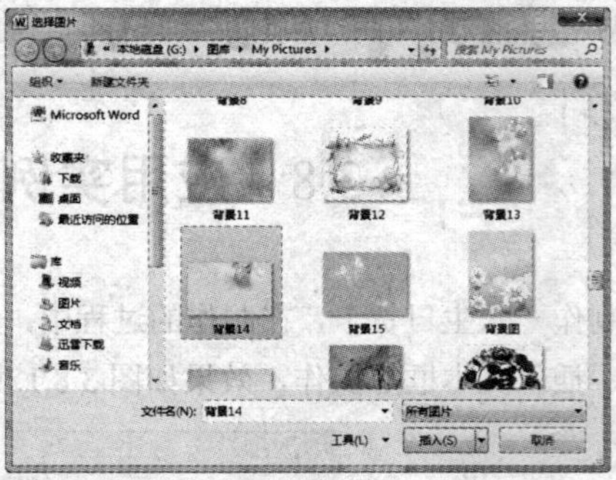

图 3.8.5　“插入图片”对话框

（7）单击插入(S)按钮返回填充效果对话框，再单击确定按钮，效果如图 3.8.6 所示。

（8）打开插入选项卡，在“插图”选项区中单击图片按钮，弹出插入图片对话框，在“查找范围”下拉列表中找到图片所在的文件夹，在其列表框中选择所需的图片文件后，单击插入(S)按钮，效果如图 3.8.7 所示。

图 3.8.6　设置页面背景

图 3.8.7　插入图片

（9）单击 格式 选项卡“图片样式”组中的“其他”按钮，从弹出的下拉列表中选择“柔化边缘椭圆”样式，效果如图 3.8.8 所示。

（10）在 插入 选项卡的“文本”组中单击 艺术字 按钮，从弹出的下拉列表中选择一种艺术字样式，如最后一行第三种样式，如图 3.8.9 所示。

图 3.8.8　设置图片样式

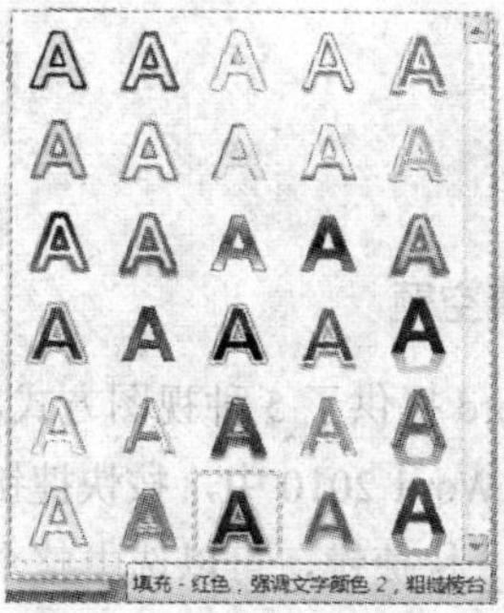

图 3.8.9　艺术字样式列表

（11）在插入的艺术字文本框中输入“生日快乐”文本，效果如图 3.8.10 所示。

（12）在 插入 选项卡的“文本”组中单击 文本框 按钮，在弹出的下拉列表中选择 绘制竖排文本框(V) 选项，在文档中插入一个竖排文本框，并在其中输入文本，如图 3.8.11 所示。

图 3.8.10　插入的艺术字

图 3.8.11　插入的文本框

（13）选中文本框中的文本，在“字体”组中设置其字体为“微软雅黑”，字号为“四号”，字体颜色为“浅绿”，再单击“段落”组中的“水平居中”按钮，效果如图 3.8.12 所示。

（14）单击 格式 选项卡“形状样式”组中的 形状填充 按钮，从弹出的下拉列表中选择 无填充颜色(N) 选项；单击 形状轮廓 按钮，从弹出的下拉列表中选择 无轮廓(N) 选项，效果如图 3.8.13 所示。

图 3.8.12　设置字体和段落格式

图 3.8.13　设置文本框格式

（15）调整图片、艺术字和文本框的位置，最终效果如图 3.8.1 所示。

本章小结

本章主要介绍了文档的基本操作、文本的基本操作、格式化文本、表格的使用、丰富 Word 文档等内容。通过本章的学习，读者可以熟练掌握 Word 2010 的操作方法与技巧，制作出各种办公文档。

习题三

一、填空题

1．Word 提供了 5 种视图方式，当新建一个文档时，自动进入________视图方式。

2．在 Word 2010 中，按快捷键________可新建一个文档；按________快捷键，可关闭文档；按________快捷键，可以选中整个文档。

3．段落的对齐方式有________、________、________、________、________等。其中________是系统默认的对齐方式。

4．在选定行和列时，按住________键可以选定连续的行、列和单元格；按住________键可以选定不连续的行、列和单元格。

5．在 Word 文档中，艺术字是作为一种________插入的，用户可以像编辑图形对象那样编辑艺术字。

6．文本框是 Word 2010 提供的一种________。使用文本框可以将________和________组织在一起，或者将某些文字排列在其他文字或图形周围等。根据文本框中文字不同的排列方向，文本框可分为________和________。

7．Word 2010 默认的页面方向为________，默认的纸张类型为________。

二、选择题

1．如果先把鼠标定位在文档中的某处，然后按住左键移动，移动到另一位置后放开，该操作实际上是（　）。

（A）复制文字　　（B）删除文字
（C）移动文字　　（D）选定文字

2．在 Word 中进行文字编辑时，键入的文字将（　）。

（A）加入在插入点位置
（B）替换插入点右侧的字符
（C）依据是插入状态还是改写状态，增加在插入点或替换插入点右侧的字符
（D）依据在键入之前是否击“Ins”键，增加在插入点或替换插入点右侧的字符

3．如果要将光标移至下一个单元格，应按快捷键（　）。

（A）Shift+Tab　　（B）Tab
（C）Alt+Home　　（D）Alt+End

4．按住（　）键并拖动图片控制点时，将从图片的中心向外垂直、水平或沿对角线缩放图片。

（A）Ctrl+Shift　　（B）Ctrl
（C）Shift　　（D）Alt

5．在 Word 编辑状态下，执行 开始 选项卡中的复制命令后（　）。

（A）被选中的内容被复制到插入点处

（B）被选中的内容被复制到剪贴板

（C）插入点所在的段落内容被复制到剪贴板

（D）光标所在的段落内容被复制到剪贴板

6．输入打印页码【31-43,53,70-】表示打印的是（　）。

（A）第 31 页，第 43 页，第 53 页，第 70 页

（B）第 31 页，第 43 页，第 52 至 70 页

（C）第 31 至 43 页，第 53 页，第 70 页

（D）第 31 至 43 页，第 53 页，第 70 页至最后一页

三、简答题

1．创建文档有哪几种方法？

2．简述创建项目符号列表、编号列表和多级符号列表的具体方法。

3．怎样设置边框和底纹？

4．简述设置文字方向和首字下沉的具体方法。

5．怎样进行页面设置？

四、上机操作题

1．利用 Word 2010 中的模板创建一篇“简历”模板文档。要求选择“平衡简历”模板并以“个人简历”为名保存在“我的文档”文件夹中，最后将其关闭。

2．将题图 3.1 所示的素材进行如下操作：

星期一	**星期二**	**星期三**	**星期四**	**星期五**
数学	**英语**	**数学**	**语文**	**英语**
英语	**数学**	**英语**	**数学**	**语文**
手工	**体育**	**地理**	**历史**	**体育**
语文	**常识**	**语文**	**英语**	**数学**

题图 3.1

（1）将其转换成一个 5 行 5 列的表格。

（2）将单元格文字垂直对齐方式设置为底端对齐、水平对齐方式为居中对齐。

（3）将整个表格居中对齐。

（4）将表格第一行添加蓝色底纹效果。

（5）在表格最后插入一行，合并这行中的单元格，在新行中输入“午休”，并使其居中。

第 4 章　Excel 2010 的使用

Excel 2010 是微软公司的办公软件 Microsoft Office 2010 的组件之一，是由 Microsoft 为 Windows 和 Apple Macintosh 操作系统的电脑而编写和运行的一款试算表软件。使用 Excel 2010 可以进行各种数据的处理、统计分析和辅助决策操作，广泛地应用于管理、统计、财经、金融等众多领域。本章将介绍 Excel 2010 的基本使用方法，使读者学会制作电子表格，分析表格数据。

本章主要内容

- Excel 2010 的基础知识
- 操作工作簿
- 操作工作表
- 操作单元格
- 输入与编辑数据
- 美化 Excel 表格
- 公式和函数
- 图表
- 管理数据
- 工作表打印输出和超链接

4.1　Excel 2010 的基础知识

Excel 2010 是一个操作简单、使用方便、功能强大的电子表格软件。在学习 Excel 2010 之前，必须先学习 Excel 2010 的基本概念、新增功能以及工作界面等基础知识。

4.1.1　Excel 2010 的基本功能

1．超强的制表能力

Excel 可以快捷方便地建立数据表格，即工作簿和工作表，输入和编辑工作表中的数据，方便和灵活地操作和使用工作表以及对工作表进行多种格式化设置。

2．强大的计算能力

Excel 内置了大量丰富的函数，利用这些公式可以进行各种复杂的计算。

3．便捷的图表生成能力

Excel 提供了丰富的图表向导，可以轻松建立和编辑出各种类型的与工作表相对应的统计图表，并可以美化图表。

4．较强的数据处理能力

Excel 把数据表与数据库操作融为一体，利用 Excel 提供的选项卡和命令可以对工作表中的数据进行排序、筛选和分类汇总等操作。

5．较强的数据共享能力

Excel 提供数据共享功能，可以实现对各用户共享同一个工作簿文件，建立超链接。

4.1.2　Excel 2010 的启动与退出

Excel 2010 的启动与退出是两种最基本的操作。Excel 2010 必须在启动后才能使用，使用完毕后应退出，以释放占用的系统资源。

1．Excel 2010 的启动

在对 Excel 工作表进行编辑之前，必须先启动其应用程序。启动 Excel 2010 应用程序的方法很多，下面介绍两种常用的启动方式。

（1）使用“开始”菜单栏启动。单击“开始”按钮，选择 所有程序 → Microsoft Office → Microsoft Excel 2010 命令，即可启动并出现 Excel 2010 的窗口。

（2）使用桌面快捷方式启动。如果在桌面中建立了 Excel 2010 快捷图标 Microsoft Excel 2010，则用户只须双击该快捷图标，即可启动 Excel 2010。

提示： Windows 系统提供了应用程序与相关文档的关联关系，安装了 Excel 2010 以后，双击任何一个 Excel 文档图标，不仅能启动 Excel 2010 程序，还会打开相应的文档内容。

2．Excel 2010 的退出

当不再使用 Office 2010 的某个组件时，可退出该应用程序，以减少对系统内存的占用。与启动 Office 2010 一样，退出 Office 2010 各个组件的方法也大致相同。下面以 Excel 2010 为例，讲解程序的退出方法。退出该程序可以使用下列方法之一：

（1）单击 Excel 2010 标题栏右侧的“关闭”按钮 X 。

（2）单击左上角的控制菜单图标，在弹出的下拉菜单中选择 关闭(C) Alt+F4 命令。

（3）单击 文件 按钮，打开“文件”面板，在左侧窗格中选择 退出 命令。

（4）单击 文件 按钮，打开“文件”面板，在左侧窗格中选择 关闭 命令。

4.1.3　Excel 2010 的工作窗口

Excel 2010 的工作窗口主要由快速访问工具栏、选项卡、公式编辑栏、工作区、状态栏等组成，其工作界面与 Word 2010 类似，只有少数组成部分是 Excel 2010 独有的，如图 4.1.1 所示。

1．数据编辑栏

在 Excel 2010 工作窗口中，功能区下方添加了用于显示和编辑当前单元格地址和内容的区域——Excel 数据编辑栏。它由地址栏、按钮栏和编辑栏 3 个部分组成，如图 4.1.2 所示。

（1）地址栏。地址栏中将显示鼠标选中的当前单元格地址。

（2）按钮栏。单击“输入”按钮确认公式的输入；单击“取消”按钮取消公式编辑；单击“插入函数”按钮可打开插入函数对话框，完成输入函数进行计算的操作。

（3）编辑栏。编辑栏中可以显示当前选中的单元格中的内容，并能在其中进行编辑。

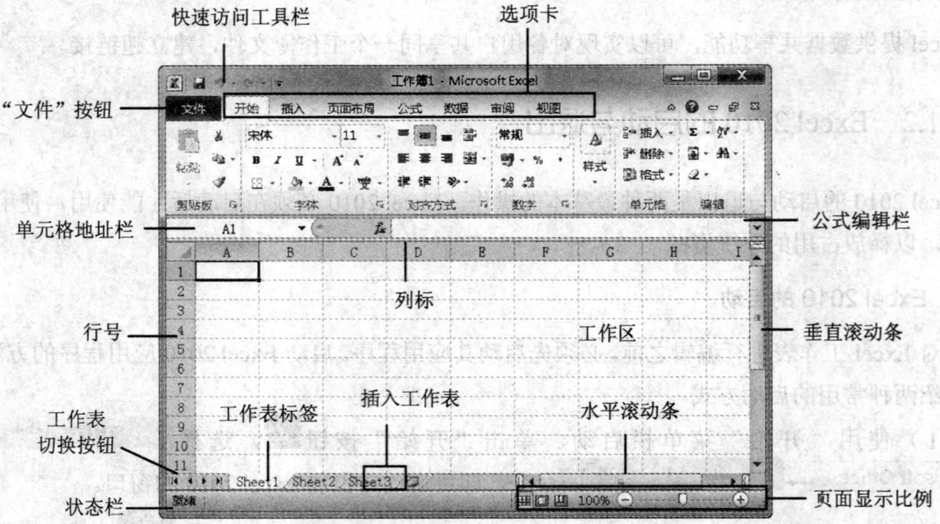

图 4.1.1　Excel 2010 的工作窗口

图 4.1.2　数据编辑栏

2．表格编辑区

表格编辑区是 Excel 2010 工作窗口中面积最大的区域，主要由单元格、工作表栏、行号和列标等组成。

（1）单元格。单元格即表格编辑区中的矩形方块，是输入和编辑数据的最基本单位。

（2）工作表栏。工作表栏包括常用的工作表切换按钮和工作表标签栏。在其中单击相应的按钮可以查看相应的表格；而工作表标签栏中默认有 3 个工作表标签，单击标签即可打开相应的工作表，查看其中的内容。

（3）行号、列标。行号是指表格编辑区左侧的数字（如 1，2，3 等），列标是指表格编辑区上方的字母（如 A，B，C 等），用户可以通过它们的组合来定位每个单元格在表格中的位置，如单元格 A8 表示 A 列的第 8 行单元格。

4.1.4　Excel 2010 的相关概念

工作簿、工作表、单元格与单元格地址是 Excel 2010 的基本组成元素，在对工作簿和工作表进行管理和操作之前，首先学习一些相关的基本概念。

1．工作簿

工作簿是一种 Excel 文件，扩展名为 XLS，一个工作簿文件可以包括若干张工作表。新建的工作簿默认包括 3 张工作表，标签依次为 Sheet1，Sheet2 和 Sheet3。

2．工作表

工作表是指在 Excel 中用于存储和处理数据的主要文档，也称为电子表格。工作表由排列成行或列的单元格组成，存储在工作簿中。每插入一个工作表，系统会自动加一个标签 Sheet X，其后的序号 X 依次递增 1。当前被选中的工作表称为当前工作表或活动工作表，活动工作表的标签名显示为白色。一个工作表最多可以包含 65 536×256 个单元格。

3．单元格与单元格地址

工作表区域中每一个小方格叫做一个单元格，它是 Excel 处理信息的最小单位。在单元格内可以存放文字、数字或公式，最多可存放 32 000 个字符信息。工作表中的每一个单元格都位于某一行与某一列的交叉处。

单元格地址是组成工作表的基本单元，是由横向和竖向的表格线围成的最小方框。由列标（大写英文字母）和行号（数字）组合起来赋予每个单元格一个唯一的地址。规定列标在前，行号在后，如 A5，B12 等，Excel 把它叫做“单元格地址的引用”，简称“单元格引用”。

4.2　操作工作簿

工作簿是用于运算和保存数据的文件，其基本操作主要包括新建、保存、打开以及关闭工作簿等。其中打开和关闭工作簿的操作与打开和关闭 Word 文档的操作方法相同，在此将不再赘述。

4.2.1　新建工作簿

在启动 Excel 2010 的过程中，系统会自动创建一个工作簿，并将其命名为“Book1”，除此之外，还可以通过以下几种方法新建工作簿。

1．直接新建

（1）单击“快速访问”工具栏中的“新建”按钮，可快速新建一个空白工作簿。

（2）单击 文件 按钮，从弹出的下拉菜单中选择 新建 命令，打开“新建”面板，在中间的列表框中选中 空白工作簿 选项，单击右下角的 创建 按钮即可，如图 4.2.1 所示。

（3）按快捷键“Ctrl+N”。

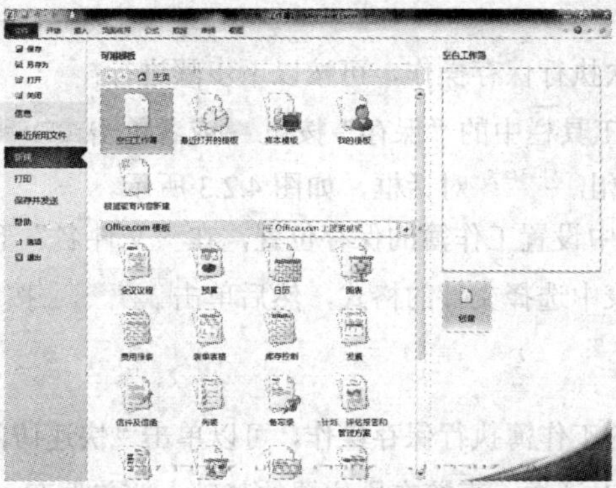

图 4.2.1　直接新建

2. 模板新建

利用模板新建具有一定格式的工作簿，具体操作步骤如下：

（1）单击文件按钮，从弹出的下拉菜单中选择新建命令，打开“新建”面板，在中间的“Office.com 模板”列表框选择合适的模板，这里选择预算选项。

（2）在打开的“预算”面板中选择家庭预算→月度个人预算选项。

（3）单击右下角的下载按钮即可，如图 4.2.2 所示。

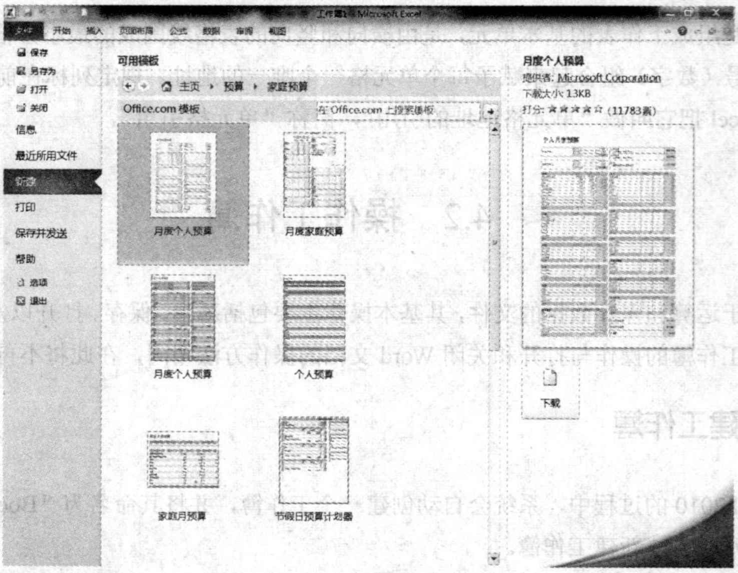

图 4.2.2　根据模板新建

4.2.2　保存工作簿

Excel 中的工作簿无论包括多少张工作表，都可将这些工作表一起保存在工作簿中。通常来说，保存工作簿分为首次保存和再次保存两种情况，下面分别介绍。

1. 首次保存

若是新建的工作簿第一次执行保存操作，可按以下步骤进行：

（1）单击“快速访问”工具栏中的“保存”按钮或者单击文件按钮，从弹出的下拉菜单中选择保存命令，弹出另存为对话框，如图 4.2.3 所示。

（2）用户可在该对话框中设置工作簿的保存位置，在“文件名”下拉列表框中输入工作簿的名称，在“保存类型”下拉列表中选择文件的格式，然后单击保存(S)按钮即可。

2. 再次保存

若要对已保存在电脑中的工作簿执行保存操作，可以单击“快速访问”工具栏中的“保存”按钮，此时将不再打开另存为对话框，直接在原位置的基础上覆盖保存。

图 4.2.3　“另存为”对话框

4.3　操作工作表

工作表的操作主要包括选择工作表、重命名工作表、插入与删除工作表、复制与移动工作表以及隐藏与显示工作表等操作。

4.3.1　选择工作表

选中单张工作表可以单击工作表相应的标签，或者使用“Ctrl+PageUp”和“Ctrl+PageDown”快捷键，这里不再赘述。有时要对多张工作表同时进行操作，就需要同时选定多张工作表。

选中相邻的多张工作表的具体操作步骤如下：

（1）选中第一张工作表的标签。

（2）在按住“Shift”键的同时，单击最后一张工作表的标签，如“Sheet4”，即可选中“Sheet2”“Sheet3”“Sheet4”3 张相邻的工作表，如图 4.3.1 所示。

（3）按住“Shift”键再次单击可取消选中相邻的多张工作表。

选中不相邻的多张工作表的具体操作步骤如下：

（1）单击任意一张工作表的标签。

（2）在按住“Ctrl”键的同时单击其他工作表标签，如图 4.3.2 所示。

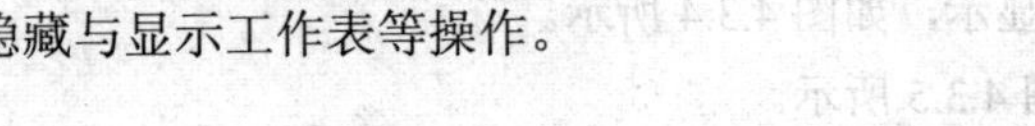

图 4.3.1　选中相邻的多张工作表

图 4.3.2　选中不相邻的多张工作表

如果要选定工作簿中的所有工作表，可用鼠标右键单击工作表标签，弹出如图 4.3.3 所示的快捷菜单，选择 选定全部工作表(S) 命令即可。

提示：（1）如果工作表标签用颜色作了标记，则当选中该工作表标签时其名称将按用户指定的颜色加下画线。如果工作表标签显示时具有背景色，则未选中该工作表。

（2）当选中相邻、不相邻或工作簿中全部工作表时，在 Excel 标题栏中都会出现 [工作组] 字样。

用户对工作组中的任意一张工作表进行的操作，都会反映到其他工作表中。

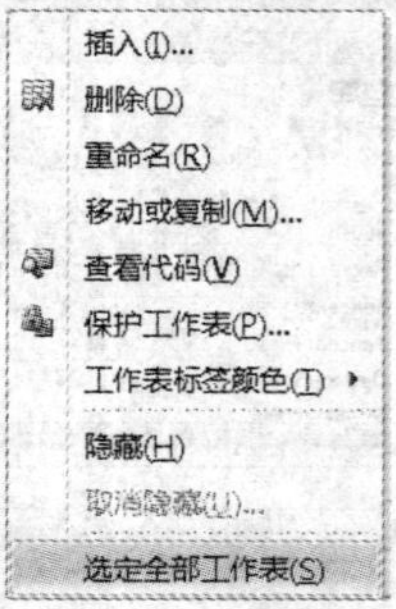

图 4.3.3　快捷菜单

4.3.2　重命名工作表

Excel 2010 默认将工作表依次命名为“Sheet1”“Sheet2”…这样既不直观又不便于记忆，根据需要用户可为工作表取一个直观而且容易记的名称，即重命名。用户可以使用以下两种方法进行重命名。

1. 使用鼠标

（1）双击工作表标签，此时标签名呈黑色背景显示，如图 4.3.4 所示。

（2）直接输入新工作表名，如“销售表”，如图 4.3.5 所示。

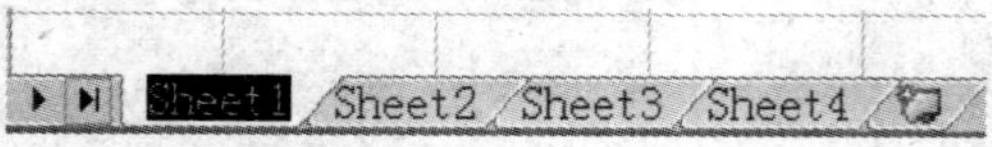

图 4.3.4　选中工作表名

图 4.3.5　重命名工作表

（3）输入完成后按回车键或单击标签外的任何位置，完成重新命名工作表操作。

2. 使用菜单项

（1）选中要重命名的工作表标签。

（2）单击鼠标右键，从弹出的快捷菜单中选择 重命名(R) 命令，此时标签名呈黑色背景显示，在标签中输入新的工作表名称即可。

4.3.3　插入与删除工作表

在默认情况下，一个工作簿包含有 3 张工作表，在实际应用中，用户可根据需要来插入工作表。

1. 插入工作表

在工作簿中插入工作表的具体操作步骤如下：

（1）使用鼠标右键单击需要插入工作表后面的工作表标签（如要在“Sheet3”前插入工作表，则使用鼠标右键单击该标签），在弹出的快捷菜单中选择 插入(I)... 命令，弹出 插入 对话框，如图 4.3.6 所示。

（2）在该对话框中选择需要的工作表模板，然后单击 确定 按钮，即可基于该模板创建一个工作表。

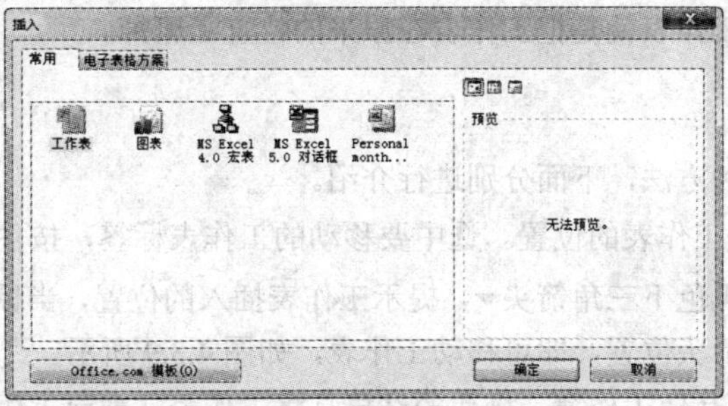

图 4.3.6　“插入”对话框

技巧：此外，还可通过以下几种方式插入工作表。

（1）用鼠标单击工作表标签右侧的“插入工作表”按钮，可在最后一个工作表的后面插入空白工作表。

（2）按下“Shift+F11”快捷键，即可快速插入一个空白工作表。

（3）在 开始 选项卡中，单击“单元格”选项组中的 插入 按钮右侧的下三角按钮，在弹出的下拉列表中选择 插入工作表(S) 选项。

2．删除工作表

如果要删除工作簿中不需要的工作表，其具体操作步骤如下：

（1）选中要删除的一张或多张工作表。

（2）打开 开始 选项卡，单击“单元格”组中 删除 按钮右侧的下三角按钮，在弹出的下拉列表中选择 删除工作表(S) 选项，弹出如图 4.3.7 所示的提示框。

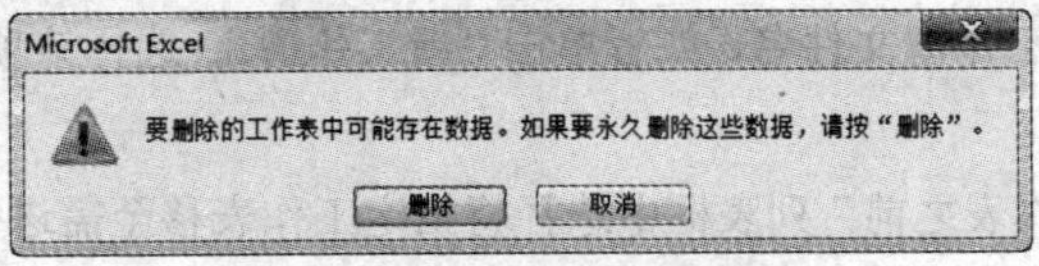

图 4.3.7　提示是否要删除工作表

（3）如果不需要保存此表中的数据，单击 删除 按钮，即可删除此工作表。

提示：（1）用鼠标右键单击需要删除的工作表标签，在弹出的快捷菜单中选择 删除(D) 命令，可快速删除一张工作表。

（2）删除工作表是不可撤销的操作，若删除错误，可关闭相应的工作簿，即可弹出如图 4.3.8 所示的提示框。询问是否要保存，然后单击 不保存(N) 按钮即可。

图 4.3.8　提示是否要保存工作簿

4.3.4　移动与复制工作表

移动工作表即改变工作表的位置，而复制工作表是在不改变原来工作表位置的基础上，将该工作表复制到其他位置，删除工作表就是把工作表在原来的位置上删掉。

1. 移动工作表

移动工作表有以下两种方法，下面分别进行介绍。

（1）在工作簿中改变工作表的位置。选中要移动的工作表标签，按住鼠标左键并拖动，此时工作表标签上方会出现一个黑色下三角箭头▼，提示工作表插入的位置，当鼠标指针变成□形状时，将指针拖动至该黑色下三角箭头位置，即可移动工作表，如图 4.3.9 所示。

（2）将工作表移动到其他工作簿。操作的结果是将工作表从当前工作簿剪切掉，再粘贴到目标工作簿中，具体操作步骤如下：

1）打开源工作簿和目标工作簿，将源工作簿文件设置为当前状态。单击要移动的工作表标签，使其成为当前工作表。

2）单击鼠标右键，在弹出的快捷菜单中选择 移动或复制(M)... 命令，弹出 移动或复制工作表 对话框，如图 4.3.10 所示。

图 4.3.9　移动工作表

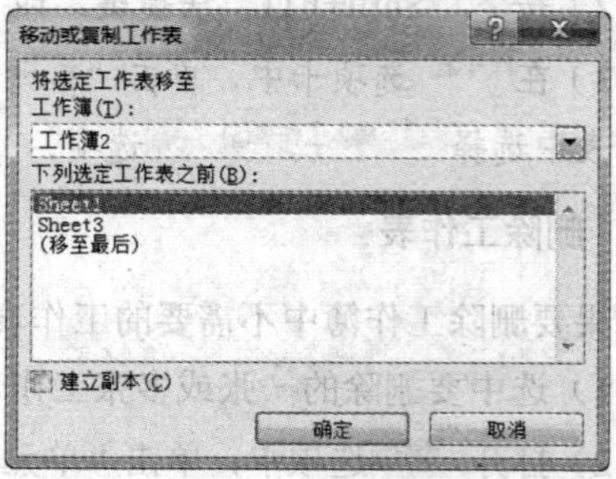

图 4.3.10　“移动或复制工作表”对话框

3）单击移动的目标工作簿文件名，或者单击“新工作簿”（选择该项将自动新建一个工作簿并打开）。

4）在“下列选定工作表之前”列表框中选择将指定工作表移至需进行移动操作的工作表前面，单击 确定 按钮完成移动操作。

2. 复制工作表

复制工作表也有两种情况，即复制到当前工作簿和复制到其他工作簿。

（1）复制到当前工作簿。这种操作将在当前工作簿中插入一张工作表。选定要复制的工作表标签，按住“Ctrl”键，用鼠标拖动选中的工作表，拖到目标位置后释放鼠标即可，如图 4.3.11 所示。

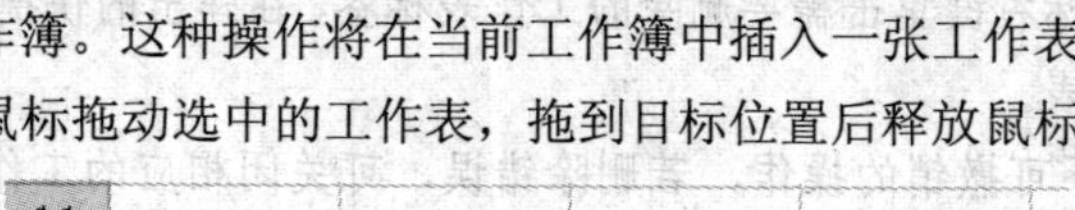

图 4.3.11　在当前工作簿复制 1 张工作表后的标签栏

提示： 如果原工作表中有数据，则同时将数据复制到新生成的工作表中。

（2）复制到其他工作簿。将工作表复制到其他工作簿中，用鼠标右键单击要复制的工作表标签，在弹出的快捷菜单中选择 移动或复制(M)... 命令，弹出 移动或复制工作表 对话框。在“工作簿”下拉列表框中选择目标工作簿，在“下列选定工作表之前”列表框中选择指定工作表复制的位置，选中 ☑建立副本(C) 复选框，单击 确定 按钮完成复制工作。

4.3.5 隐藏与显示工作表

当用户打开的窗口和工作表的数量太多时，屏幕会较乱，为了避免错误的操作，可以将暂时不使用的工作簿和工作表隐藏起来，需要对其操作时，再将它们显示出来。

（1）在 视图 选项卡中的“窗口”选项组中单击 隐藏 按钮或者在工作表标签上单击鼠标右键，从弹出的快捷菜单中选择 隐藏(H) 命令即可隐藏当前工作表。

（2）如果要重新显示该工作表，在 视图 选项卡中的“窗口”选项组中单击 取消隐藏 按钮，或者在工作表标签上单击鼠标右键，从弹出的快捷菜单中选择 取消隐藏(U)... 命令，弹出 取消隐藏 对话框，如图 4.3.12 所示。在该对话框中选择要显示的工作表，再单击 确定 按钮。

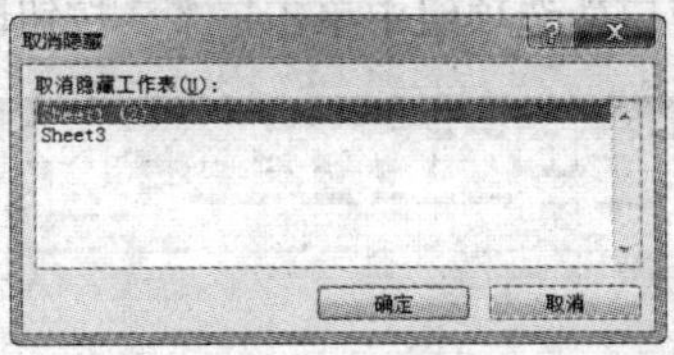

图 4.3.12 “取消隐藏”对话框

4.3.6 保护工作表

保护工作表可以防止他人对工作表中的数据、图表项、对话框编辑项、Excel 宏表、图形对象等进行修改，通过设置密码保护工作表，具体操作方法如下：

（1）在 审阅 选项卡中的“更改”选区中单击 保护工作表 按钮，弹出 保护工作表 对话框，如图 4.3.13 所示。

（2）选中 ☑ 保护工作表及锁定的单元格内容(C) 复选框，在“取消工作表保护时使用的密码”文本框中输入保护密码，密码的长度不能超过 255 个字符。

（3）在“允许此工作表的所有用户进行”列表框中，只选中 ☑ 选定未锁定的单元格 复选框，即允许用户对工作表中的未锁定单元格进行修改。

（4）设置完成后，单击 确定 按钮，弹出 确认密码 对话框，在“重新输入密码”文本框中再次输入保护密码进行确认，如图 4.3.14 所示。

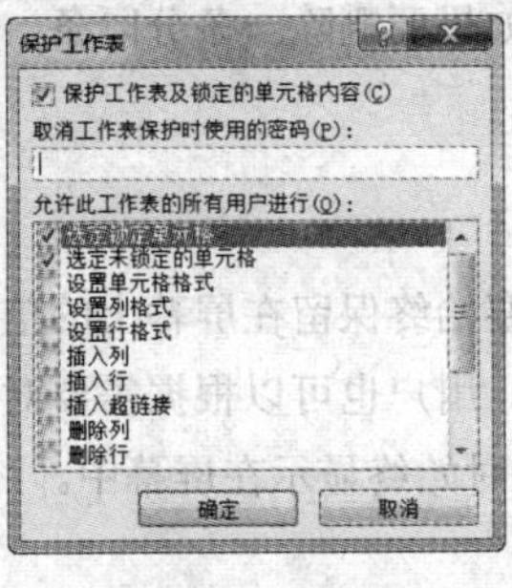

图 4.3.13 “保护工作表”对话框

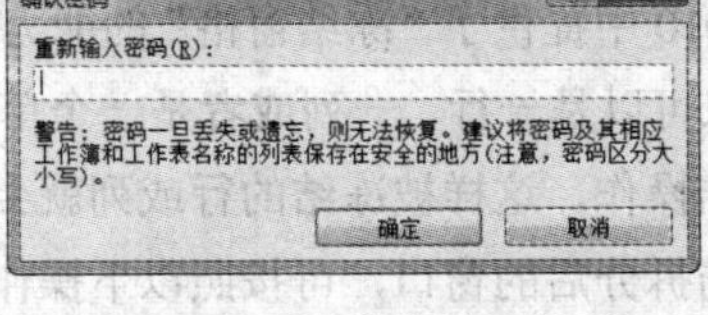

图 4.3.14 “确认密码”对话框

（5）单击 确定 按钮关闭对话框，返回工作表。

提示： 若要取消工作表的保护，可在“审阅”选项卡中的“更改”选区中单击 撤消工作表保护 按钮，输入正确的密码后用户就可以重新编辑工作表了。

4.3.7　拆分与冻结工作表

Excel 2010 为用户提供了拆分和冻结工作表窗口的功能，有了这些功能可以更加合理地利用屏幕空间。

1. 拆分工作表

拆分工作表就是将工作表当前的活动窗口拆分成窗格，在每个被拆分的窗格中都可以通过滚动条来显示或查看工作表的各个部分。

（1）选定要拆分分隔处的单元格，该单元格的左上角就是拆分的分隔点。

（2）在 视图 选项卡中的“窗口”选项组中单击 拆分 按钮即可，如图 4.3.15 所示。

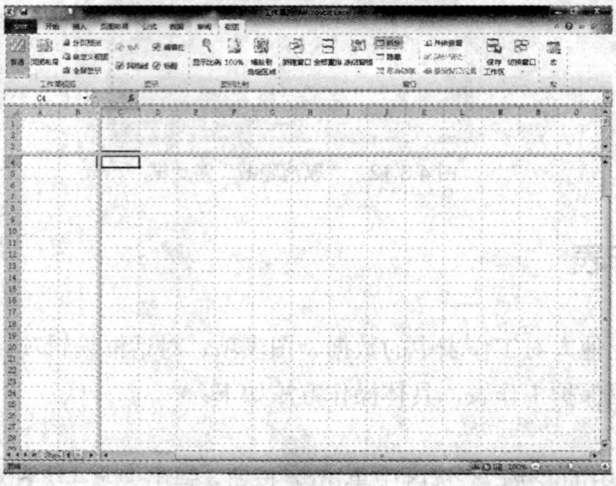

图 4.3.15　拆分工作表窗口

如果要对已经拆分好的窗口进行更改，具体操作步骤如下：

（1）将鼠标移动到垂直拆分框或水平拆分框上。

（2）按下鼠标左键，拖动鼠标指针到工作表要进行拆分的单元格，释放鼠标。

若要取消拆分有以下两种方法：

（1）在 视图 选项卡中的窗口选项组中再次单击 拆分 按钮，即可取消拆分。

（2）在分隔条的交点处双击鼠标左键，可取消拆分。如果要删除一条分隔条，则在该分隔条上方双击即可。

2. 冻结工作表

在 Excel 2010 中提供了“冻结窗格”的能力，可以使需要始终保留在屏幕上的信息不随滚动条移动，冻结的对象可以是一行、一列或者是一个单元格。当然，用户也可以根据需要对工作表中特定的行或列进行冻结操作，这样被冻结的行或列就会在浏览记录时始终显示在屏幕中。

如果要冻结拆分后的窗口，可按照以下操作步骤进行：

（1）选定一个单元格作为冻结点，即冻结点以上和左边的所有单元格都将被冻结，并保留在屏幕上。

（2）在 视图 选项卡中的窗口选项组中单击 冻结窗格 按钮，从弹出的下拉菜单中选择 **冻结拆分窗格(F)** 命令，即可将工作窗口拆分，并将选定单元格以上和左边的所有单元格冻结，如图 4.3.16 所示。

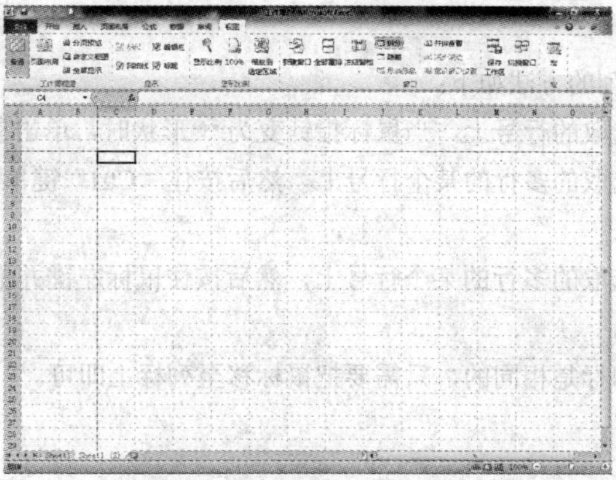

图 4.3.16　冻结拆分窗口

技巧：在被冻结的工作表中，按“Ctrl+Home”快捷键，活动单元格指针将返回到冻结点所在的单元格。

4.4　操作单元格

单元格是组成工作表的基本单位，也是实际操作中处理数据的场所，因此掌握选择单元格、插入单元格、合并和拆分单元格、删除单元格的方法就显得十分重要。

4.4.1　选择单元格

在对某个单元格或多个单元格进行操作前，必须先选中单元格，根据实际情况可进行不同的选择。

1. 选取单个单元格

选取单个单元格常用的方法有两种：

（1）用鼠标直接单击单元格，其方法是当鼠标变成✚形状时，单击某个单元格，此时该单元格的外侧出现黑色边框，同时在名称框内显示该单元格的名称，这时该单元格被选中。

（2）在工作表左上方的名称框内直接输入需要选取的单元格名称，按回车键即可选中该单元格。

2. 选取单元格区域

单元格区域是指工作表中两个或多个单元格。单元格区域中的单元格可以是相邻的，也可以是不相邻的。选取单元格区域有以下几种方法：

（1）单击并选定工作表中矩形区域左上角的一个单元格，然后按住鼠标左键并拖动鼠标到工作表右下角的一个单元格，释放鼠标即可选取一个矩形区域。

（2）按住“Shift”键的同时移动键盘上的方向键，选取开始和最终的单元格之间的矩形区域。

（3）按住“Shift”键的同时用鼠标单击单元格，选取活动单元格和最终单击的单元格之间的矩形区域。

（4）选取一个单元格，按住“Ctrl”键的同时单击其他要选取的单元格，可选取多个不连续的单元格区域。

3. 选取行和列

在工作表中选取行和列的方法如下：

（1）将鼠标移至要选取的行号上，当鼠标指针变为➡形状时，单击鼠标即可选定该行。

（2）将鼠标移至要选取的多行的某个行号上，然后按住“Ctrl”键单击其他需要选取行的行号，即可选取多个不连续的行。

（3）将鼠标移至要选取的多行的某个行号上，然后按住鼠标左键并拖动到合适的位置，释放鼠标即可选取多个连续的行。

（4）选取列的方法和行是相同的，只需要把鼠标移至列标上即可。

4. 选取整个工作表

如果要选取整个工作表，可以采用以下方法：

（1）将鼠标移到工作表左上角的“全选”按钮◢上，当鼠标指针变为✚时，单击该按钮。

（2）按快捷键“Ctrl+A”可选取整个工作表。

4.4.2 插入单元格

在 Excel 2010 中编辑工作表时，为了避免覆盖原有单元格中的数据，常常需要在工作表中插入单元格对其进行补充。插入单元格的具体操作步骤如下：

（1）在插入位置选中一个单元格。

（2）在 开始 选项卡的“单元格”选项组中单击 插入 按钮，在弹出的下拉菜单中选择 插入单元格(I)... 命令，或在选中的单元格上单击鼠标右键，在弹出的快捷菜单中选择 插入(I)... 命令，弹出 插入 对话框，如图 4.4.1 所示。

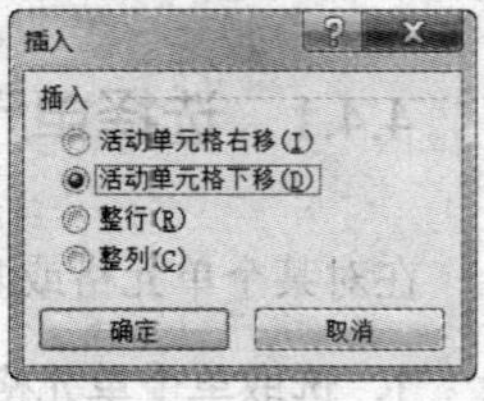

图 4.4.1 “插入”对话框

（3）在 插入 对话框中选择一种插入方式。选中◉活动单元格右移(I)单选按钮，插入的单元格将处于原来所选的位置，原来的单元格将向右移动；选中◉活动单元格下移(D)单选按钮，插入的单元格将处于原来的位置，原来的单元格将向下移动；选中◉整行(R)单选按钮，插入的行数与选定的单元格的行数相同；选中◉整列(C)单选按钮，插入的列数与选定的单元格的列数相同。

（4）选中一种插入方式后，单击 确定 按钮即可。

4.4.3 删除单元格

对于工作表中多余的单元格就应该将其删除，以免影响工作表中的其他数据。删除单元格的具体操作步骤如下：

（1）选中要删除的单元格或单元格区域，也可以选中整行或整列。

（2）在 开始 选项卡的“单元格”选项组中单击 删除 按钮，在弹出的下拉菜单中选择 删除单元格(D)... 命令，弹出 删除 对话框，如图 4.4.2 所示。

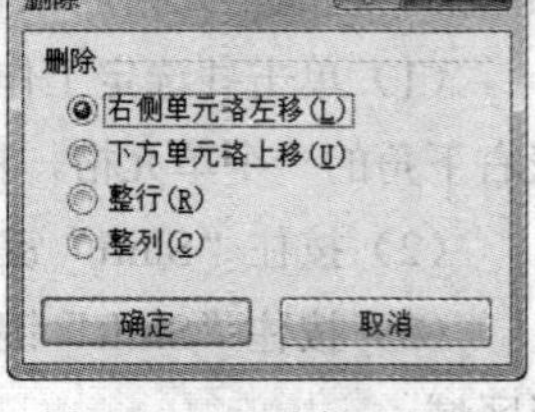

图 4.4.2 “删除”对话框

（3）在“删除”对话框中选择一种删除方式。选中◉右侧单元格左移(L)单选按钮，将选中的单元格删除，其右侧的单元格将向左移动；选中◉下方单元格上移(U)单选按钮，将选中的单元格删除，其下方的单元格向上移动；选中◉整行(R)单选按钮，将选中单元格所在的行删除，其下方的行向上移动；选中◉整列(C)单选按钮，将选中的单元格所在的列删除，其右侧的列向左移动。

（4）选中一种删除方式后，单击确定按钮即可。

4.4.4　合并和拆分单元格

合并单元格是指将几个单元格组合成一个单元格，拆分单元格则是将合并后的单元格还原。

1．合并单元格

合并单元格常用于表格标题的制作，应用十分广泛，具体操作步骤如下：

（1）选中要进行合并的单元格区域。

（2）单击开始选项卡“对齐方式”组中的“合并后居中”按钮，即可完成合并，如图 4.4.3 所示。

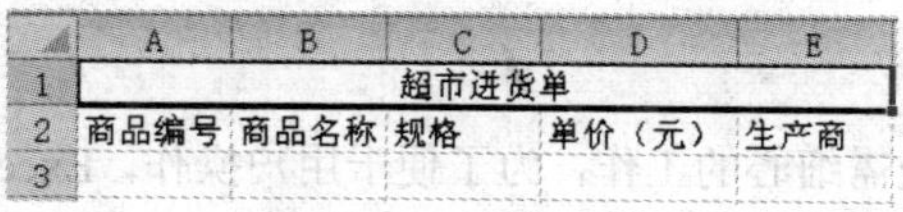

图 4.4.3　合并单元格

2．拆分单元格

在 Excel 2010 中，拆分单元格只对合并后的单元格有效。选择需要拆分的单元格，在开始选项卡的“对齐方式”组中单击“合并后居中”按钮右侧的按钮，从弹出的下拉菜单中选择取消单元格合并(U)命令即可。

4.5　输入与编辑数据

要利用 Excel 2010 强大的数据处理功能，用户首先要完成的就是输入数据操作。完成数据输入后，还需要进一步编辑数据，如修改数据、移动或复制数据等。

4.5.1　输入数据

在实际工作中，除了要输入普通数据，还要求用户掌握输入特殊数据和填充数据的方法。

1．输入普通数据

在 Excel 2010 中输入的数据主要包括文本、数字、日期等，其输入方法与在 Word 2010 的表格中输入数据的方法类似，用户只需要选中需要输入数据的单元格，即可在其中进行输入。也可选择单元格后单击编辑栏，再输入文本，如图 4.5.1 所示。

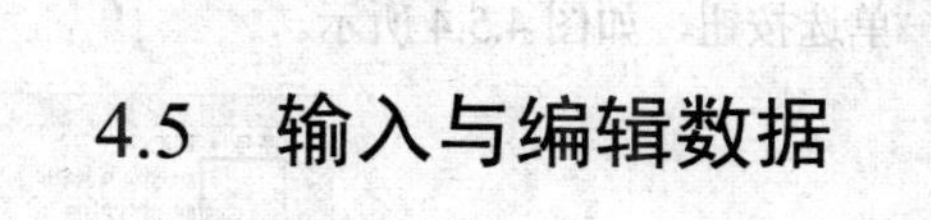

图 4.5.1　输入普通数据

2. 输入特殊类型数据

有过工作经验的用户都清楚，在实际操作中遇到的数据类型十分繁杂。为此 Excel 2010 提供了输入特殊类型数据的功能，可快速输入一些专业的数据。具体操作步骤如下：

（1）在单元格中输入数据后，选择要设置的单元格。

（2）选择 开始 选项卡，在“数字”组中单击“常规”下拉列表框右侧的 按钮，从弹出的下拉列表中选择相应的类型，如“会计专用”，即可完成操作，如图 4.5.2 所示。

	A	B	C	D
1	序号	姓名	职位	月薪
2	1	张楠	销售	¥ 2,000.00
3	2	吴启明	经理	¥ 3,200.00
4	3	姚启明	会计	¥ 2,500.00
5	4	王圆圆	销售	¥ 2,000.00
6	5	杨阳	前台	¥ 1,500.00
7	6	刘刚强	销售	¥ 2,000.00

图 4.5.2　输入特殊类型数据

3. 填充数据

输入数据是一件烦琐且极需细心的工作，为了便于用户操作，Excel 2010 提供了填充相同数据和填充有规律的数据等功能来帮助用户快速完成工作。

（1）填充相同的数据。在第一个单元格中输入数据后，将鼠标光标移至该单元格右下角，当鼠标指针变成＋形状时，按下鼠标左键不放并拖动至最后一个单元格释放，即可将拖动区域中的单元格全部填充为相同的数据，如图 4.5.3 所示。

（2）填充有规律的数据。将鼠标光标移至要填充数据的单元格右下角，当鼠标指针变成＋形状时，按下鼠标左键不放并拖动至最后一个单元格释放，单击单元格右下角的 按钮，从弹出的下拉列表中选中 填充序列(S) 单选按钮，如图 4.5.4 所示。

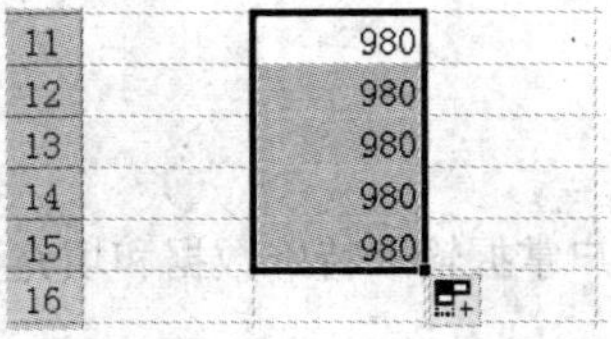

图 4.5.3　填充相同数据

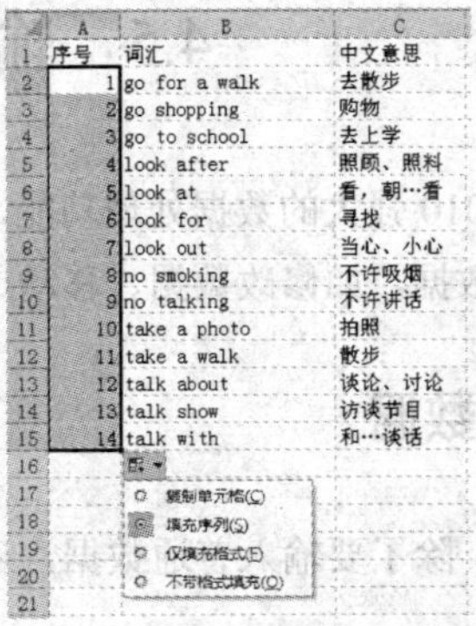

图 4.5.4　填充有规律的数据

4.5.2　编辑数据

编辑数据主要包括修改数据、复制和移动单元格数据、查找和替换数据等操作。

1. 修改数据

当输入的数据出现错误时，用户就需要对其进行修改。在工作表中修改数据的方法很简单，单击要修改的单元格，将鼠标定位在编辑栏，删除错误的内容，再输入正确的数据即可。

2．复制和移动单元格数据

复制数据就是将工作表中的一个单元格或单元格区域中的数据复制到另一个单元格或单元格区域中。数据复制到目标位置后，原来区域的数据仍然存在。如果目标区域已存在数据，系统直接将目标区域的数据覆盖。复制单元格数据可减少用户的键盘输入量，是提高表格制作效率的有效方法。复制单元格数据的操作步骤如下：

（1）选中要进行复制的单元格或单元格区域中的数据。

（2）在 开始 选项卡的“剪贴板”组中单击“复制”按钮。

（3）选中目标单元格或单元格区域，单击 粘贴 按钮，从弹出的下拉列表中选择一种粘贴方式，可完成数据的复制操作，如图 4.5.5 所示。

图 4.5.5　“粘贴”下拉列表

移动数据是将工作表中的一个单元格或单元格区域中的数据移动到另一个单元格或单元格区域中。数据移动到目标位置后，原来区域的数据将被清除。移动单元格数据的操作步骤如下：

（1）选中要进行移动的单元格或单元格区域中的数据。

（2）在 开始 选项卡的“剪贴板”组中单击“剪切”按钮。

（3）选中目标单元格或单元格区域，单击 粘贴 按钮，从弹出的下拉列表中选择一种粘贴方式，即可完成移动数据的操作。

3．查找和替换数据

当要查找或修改工作表中的某些数据时，可以使用“查找和替换”命令，具体操作步骤如下：

（1）在 开始 选项卡的“编辑”选项组中单击 查找和选择 按钮，在弹出的菜单中选择 查找(F)... 命令，弹出 查找和替换 对话框，如图 4.5.6 所示。

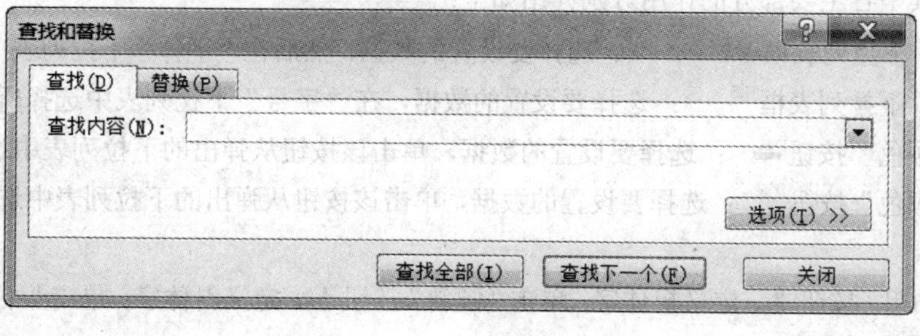

图 4.5.6　“查找和替换”对话框

（2）在“查找内容”下拉列表框中输入查找的内容，例如输入“散步”。

（3）单击 查找全部(I) 按钮可以查找该工作中符合要求的全部数据；单击 查找下一个(F) 按钮，可从当前单元格查找符合要求的下一个单元格，如图 4.5.7 所示。

如果用户要将查找到的内容用其他内容替换掉，打开 查找和替换 对话框中的 替换(P) 选项卡，在“查找内容”下拉列表框中输入查找的内容，在“替换为”下拉列表框中输入要替换的内容，单击 全部替换(A) 按钮，在打开提示框中可以查看替换的详情，单击 确定 按钮完成替换操作，如图 4.5.8 所示。

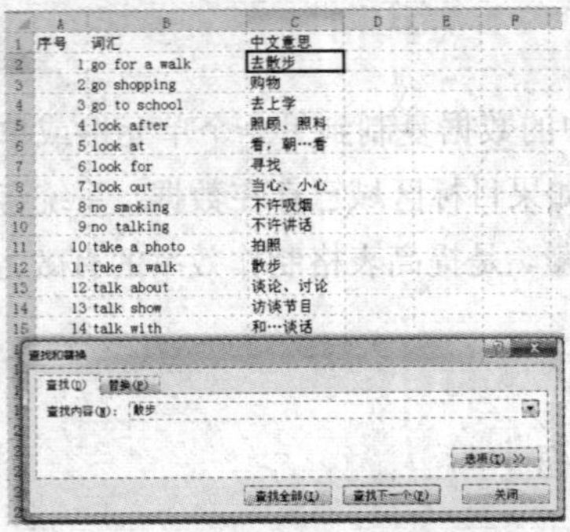

图 4.5.7　查找数据

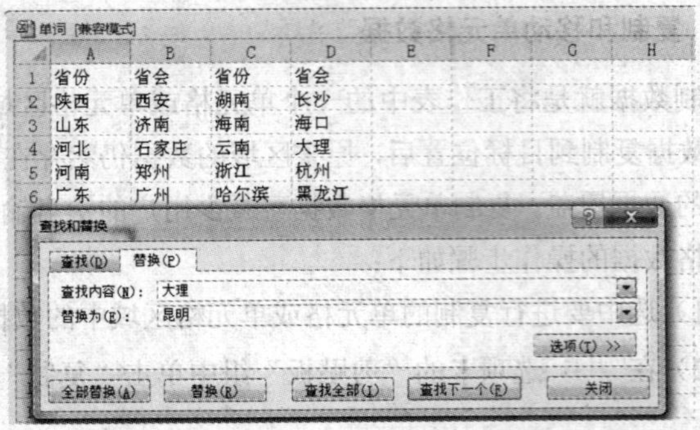

图 4.5.8　替换数据

4.6 美化 Excel 表格

编辑完工作表后，为了让工作表更加美观，就需要对工作表进行格式化。格式设置一般包括字符格式、数字格式、边框底纹、对齐方式等。

4.6.1　设置字符格式

在 Excel 工作表中，可以通过“开始”选项卡的“字体”组对数据的字体样式进行设置，如设置字号、字体、颜色等，让内容的层次更加分明，表格更加美观大方，如图 4.6.1 所示。

图 4.6.1　“字体”组

下面将其中各主要部分的作用分别介绍如下：

“字体”下拉列表框宋体：选择要设置的数据，然后在“字体”下拉列表中选择所需字体。

“字号”下拉列表框9.5：选择要设置的数据，在“字号”下拉列表中选择所需字体的大小。

“字体颜色”按钮：选择要设置的数据，单击该按钮从弹出的下拉列表中选择字体的颜色。

“填充颜色”按钮：选择要设置的数据，单击该按钮从弹出的下拉列表中选择单元格的背景颜色。

单击“加粗”按钮 B，定义粗体字；单击“倾斜”按钮 I，定义斜体字；单击“下画线”按钮 U，可在数据下添加下画线。

4.6.2　设置数字格式

设置数字格式是指设置日期、时间、货币等各种数据在工作表中的显示方式，这里以设置小数位数为例，讲解设置数字格式的方法。具体操作步骤如下：

（1）选定需要设置相同数字格式的单元格或单元格区域。

（2）在 开始 选项卡中的“单元格”选区中单击 格式 按钮，在弹出的下拉菜单中选择 设置单元格格式(E)... 命令，弹出 设置单元格格式 对话框。

（3）在 数字 选项卡的“分类”列表中选择“数值”选项，然后在“小数位数”微调框中设置需要的小数位数，如图 4.6.2 所示。

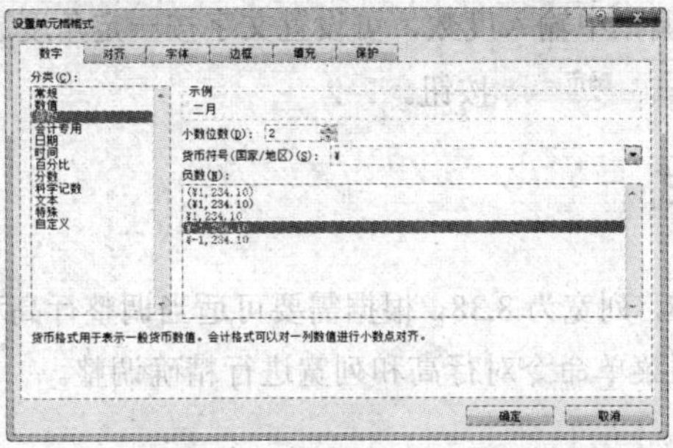

图 4.6.2　“数字”选项卡

提示：若需要在数字中使用千位分隔符号，则选中☑使用千位分隔符(,)(U) 复选框即可。

4.6.3　设置数据的对齐方式

为了版面的美观，需要统一某些单元格区域中文字的对齐方式。设置文本的对齐方式可使用“对齐方式”选项组和“设置单元格格式”对话框。

1. 使用“对齐方式”选项组

使用“对齐方式”选项组设置单元格文本对齐方式的具体步骤如下：

（1）选择需要设置对齐方式的单元格或单元格区域。

（2）在“对齐方式”选项组中单击相应的按钮可设置对齐方式，如图 4.6.3 所示。

如果需要在单元格中换行，可单击“自动换行”按钮，使单元格中不能完全显示的内容通过多行显示出来，也可按组合键“Alt+Enter”。

2. 使用“设置单元格格式”对话框

使用“设置单元格格式”对话框设置文本方式的具体步骤如下：

（1）选择需要设置对齐方式的单元格或单元格区域。

（2）单击“字体”选项组中的按钮，弹出 设置单元格格式 对话框，打开 对齐 选项卡，如图 4.6.4 所示。

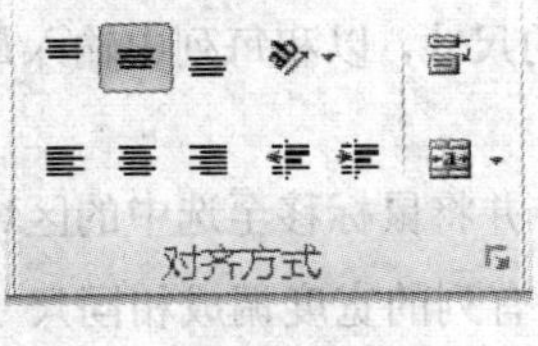

图 4.6.3　“对齐方式”选项组

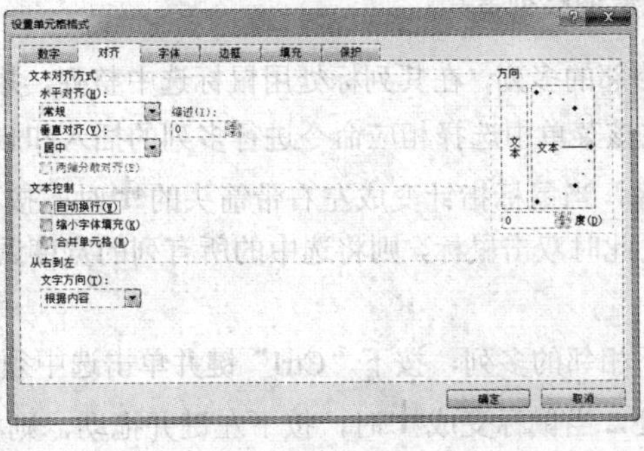

图 4.6.4　“对齐”选项卡

（3）在“文本对齐方式”栏中，可设置文本在水平和垂直方向的对齐方式。

（4）在“文本控制”栏中，选中☑自动换行(W)复选框可设置单元格中的文本自动换行；选中☑合并单元格(M)复选框可将单元格合并。

（5）在“方向”栏的微调框中输入度数，可设置文字按一定角度旋转。

（6）设置完成后，单击 确定 按钮。

4.6.4　设置行列格式

工作表默认的行高为 13.5，列宽为 8.38，根据需要可适当调整行高和列宽，用户可以使用鼠标直接在工作表中调整，也可利用菜单命令对行高和列宽进行精确调整。

1．使用鼠标调整

使用鼠标调整行高和列宽的具体操作步骤如下：

（1）将鼠标移动到要调整的行标题和列标题边界线上。

（2）当鼠标指针变为✛形状时，按住鼠标左键并拖动到合适的位置。在拖动鼠标过程中，显示当前列或行的尺寸，调整好后释放鼠标即可。

2．使用菜单命令调整

使用鼠标只能粗略地调整行高和列宽，如果要精确调整，就需要使用菜单命令进行调整，具体操作步骤如下：

（1）选择要调整的行或列。如果要调整单一的行或列，只须选中该行或该列中任意一个单元格即可。

（2）在 开始 选项卡中的“单元格”选项组中单击 格式 按钮，弹出其下拉菜单。

（3）选择 行高(H)... 命令，弹出 行高 对话框，用户可以在“行高”文本框中输入数值，如图 4.6.5 所示。

（4）选择 列宽(W)... 命令，弹出 列宽 对话框，用户可以在“列宽”文本框中输入数值，如图 4.6.6 所示。

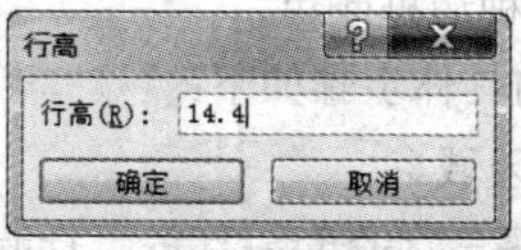

图 4.6.5　“行高”对话框

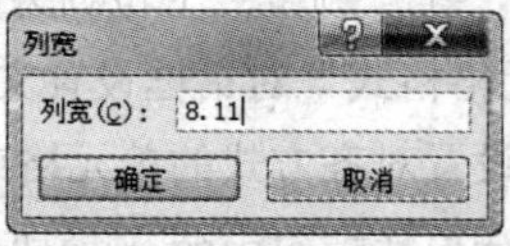

图 4.6.6　“列宽”对话框

3．批量调整列宽

对于相邻的多列，在其列标处用鼠标选中整列，并将鼠标指针移至选中区域内，单击右键弹出快捷菜单，在该菜单中选择相应命令进行多列的插入和删除操作；将鼠标指针移至选中区域内任何一列的列标边缘，当鼠标指针变成左右带箭头的✛时，按下左键并拖动，则将选中所有列的宽度调成相同的尺寸，此时双击鼠标，则将选中的所有列的宽度调成最合适的尺寸，以和每列中输入最多的单元格相匹配。

对于不相邻的多列，按下“Ctrl”键并单击选中须调整的列，并将鼠标移至选中的区域内任何一列的列标处，当鼠标变成✛时，按下左键并拖动，则将选中的所有列的宽度调成相同尺寸，而此时双击鼠标，则将选中的所有列的宽度调成最合适的尺寸。

以上介绍的都是列的操作，行的操作与上述操作基本相同。

4. 隐藏行或列

要快速隐藏活动单元格所在的行，可以按快捷键“Ctrl+9”（不是小键盘上的数字键，下同）；要隐藏活动单元格所在列，可以按快捷键“Ctrl+0”。

隐藏或显示行或列时，先选中需要隐藏的工作表的行或列，在“开始”选项卡的“单元格”选项组中单击 格式 按钮，在弹出的下拉列表中选择 隐藏和取消隐藏(U) 选项，即可隐藏或显示行或列。

4.6.5 添加边框和底纹

实际上在Excel工作区中的单元格与单元格之间并没有分隔线，为使制作的工作表能够清晰明了，一般需要设置单元格的边框。具体操作步骤如下：

（1）选中需要添加边框的单元格或单元格区域。

（2）在 开始 选项卡中的“单元格”选区中单击 格式 按钮，在弹出的下拉菜单中选择 设置单元格格式(E)... 命令，弹出 设置单元格格式 对话框，选择 边框 选项卡，如图 4.6.7 所示。

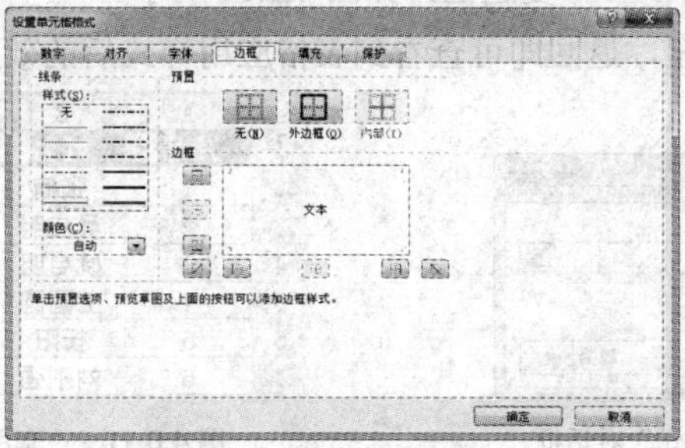

图 4.6.7 “边框”选项卡

（3）在“预置”选区中选择相应的选项，设置单元格的内边框和外边框；在“边框”选区中选择相应的单元格应用边框，也可以在“边框”选区的预览框内需要添加边框处单击鼠标；在“线条”选区中选择一种边框；在“颜色”下拉列表中选择一种边框颜色。

（4）单击 确定 按钮返回工作表，即可查看设置后的边框效果，如图 4.6.8 所示。

	A	B	C	D	E	F	G	H	I
1	商场销售统计表								
2								单位：万元	
3		1月	2月	3月	4月	5月	6月	合计	平均值
4	食品	23	28	35	27	19	26	158	26.33
5	鞋类	56	58	65	53	48	48	328	54.67
6	家具	85	92	102	99	79	83	540	90.00
7	服装	102	150	98	92	85	84	611	101.83
8	办公文品	185	178	170	183	192	190	1098	183.00
9	厨卫用品	218	269	195	203	194	185	1264	210.67
10	数码产品	205	215	234	228	237	239	1358	226.33
11	珠宝饰品	308	325	280	265	281	279	1738	289.67

图 4.6.8 设置边框效果

如果要为单元格区域添加底纹，可单击 填充 选项卡。在“背景色”列表框中选择一种颜色作为工作表底纹，也可在“图案颜色”下拉列表中选择一种图案作为底纹。

4.6.6 套用表格样式

Excel 2010 提供了多种表格样式，使用这些样式可以快速地为满足条件的单元格设置样式。使用自动套用格式的具体操作步骤如下：

（1）打开要应用表格样式的工作表，用鼠标选中应用表格样式的单元格区域。

（2）打开 开始 选项卡，单击“样式”组中的 套用表格格式 按钮，弹出其下拉列表，如图 4.6.9 所示。

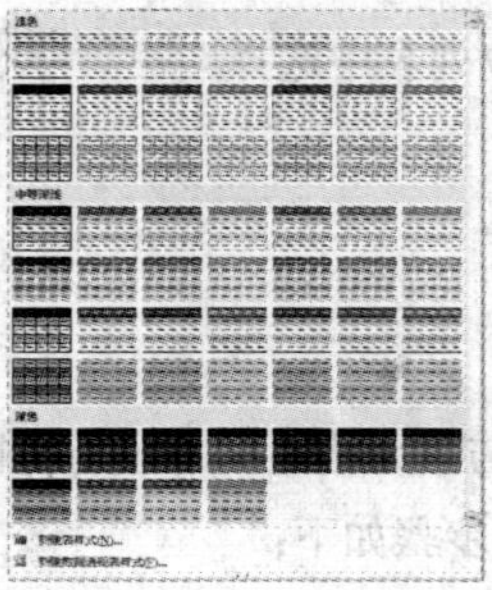

图 4.6.9　“套用表格样式”下拉列表

（3）在该列表中选择“表样式浅色 9”，打开 套用表格式 对话框，系统默认“表数据的来源”下拉列表中设置，并选中 ☑表包含标题(M) 复选框，如图 4.6.10 所示。

（4）单击 确定 按钮，返回即可查看到表格应用样式后的效果，如图 4.6.11 所示。

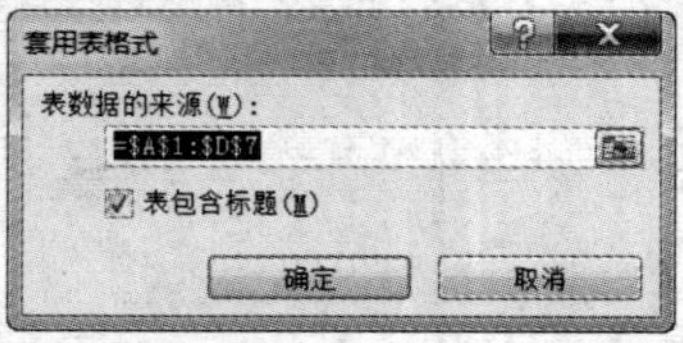

图 4.6.10　“套用表格式”对话框

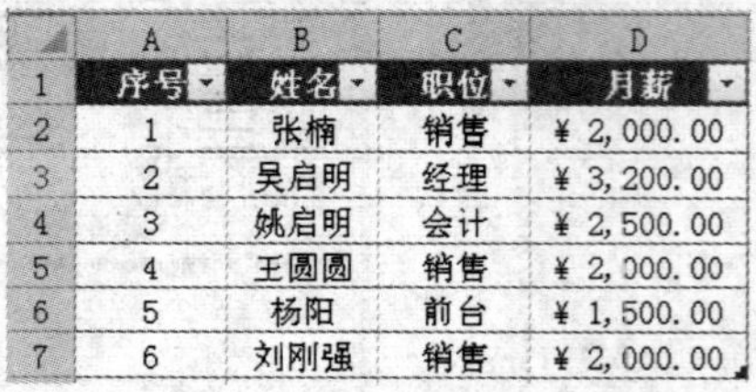

	A	B	C	D
1	序号	姓名	职位	月薪
2	1	张楠	销售	¥ 2, 000. 00
3	2	吴启明	经理	¥ 3, 200. 00
4	3	姚启明	会计	¥ 2, 500. 00
5	4	王圆圆	销售	¥ 2, 000. 00
6	5	杨阳	前台	¥ 1, 500. 00
7	6	刘刚强	销售	¥ 2, 000. 00

图 4.6.11　“套用表格格式”效果

4.7　公式和函数

分析和处理 Excel 工作表中的数据离不开公式和函数。公式是工作表中对数据进行分析和运算的等式，是工作表的数据计算中不可缺少的部分。函数是 Excel 提供的一些特殊的内置公式，可以进行数学运算和逻辑运算等。与直接使用公式进行计算相比较，使用函数进行计算的速度更快，并且可以减少错误的发生。

4.7.1　创建公式

1．使用键盘

使用键盘创建公式的具体操作步骤如下：

（1）选中要添加公式的单元格。

（2）因为所有公式都是以等号开始的，所以首先在编辑栏中输入等号“=”，然后输入计算表达式。如果使用的是“函数向导”向单元格输入公式，Excel 会自动在公式前面插入等号。

（3）单击编辑栏中的“输入”按钮 ✓ 或按“Enter”键完成公式的输入，计算结果显示在选中的单元格中，如图 4.7.1 所示。

2. 使用“公式”选项卡

除了在编辑栏或单元格内手动输入公式之外，如果在公式中要用到 Excel 提供的函数，更方便的方法是使用“插入函数”。如果创建含有函数的公式，那么“公式”选项卡有助于输入工作表函数和公式。“公式”选项卡如图 4.7.2 所示。

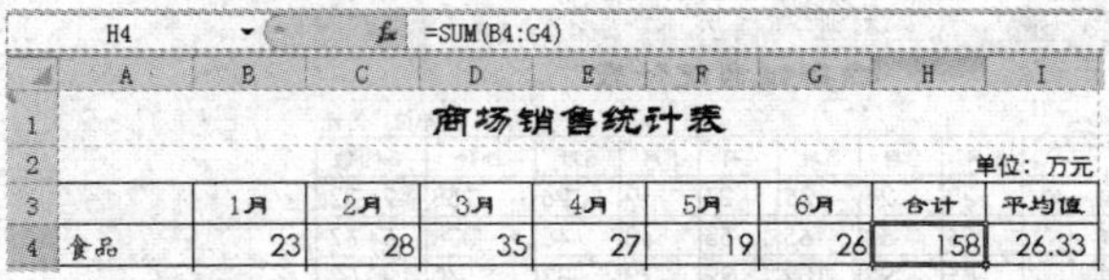

	A	B	C	D	E	F	G	H	I
1	商场销售统计表								
2									单位：万元
3		1月	2月	3月	4月	5月	6月	合计	平均值
4	食品	23	28	35	27	19	26	158	26.33

图 4.7.1　使用键盘创建公式

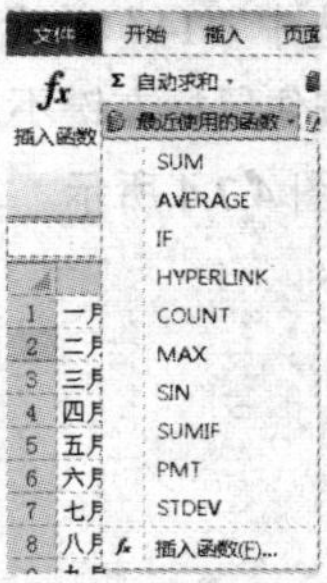

图 4.7.2　“公式”选项卡

4.7.2　编辑公式

编辑公式包括修改公式、复制公式和移动公式等操作。

1. 修改公式

如果发现某处的公式有错误，就必须对该公式进行修改，其实公式的修改非常简单。修改公式的具体操作步骤如下：

（1）单击包含要修改公式的单元格。

（2）在编辑栏中对公式进行修改，如果要修改公式中的函数，则更换或修改函数的参数。

（3）单击编辑栏中的“输入”按钮✔或按“Enter”键完成修改。

2. 复制公式

在 Excel 中编辑好一个公式后，如果在其他单元格中需要编辑的公式与此单元格中编辑的公式相同，可以复制公式。在复制公式时，单元格中的绝对引用不会改变，而相对引用则会改变。例如将“H4”单元格的公式复制到“H5”单元格，具体操作步骤如下：

（1）选中“H4”单元格，单击鼠标右键，在弹出的快捷菜单中选择 复制(C) 命令。

（2）单击“H5”单元格，单击 粘贴 按钮，复制公式的结果如图 4.7.3 所示。

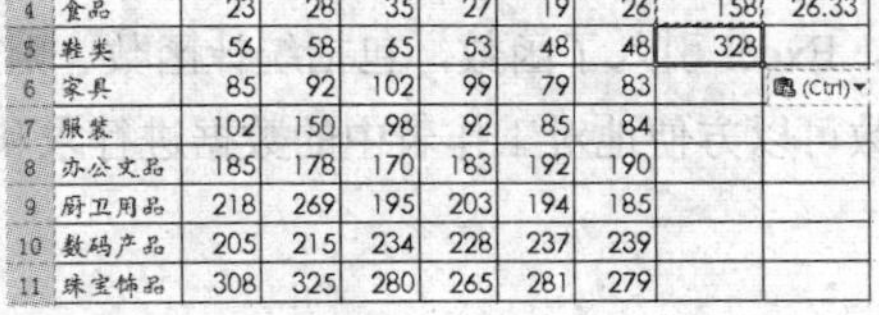

	A	B	C	D	E	F	G	H	I
1	商场销售统计表								
2									单位：万元
3		1月	2月	3月	4月	5月	6月	合计	平均值
4	食品	23	28	35	27	19	26	158	26.33
5	鞋类	56	58	65	53	48	48	328	
6	家具	85	92	102	99	79	83		(Ctrl)
7	服装	102	150	98	92	85	84		
8	办公文品	185	178	170	183	192	190		
9	厨卫用品	218	269	195	203	194	185		
10	数码产品	205	215	234	228	237	239		
11	珠宝饰品	308	325	280	265	281	279		

图 4.7.3　复制公式

在图中可以看到，在复制带有公式的单元格时，只是将单元格的公式进行复制和粘贴，而不是复制和粘贴单元格的结果，即不复制单元格中的数值。

3. 移动公式

创建公式后，还可以将其移动到其他单元格中。移动公式后，改变公式中元素的大小，此单元格的内容也会随着元素的改变而改变。在移动公式时，单元格中的绝对引用不会改变，而相对引用则会改变。移动公式的具体操作步骤如下：

（1）选中“I4”单元格，将鼠标指针移动到“I4”单元格边框上，此时指针变为+形状。

（2）按住鼠标左键不放，拖动鼠标到“I11”单元格，释放鼠标左键，将公式移动到了“I11”单元格，如图 4.7.4 所示。

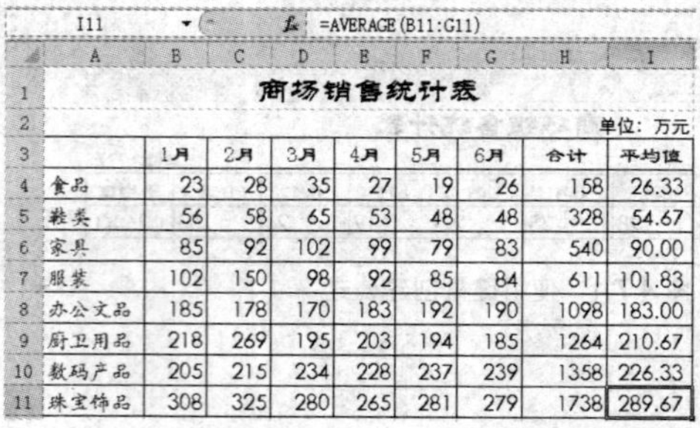

	A	B	C	D	E	F	G	H	I
1	商场销售统计表								
2									单位：万元
3		1月	2月	3月	4月	5月	6月	合计	平均值
4	食品	23	28	35	27	19	26	158	26.33
5	鞋类	56	58	65	53	48	48	328	54.67
6	家具	85	92	102	99	79	83	540	90.00
7	服装	102	150	98	92	85	84	611	101.83
8	办公文品	185	178	170	183	192	190	1098	183.00
9	厨卫用品	218	269	195	203	194	185	1264	210.67
10	数码产品	205	215	234	228	237	239	1358	226.33
11	珠宝饰品	308	325	280	265	281	279	1738	289.67

图 4.7.4　移动公式

4.7.3　相对引用和绝对引用

使用公式时经常会引用单元格，而 Excel 中的引用分为相对引用、绝对引用和混合引用，因此必须理解相对引用和绝对引用的含义。

（1）相对引用。在默认情况下填充复制公式时，公式中的引用会随存放计算结果的单元格位置的不同而相应改变，但引用的单元格与包含公式的单元格的相对位置不变，这就是相对引用。

（2）绝对引用。将公式复制到新位置时，公式中的单元格地址始终保持固定不变，结果与包含公式的单元格位置无关，这即是绝对引用。在相对引用的单元格的列标和行号之前分别添加$符号便可成为绝对引用，如“=$C$3+$G$3”。

（3）混合引用。在同一个公式中可以对部分单元格采用相对引用，对另一部分采用绝对引用，这就是混合引用。

如果要将公式中的相对引用更改为绝对引用，可以直接修改。对于手动输入的公式，可以选中要改变引用方式的单元格地址，然后按“F4”键进行改变，按“F4”键可以依次在相对引用、绝对引用、仅对行号使用绝对引用、仅对列标使用绝对引用之间进行切换。

4.7.4　使用函数

为了使数据计算更为简便，Excel 引入了函数，包括统计函数、财务函数、数学与三角函数、逻辑函数和信息函数等。使用函数可以方便地对工作表中的数据进行求和、求平均值等的计算，从而提高工作效率。

1. 认识常用函数

函数实际上就是系统预先定义好的公式，它由等号、函数和参数三部分组成。函数及其参数可以手动输入，以下列出了几种常用函数的作用。

（1）SUM 函数。用于计算单元格区域中所有数值的和。其参数可以是数值常量，如 SUM(5,4)表示计算 5+4 的和，也可以是单元格的引用或单元格区域的引用，如 SUM(A2,B3)表示将计算 A2 和 B3 单元格中数值的和，而 SUM(A6:E7)表示求 A6:E7 单元格区域内各单元格中数值的和。它常用于“销售表”“收支表”“成绩表”等计算。

（2）AVERAGE 函数。用于计算参数中所有数值的平均值，它常用于“销售表”“收支表”等计算。

（3）MAX 函数。当要对多个单元格的数据进行比较，显示其最大值所在的单元格时，可以选择该函数，它常用于“成绩表”“销售表”等计算。

（4）MIN 函数。当要对多个单元格的数据进行比较，显示其最小值所在的单元格时，可以选择该函数，它常用于“成绩表”“销售表”等计算。

（5）条件函数 IF。当要对多个单元格中的数值进行筛选操作时，可以通过该函数求得符合要求的单元格运算结果，它常用于“考核表”“统计表”等计算。

函数由函数名和参数组成，具体格式如下：

函数名（参数 1，参数 2，……），其中，函数的参数可以是表达式、单元格地址、区域、区域名称等。如果函数没有参数，也必须加上括号。

2．插入函数

在使用函数时，对于简单的函数可以采用手动输入；对于较复杂的函数，为了避免在输入过程中产生错误，可以通过向导来插入。

下面在“家庭收支管理”工作簿中输入函数完成计算，具体操作步骤如下：

（1）打开“期中考试成绩.xlsx”，选择要输入函数的单元格，这里选择 H3 单元格，在编辑栏中单击“插入函数”按钮 fx。

（2）弹出 插入函数 对话框，在“或选择类别”下拉列表中选择所需函数类型，在“选择函数”列表框中可以选择所需的函数，如“SUM”求和函数，如图 4.7.5 所示。

（3）单击 确定 按钮，弹出 函数参数 对话框，在“Number1”文本框中输入要进行计算的参数，这里输入“C3:G3”，如图 4.7.6 所示。

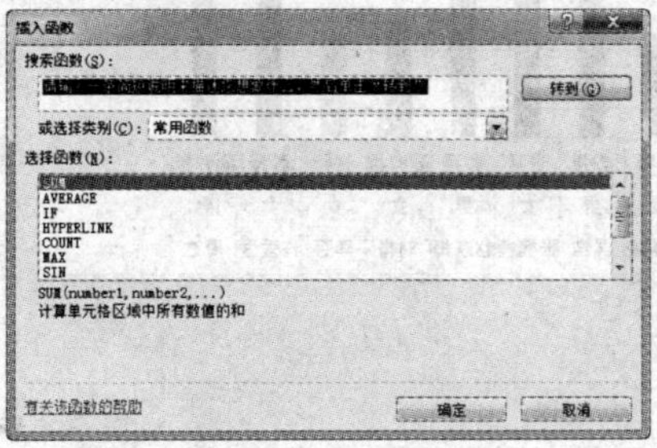

图 4.7.5　“插入函数”对话框

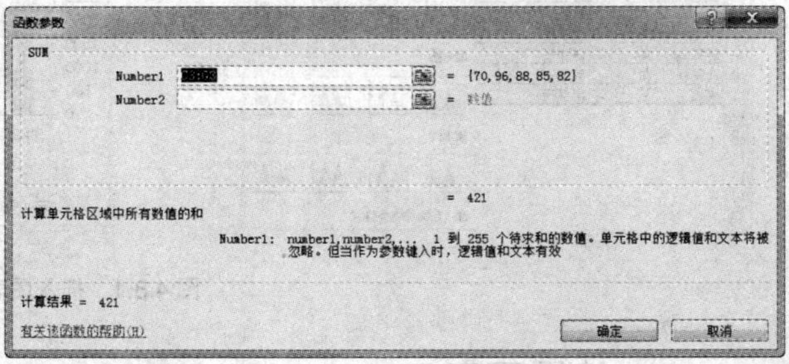

图 4.7.6　“函数参数”对话框

提示： 单击“Number1”文本框右侧的按钮，折叠 函数参数 对话框后，用鼠标在表格中选择需要使用函数的单元格区域。

（4）单击 确定 按钮返回工作表，在 H3 单元格即可看到运用函数计算出的结果，如图 4.7.7 所示。

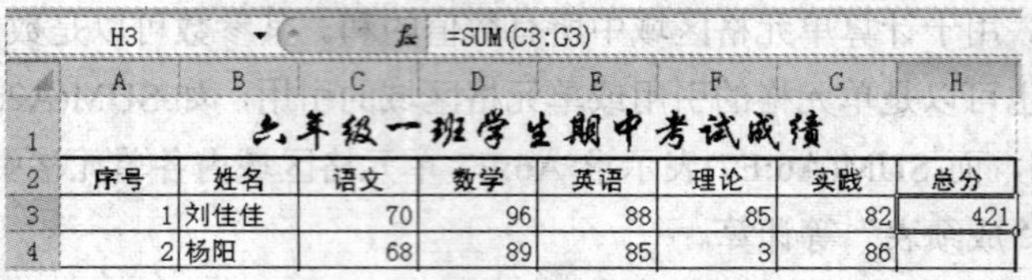

	A	B	C	D	E	F	G	H
1	六年级一班学生期中考试成绩							
2	序号	姓名	语文	数学	英语	理论	实践	总分
3	1	刘佳佳	70	96	88	85	82	421
4	2	杨阳	68	89	85	3	86	

图 4.7.7　函数计算结果

4.8　图　表

图表可以将 Excel 表格中的数据以柱形图、饼图、散点图等形式生动地表现出来，便于用户对数据进行更加直观的分析，而且图表与生成它们的工作表数据相链接，当更改数据时，图表中的相关内容会自动更新。

4.8.1　创建图表

Excel 2010 提供了图表向导功能，利用它可以快速、方便地创建一个标准类型或自定义类型的图表。插入图表的方法很简单，具体操作如下：

（1）选中要创建数据图表的数据区域。

（2）在 插入 选项卡中的“图表”选项组中单击要插入的图表样式按钮，如“柱形图”，从弹出的下拉列表中选择合适的样式选项，如“簇状柱形图”，如图 4.8.1 所示。

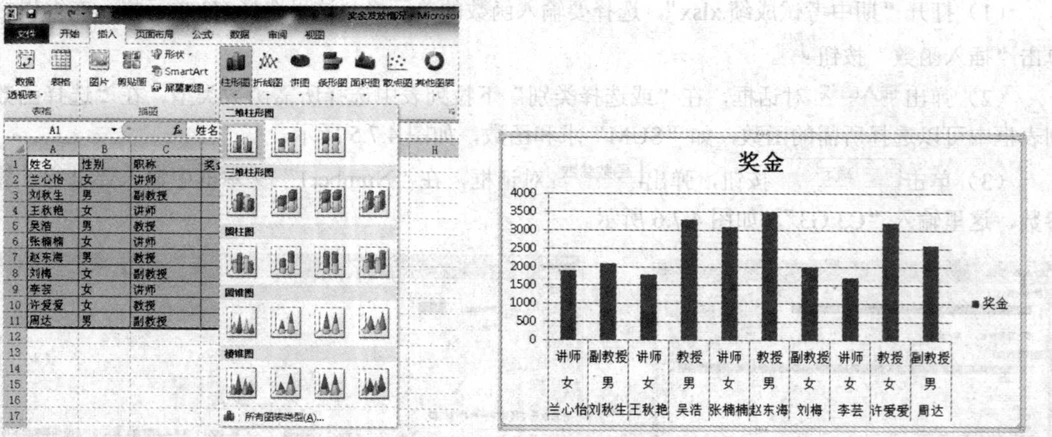

图 4.8.1　插入图表

4.8.2　编辑图表

与在文档中插入图片一样，对于工作表中插入的图表，用户同样需要编辑才能使其符合要求，美观大方。下面就以“奖金发放情况”表为例，编辑图表的具体操作步骤如下：

（1）选中已插入的图表，在 设计 选项卡的“类型”组中单击 更改图表类型 按钮，弹出 更改图表类型 对话框，如图 4.8.2 所示。

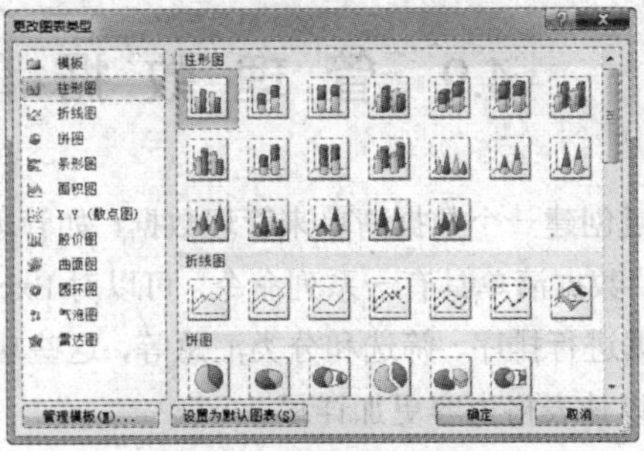

图 4.8.2　“更改图形样式”对话框

（2）在左侧的列表框中选择要更改的图表样式，这里选择“条形图”，在右侧的列表框中选择“簇状条形图”选项。

（3）单击 确定 按钮返回工作表，即可查看更改样式后的图表，如图 4.8.3 所示。

（4）将鼠标光标移至图表的空白处，当其变为✥形状时拖动鼠标至工作表空白处释放，即可完成图形的移动。

（5）选中插入的图表，将鼠标移至图表四周的控制点上，即可拖动调整图表的大小。

（6）选择图表的图例区，即最右边的内容，单击鼠标右键，从弹出的快捷菜单中选择 设置图例格式(F)... 命令，弹出 设置图例格式 对话框，默认打开 图例选项 选项卡，如图 4.8.4 所示。

（7）在“图例位置”栏中单击 ◉ 底部(B) 单选按钮，单击 关闭 按钮返回工作表。

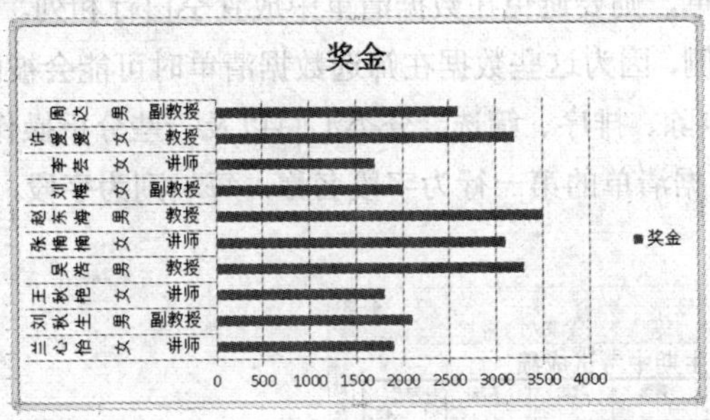

图 4.8.3　更改图表样式效果

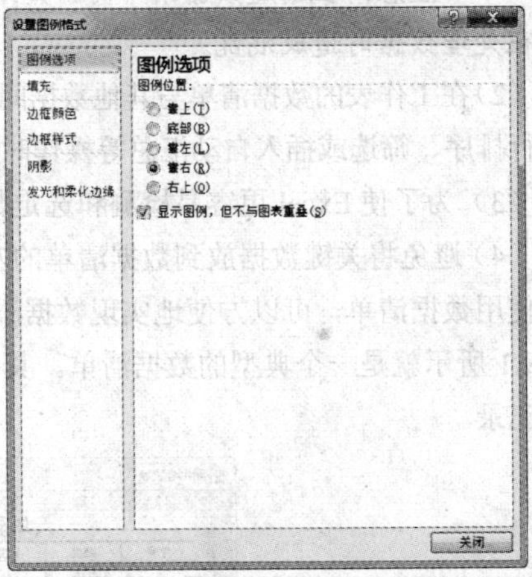

图 4.8.4　“设置图例格式”对话框

（8）将光标置于图表标题框中，将标题修改为“奖金发放情况”，如图 4.8.5 所示。

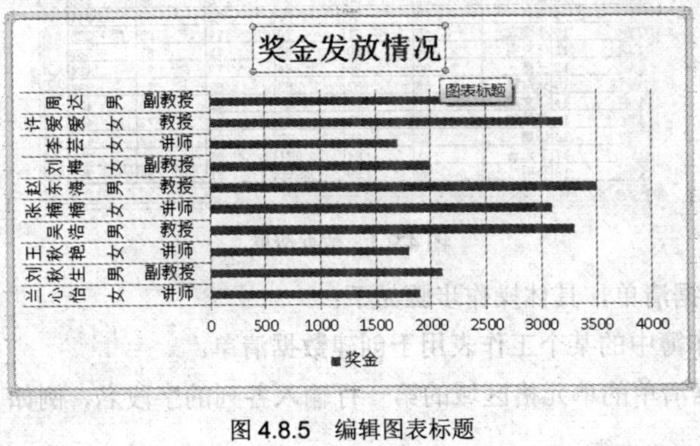

图 4.8.5　编辑图表标题

4.9 管 理 数 据

在 Excel 2010 中，可以通过创建一个数据清单来管理数据，如管理电话号码清单、客户清单、成绩表、工资清单及业务清单等。数据清单具有一系列命令，可以对 Excel 2010 表格中的数据进行管理和分析，例如对工作表中的数据进行排序、筛选和分类汇总等，这些功能不仅可以提高用户对数据进行运算比较的工作效率，还可以使表格内容更加详尽。

4.9.1 建立数据清单

所谓数据清单，就是包含有关数据的一系列工作表数据行。它具备数据库的多种管理功能，是 Excel 中常用的工具。数据清单中的行相当于数据库中的记录，行标题相当于记录名。数据清单中的列相当于数据库中的字段，列标题相当于数据库中的字段名称。

在工作表中创建数据清单时，应遵循以下原则：

（1）要避免在一个工作表中建立多个数据清单，因为数据清单的某些处理功能（如筛选等）一次只能在同一工作表的一个数据清单中使用。

注意： 在创建数据清单时，如果必须在一张工作表中建立多个数据清单，则应划分清楚，以免在处理数据时造成混乱。

（2）在工作表的数据清单与其他数据间至少留出一个空白列和一个空白行，这将有利于 Excel 2010 在执行排序、筛选或插入自动汇总等操作时检测和选定数据清单。

（3）为了使 Excel 更容易检测和选定数据清单，则要避免在数据清单中放置空白行和列。

（4）避免将关键数据放到数据清单的左右两侧，因为这些数据在筛选数据清单时可能会被隐藏。

使用数据清单，可以方便地实现数据添加、删除、排序、筛选、分类汇总以及一些分析操作，如图 4.9.1 所示就是一个典型的数据清单。其中，数据清单的第一行为字段名称，每一列为字段，每一行为记录。

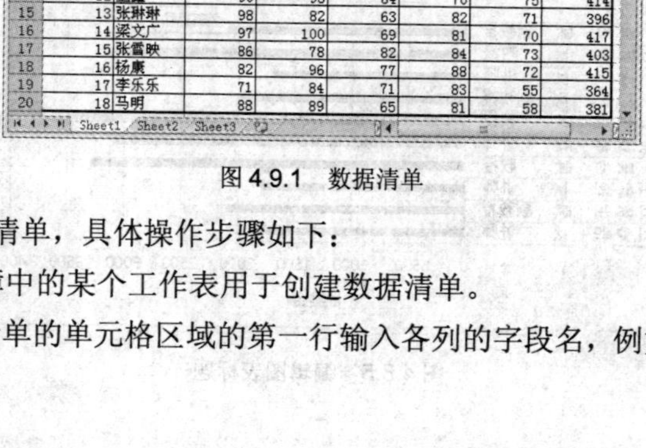

序号	姓名	语文	数学	英语	理论	实践	总分
1	刘佳佳	70	96	88	85	82	421
2	杨阳	68	89	85	3	86	331
3	刘艳丽	85	92	58	83	85	403
4	吴格格	81	93	66	78	78	396
5	刘佳玲	75	78	76	79	79	387
6	张格格	70	67	85	90	76	388
7	王明军	69	89	84	78	72	392
8	翟燕	52	66	83	76	86	363
9	张民	63	57	81	72	68	341
10	李鹏成	55	71	70	74	65	335
11	陈晓明	59	90	82	71	67	369
12	王鑫	90	95	84	70	75	414
13	张琳琳	98	82	63	82	71	396
14	梁文广	97	100	69	81	70	417
15	张雪映	86	78	82	84	73	403
16	杨康	82	96	77	88	72	415
17	李乐乐	71	84	71	83	55	364
18	马明	88	89	65	81	58	381

图 4.9.1 数据清单

在工作表中创建数据清单，具体操作步骤如下：

（1）选定当前工作簿中的某个工作表用于创建数据清单。

（2）在要创建数据清单的单元格区域的第一行输入各列的字段名，例如“姓名”“语文”“数学”“英语”等。

（3）在各列字段下方的单元格区域中输入数据内容，例如学生姓名、语文、数学和英语成绩等。

（4）设置表格边框、字体格式等，然后保存数据清单。

4.9.2　数据排序

数据排序就是按一定的规则对数据进行整理，Excel 2010 提供了多种排序方法，可以按常规的升序或降序排序，也可以自定义排序。

1. 常规排序

按常规排序可以将数据清单中的列标记作为关键字进行排序，具体操作步骤如下：

（1）选中要进行排序的列中的任意一个单元格，打开 开始 选项卡，单击“编辑”选项组中的“排序和筛选”按钮。

（2）在弹出的菜单中选择 升序(S) 或 降序(O) 命令，可将该列自动按升序或降序进行排序。

2. 自定义排序

在 Excel 中，用户还可以按自己定义的顺序进行排序。Excel 2010 提供内置的星期、日期和年月自定义序列，用户还可以创建自己的自定义序列。

（1）选择要排序的单元格区域。

（2）在 数据 选项卡的“排序和筛选”组中单击 排序 按钮，弹出 排序 对话框，如图 4.9.2 所示。

（3）在“主要关键字”下拉列表中选择排序的条件，即排序的标准，这里选择“总分”；在“次序”下拉列表框中选择排序的方式，在此选择“降序”。

（4）设置完成后，单击 确定 按钮，完成自定义排序，如图 4.9.3 所示。

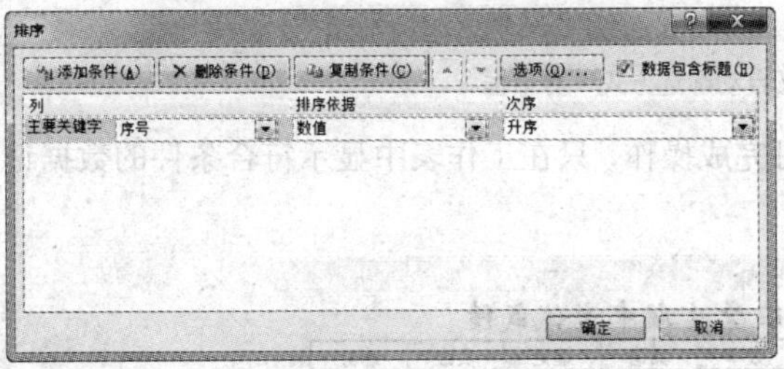

图 4.9.2　“排序”对话框

六年级一班学生期中考试成绩

序号	姓名	语文	数学	英语	理论	实践	总分
1	刘佳佳	70	96	88	85	82	421
14	梁文广	97	100	69	81	70	417
16	杨康	82	96	77	88	72	415
12	王鑫	90	95	84	70	75	414
3	刘艳丽	85	92	58	83	85	403
15	张雪映	86	78	82	84	73	403
4	吴格格	81	93	66	78	78	396
13	张琳琳	98	82	63	82	71	396
7	王明军	69	89	84	78	72	392
6	张格格	70	67	85	90	76	388
5	刘佳玲	75	78	76	79	79	387
18	马明	88	89	65	81	58	381
11	陈晓明	59	90	82	71	67	369
17	李乐乐	71	84	71	83	55	364
8	翟燕	52	66	83	76	86	363
9	张民	63	57	81	72	68	341
10	李鹏成	55	71	70	74	65	335
2	杨阳	68	89	85	3	86	331

图 4.9.3　排序结果

4.9.3　数据筛选

筛选数据可显示满足指定条件的行，并隐藏不希望显示的行。筛选数据之后，对于筛选过的数据子集，不用重新排列或移动就可以复制、查找、编辑、设置格式、制作图表或打印。Excel 2010 提供了两种筛选数据的方法，即自动筛选和高级筛选。使用自动筛选可以创建按列表值、格式和条件筛选 3 种类型。

1. 自动筛选

自动筛选是一种简单而又快速的筛选方法。自动筛选的具体操作步骤如下：

（1）选中要筛选的数据清单中的任意一个单元格，打开 数据 选项卡，在"排序和筛选"选项组中单击 筛选 按钮，即可看到每列右侧有一个下三角按钮▼，如图 4.9.4 所示。

（2）单击要作为筛选依据列右侧的▼按钮，在弹出的下拉列表中的筛选器（数据列不同，选项也不同）中选中要显示的项目前面的复选框，再单击 确定 按钮即可只显示符合条件的数据记录，或者选择 数字筛选(F) 命令，在弹出的快捷菜单中选择相应命令，如图 4.9.5 所示，选择 D 列为筛选依据列。

六年级一班学生期中考试成绩

序号	姓名	语文	数学	英语	理论	实践	总分
1	刘佳佳	70	96	88	85	82	421
14	梁文广	97	100	69	81	70	417
16	杨康	82	96	77	88	72	415
12	王鑫	90	95	84	70	75	414
3	刘艳丽	85	92	58	83	85	403
15	张雪映	86	78	82	84	73	403
4	吴格格	81	93	66	78	78	396
13	张琳琳	98	82	63	82	71	396
7	王明军	69	89	84	78	72	392
6	张格格	70	67	85	90	76	388
5	刘佳玲	75	78	76	79	79	387
18	马明	88	89	65	81	58	381
11	陈晓明	59	90	82	71	67	369
17	李乐乐	71	84	71	83	55	364
8	翟燕	52	66	83	76	86	363
9	张民	63	57	81	72	68	341
10	李鹏成	55	71	70	74	65	335
2	杨阳	68	89	85	3	86	331

图 4.9.4　显示下拉列表框

图 4.9.5　选择命令

（3）如果在筛选器中选择 自定义筛选(F)... 命令，弹出 **自定义自动筛选方式** 对话框，在对话框中设置更多的筛选条件，如图 4.9.6 所示。

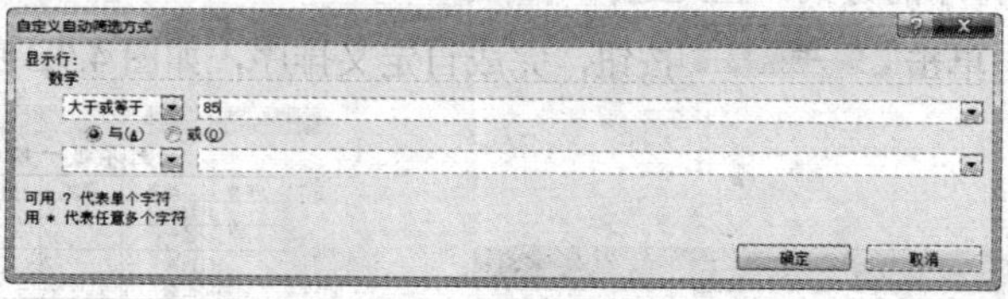

图 4.9.6　"自定义自动筛选方式"对话框

（4）设置完毕后，单击 确定 按钮即可完成操作，只在工作表中显示符合条件的数据记录，如图 4.9.7 所示。

六年级一班学生期中考试成绩

序号	姓名	语文	数学	英语	理论	实践	总分
1	刘佳佳	70	96	88	85	82	421
14	梁文广	97	100	69	81	70	417
16	杨康	82	96	77	88	72	415
12	王鑫	90	95	84	70	75	414
3	刘艳丽	85	92	58	83	85	403
4	吴格格	81	93	66	78	78	396
7	王明军	69	89	84	78	72	392
18	马明	88	89	65	81	58	381
11	陈晓明	59	90	82	71	67	369
2	杨阳	68	89	85	3	86	331

图 4.9.7　筛选结果

如果要取消对某列的筛选，单击该列中的"筛选"按钮，在弹出的菜单中选择 从"数学"中清除筛选(C) 命令，或者单击"排序和筛选"选项组中的 清除 按钮即可。

2. 高级筛选

如果要通过复杂的条件来筛选单元格区域，就要使用高级筛选命令。高级筛选的具体操作步骤如下：

（1）在可用做条件区域的区域上方或下方插入空白行，条件区域必须具有列标签，确保在条件值与区域之间至少留有空白行。

（2）在列标签下面的行中键入要筛选的条件，如图 4.9.8 所示。

（3）打开 数据 选项卡，在“排序和筛选”选项组中单击 高级 按钮，弹出 高级筛选 对话框，如图 4.9.9 所示。

六年级一班学生期中考试成绩

序号	姓名	语文	数学	英语	理论	实践	总分
1	刘佳佳	70	96	88	85	82	421
14	梁文广	97	100	69	81	70	417
16	杨康	82	96	77	88	72	415
12	王鑫	90	95	84	70	75	414
3	刘艳丽	85	92	58	83	85	403
15	张雪映	86	78	82	84	73	403
4	吴格格	81	93	66	78	78	396
13	张琳琳	98	82	63	82	71	396
7	王明军	69	89	84	78	72	392
6	张格格	70	67	85	90	76	388
5	刘佳玲	75	78	76	79	79	387
18	马明	88	89	65	81	58	381
11	陈晓明	59	90	82	71	67	369
17	李乐乐	71	84	71	83	55	364
8	翟燕	52	66	83	76	86	363
9	张民	63	57	81	72	68	341
10	李鹏成	55	71	70	74	65	335
2	杨阳	68	89	85	3	86	331

语文	数学	英语
>80	>90	>70

图 4.9.8 输入筛选条件

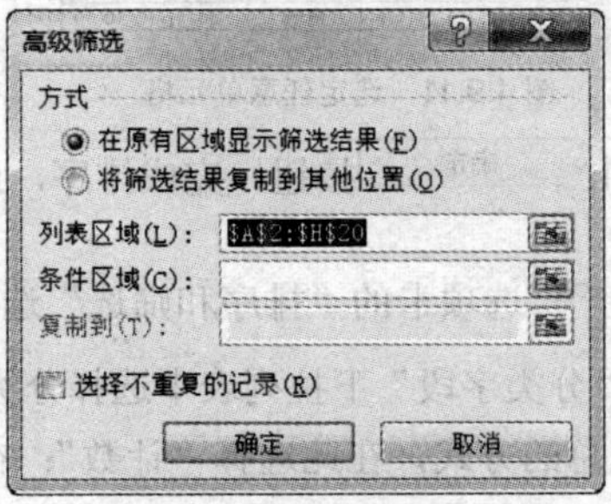

图 4.9.9 “高级筛选”对话框

（4）在“方式”选区中选择筛选结果显示的位置。如果选中 在原有区域显示筛选结果(F) 单选按钮，结果将在原数据清单位置显示；如果选中 将筛选结果复制到其他位置(O) 单选按钮，并在“复制到”文本框中选定要复制到的区域，筛选后的结果将显示在其他区域，其结果与原工作表并存。

（5）在“列表区域”文本框中输入要筛选的区域，也可以用鼠标直接在工作表中选定。在“条件区域”文本框中输入筛选条件的区域。

（6）如果要筛选重复的记录，则选中 选择不重复的记录(R) 复选框。

（7）单击 确定 按钮，筛选后的结果将显示在工作表中，如图 4.9.10 所示。

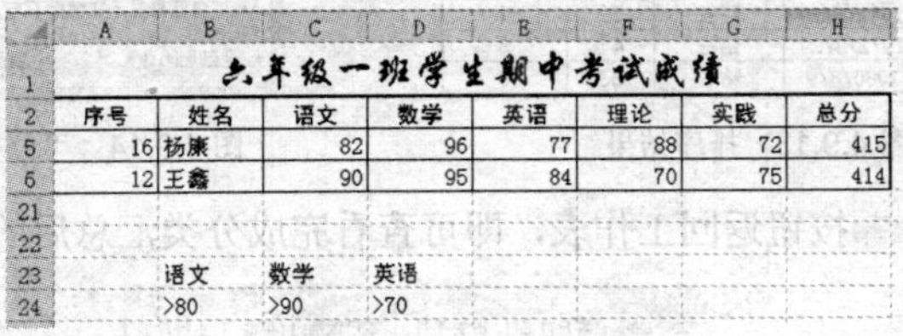

六年级一班学生期中考试成绩

序号	姓名	语文	数学	英语	理论	实践	总分
16	杨康	82	96	77	88	72	415
12	王鑫	90	95	84	70	75	414

语文	数学	英语
>80	>90	>70

图 4.9.10 筛选结果

4.9.4 分类汇总

分类汇总是指将表格中同一类别的数据放在一起进行统计。运用 Excel 的分类汇总功能可对表格中的同一类的数据进行统计运算，这将使工作表中的数据变得更加清晰直观。如果要插入分类汇总，就必须先对要分类汇总的数据字段进行排序。

下面以“客户生日管理”为例，讲解分类汇总的具体操作。

（1）在打开的工作表中，选择其中任意一个有数据的单元格，如图 4.9.11 所示。

（2）在 数据 选项卡的“排序和筛选”选项区中单击 排序 按钮，弹出 排序 对话框，在“主要关键字”下拉列表中选择“客户级别”，在“次要关键字”下拉列表中选择“客户姓名”，如图 4.9.12 所示。

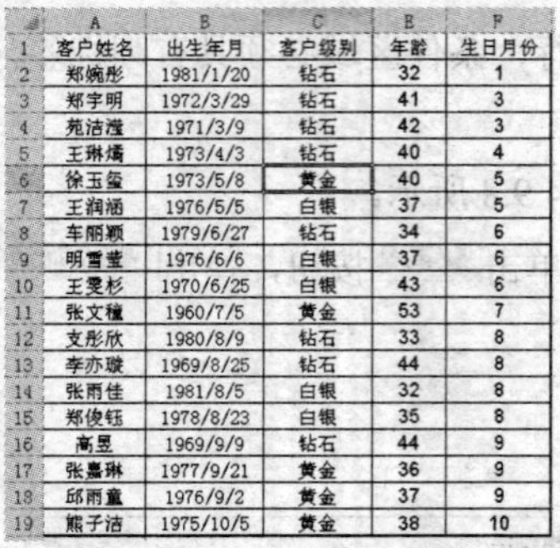

	A	B	C	E	F
1	客户姓名	出生年月	客户级别	年龄	生日月份
2	郑婉彤	1981/1/20	钻石	32	1
3	郑宇明	1972/3/29	钻石	41	3
4	苑洁滢	1971/3/9	钻石	42	3
5	王琳嫱	1973/4/3	钻石	40	4
6	徐玉玺	1973/5/8	黄金	40	5
7	王润涵	1976/5/5	白银	37	5
8	车丽颖	1979/6/27	钻石	34	6
9	明雪萤	1976/6/6	白银	37	6
10	王雯杉	1970/6/25	白银	43	6
11	张文檀	1960/7/5	黄金	53	7
12	支彤欣	1980/8/9	钻石	33	8
13	李亦璇	1969/8/25	钻石	44	8
14	张雨佳	1981/8/5	白银	32	8
15	郑俊钰	1978/8/23	白银	35	8
16	高昱	1969/9/9	钻石	44	9
17	张嘉琳	1977/9/21	黄金	36	9
18	邱雨童	1976/9/2	黄金	37	9
19	熊子洁	1975/10/5	黄金	38	10

图 4.9.11　选定任意单元格

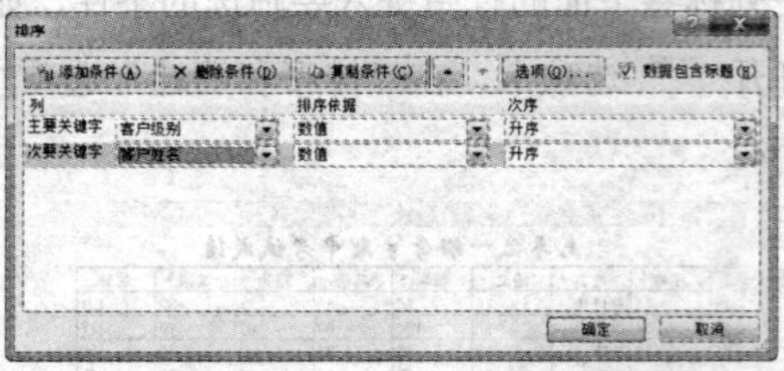

图 4.9.12　设置排序条件

（3）单击 确定 按钮，完成排序，结果如图 4.9.13 所示。

（4）在 数据 选项卡的“排序和筛选”选项区中单击 分类汇总 按钮，弹出 分类汇总 对话框。

（5）在“分类字段”下拉列表中选择分类的依据，这里选择“客户级别”；在“汇总方式”下拉列表中选择汇总的方式，在此选择“计数”；在“选定汇总项”列表框中选择要计数的项目，这时选中“客户姓名”，如图 4.9.14 所示。

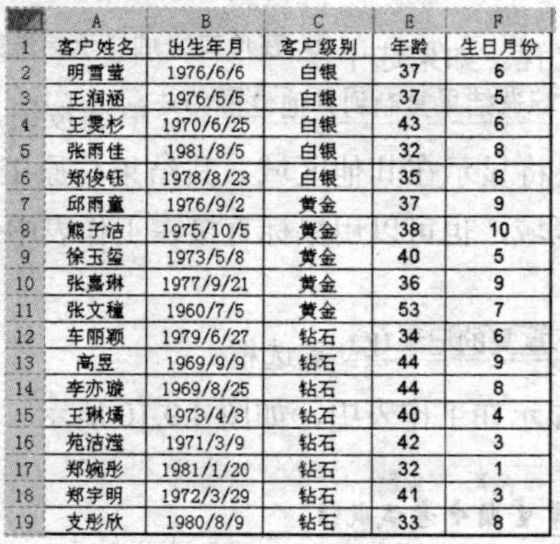

	A	B	C	E	F
1	客户姓名	出生年月	客户级别	年龄	生日月份
2	明雪萤	1976/6/6	白银	37	6
3	王润涵	1976/5/5	白银	37	5
4	王雯杉	1970/6/25	白银	43	6
5	张雨佳	1981/8/5	白银	32	8
6	郑俊钰	1978/8/23	白银	35	8
7	邱雨童	1976/9/2	黄金	37	9
8	熊子洁	1975/10/5	黄金	38	10
9	徐玉玺	1973/5/8	黄金	40	5
10	张嘉琳	1977/9/21	黄金	36	9
11	张文檀	1960/7/5	黄金	53	7
12	车丽颖	1979/6/27	钻石	34	6
13	高昱	1969/9/9	钻石	44	9
14	李亦璇	1969/8/25	钻石	44	8
15	王琳嫱	1973/4/3	钻石	40	4
16	苑洁滢	1971/3/9	钻石	42	3
17	郑婉彤	1981/1/20	钻石	32	1
18	郑宇明	1972/3/29	钻石	41	3
19	支彤欣	1980/8/9	钻石	33	8

图 4.9.13　排序结果

图 4.9.14　“分类汇总”对话框

（6）单击 确定 按钮返回工作表，即可查看完成分类汇总后的效果，如图 4.9.15 所示。

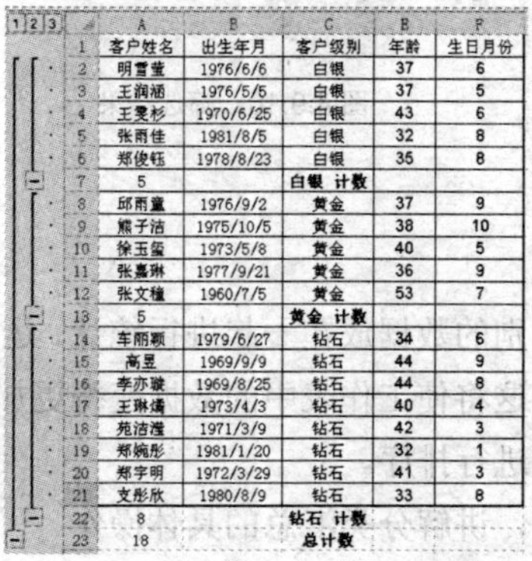

	A	B	C	E	F
1	客户姓名	出生年月	客户级别	年龄	生日月份
2	明雪萤	1976/6/6	白银	37	6
3	王润涵	1976/5/5	白银	37	5
4	王雯杉	1970/6/25	白银	43	6
5	张雨佳	1981/8/5	白银	32	8
6	郑俊钰	1978/8/23	白银	35	8
7	5		白银 计数		
8	邱雨童	1976/9/2	黄金	37	9
9	熊子洁	1975/10/5	黄金	38	10
10	徐玉玺	1973/5/8	黄金	40	5
11	张嘉琳	1977/9/21	黄金	36	9
12	张文檀	1960/7/5	黄金	53	7
13	5		黄金 计数		
14	车丽颖	1979/6/27	钻石	34	6
15	高昱	1969/9/9	钻石	44	9
16	李亦璇	1969/8/25	钻石	44	8
17	王琳嫱	1973/4/3	钻石	40	4
18	苑洁滢	1971/3/9	钻石	42	3
19	郑婉彤	1981/1/20	钻石	32	1
20	郑宇明	1972/3/29	钻石	41	3
21	支彤欣	1980/8/9	钻石	33	8
22	8		钻石 计数		
23	18		总计数		

图 4.9.15　分类汇总后的结果

在行号前方单击 1 按钮，可关闭汇总的明细项只查看结果。查看完毕后，在 分类汇总 对话框中单击 全部删除(R) 按钮，即可返回工作表的正常状态。

4.9.5 数据合并

数据合并是把来自不同数据源区域的数据汇总并进行合并计算，它是通过建立合并表的方法来进行。其中，合并表可以建立在某数据源区域所在的工作表中，也可以建立在同一个工作簿或不同的工作簿中。利用 数据 选项卡下的“数据工具”命令组命令可以完成数据的合并、数据有效性和模拟分析等功能。

注意：不同数据源区包括同一工作表中、同一工作簿的不同工作表中、不同工作簿中的数据区域。

下面以“学生成绩表”为例，讲解数据合并的具体操作。

（1）在同一工作簿中建立四一班“上学期成绩表”和“下学期成绩表”，如图 4.9.16 所示。

	A	B	C	D	E
1	四一班上学期成绩表				
2	学号	语文	数学	英语	
3	A001	97.0	95.0	99.0	
4	A002	90.0	89.0	95.0	
5	A003	92.0	95.0	98.0	
6	A004	89.0	97.0	100.0	
7	A005	90.0	99.0	93.0	
8					

上学期成绩表 / 下学期成绩表 / 全年平均成绩表

	A	B	C	D	E
1	四一班下学期成绩表				
2	学号	语文	数学	英语	
3	A001	89.0	99.0	95.0	
4	A002	92.0	95.0	100.0	
5	A003	94.0	94.0	99.0	
6	A004	93.0	99.0	98.0	
7	A005	93.0	97.0	97.0	
8					

上学期成绩表 / 下学期成绩表 / 全年平均成绩表

图 4.9.16 “上学期成绩表”工作表和“下学期成绩表”工作表

（2）在此工作簿中新建工作表“全年平均成绩表”数据清单，字段名与原数据清单相同，第一列输入学号，选定用于存放合并计算结果的单元格区域 B3:D7，如图 4.9.17 所示。

	A	B	C	D	E
1	四一班下学期成绩表				
2	学号	语文	数学	英语	
3	A001				
4	A002				
5	A003				
6	A004				
7	A005				
8					

下学期成绩表 / 全年平均成绩表

图 4.9.17 选定合并后的工作表数据区域

（3）单击 数据 选项卡下的 数据工具 命令组中的 合并计算 命令，弹出 合并计算 对话框，在 函数(F): 下拉列表框中选择“平均值”，在 引用位置(R): 下拉列表中选取“上学期成绩表”的 B3:D7 单元格区域，单击 添加(A) 按钮，再选取“下学期成绩表”的 B3:D7 单元格区域（当单击 添加(A) 按钮时，单击 浏览(B)... 按钮可以选取不同工作簿中工作表的引用位置），选中 ☑创建指向源数据的链接(S) 复选框（但数据源变化时，合并计算结果也随之变化），如图 4.9.18 所示。

（4）单击 确定 按钮，计算结果如图 4.9.19 所示。

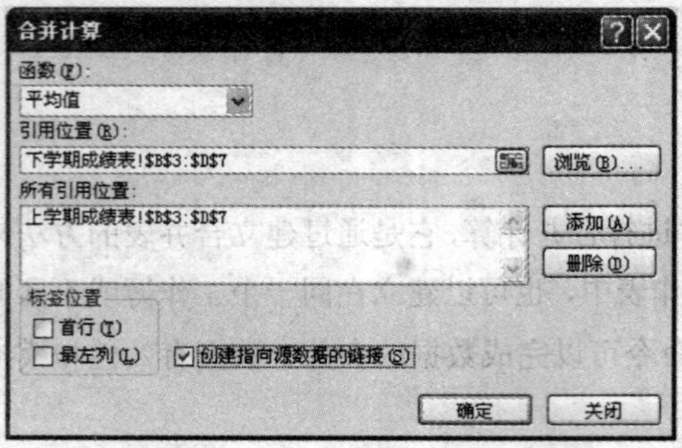

图 4.9.18　“合并计算”对话框

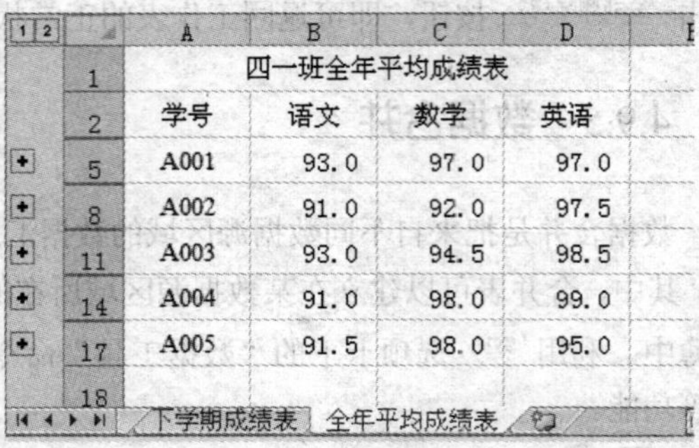

图 4.9.19　合并计算后的结果

注意：合并计算结果以分类汇总的方式显示，单击左侧的“+”号，可以显示数据源信息。

4.9.6　建立数据透视表

使用数据透视表不仅可以帮助用户对大量数据进行快速汇总，也可以查看数据源的不同汇总结果。创建数据透视表，其具体操作步骤如下：

（1）打开要建立数据透视表的数据清单，如图 4.9.20 所示。

（2）打开 插入 选项卡，在“表格”组中单击 数据透视表 按钮，在弹出的下拉菜单中选择 数据透视表(T) 命令，弹出 创建数据透视表 对话框，在“请选择要分析的数据”栏中选中 ⊙选择一个表或区域(S) 单选按钮，然后在下面的文本框内输入需要分析的数据区域。在“选择放置数据透视表的位置”栏中选择存放位置，如 ⊙新工作表(N)，如图 4.9.21 所示。

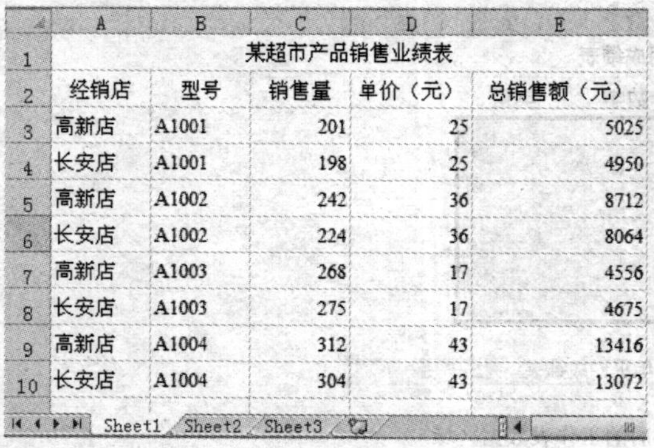

图 4.9.20　打开的数据清单

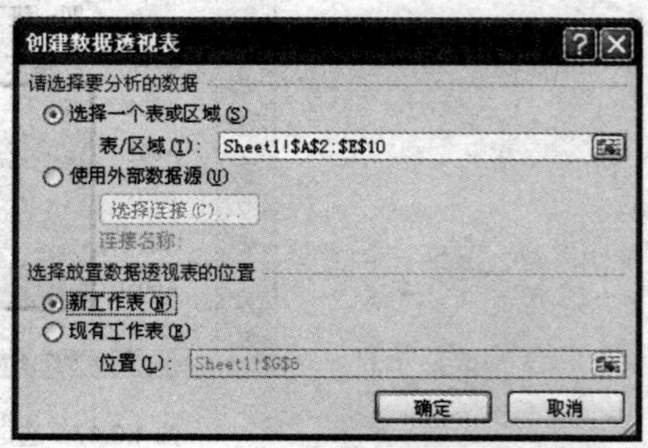

图 4.9.21　“创建数据透视表”对话框

（3）单击 确定 按钮，即可进入“数据透视表”编辑状态，如图 4.9.22 所示，选中需添加到报表的字段，同时在工作表编辑区中会显示操作效果，如图 4.9.23 所示。

右键单击数据透视表，在弹出的快捷菜单中选中 数据透视表选项(O)... 命令，弹出 数据透视表选项 对话框，设置该对话框可改变数据透视表的布局和格式、汇总以及显示方式等，如图 4.9.24 所示。

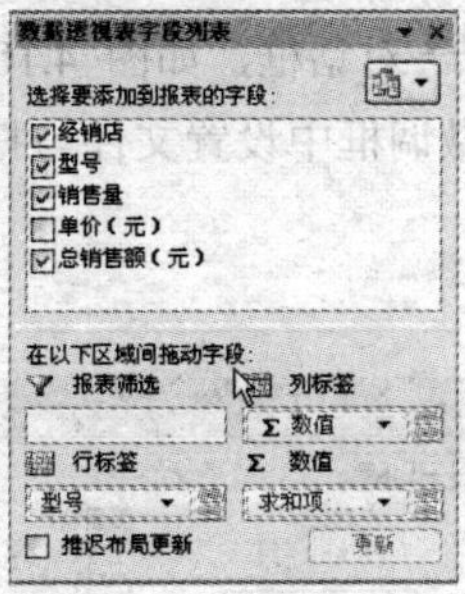

图 4.9.22　“数据透视表字段列表”任务窗格

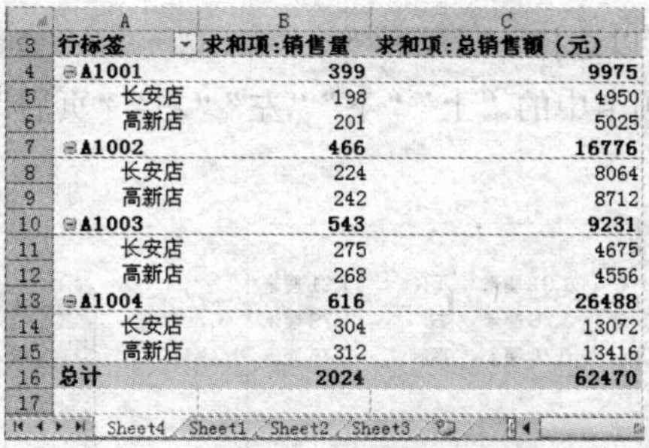

	A	B	C
3	行标签	求和项:销售量	求和项:总销售额（元）
4	⊟A1001	399	9975
5	长安店	198	4950
6	高新店	201	5025
7	⊟A1002	466	16776
8	长安店	224	8064
9	高新店	242	8712
10	⊟A1003	543	9231
11	长安店	275	4675
12	高新店	268	4556
13	⊟A1004	616	26488
14	长安店	304	13072
15	高新店	312	13416
16	总计	2024	62470
17			

图 4.9.23　“创建数据透视表”效果

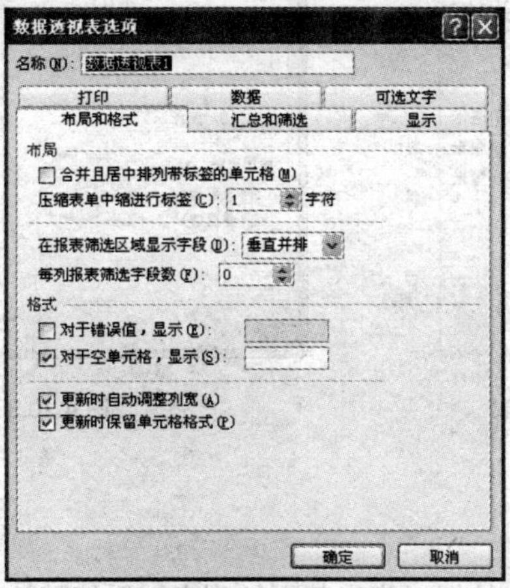

图 4.9.24　“数据透视表选项”对话框

4.10　工作表的打印输出与超链接

用户在计算机上编辑好工作表后，就要将其打印出来。但是，不同行业用户需要的报告样式是不同的，每个用户都会有自己的特殊要求。为了方便用户，Excel 提供了页面设置、打印预览等命令来设置或调整打印效果，同时还可以在工作表中建立超链接。

4.10.1　页面设置

打开 页面布局 选项卡，在“页面设置”组中单击相应的按钮对页面进行设置，如图 4.10.1 所示。

图 4.10.1　“页面设置”组

1．设置页边距

在“页面设置”组中单击 页边距 按钮，弹出其下拉列表，如图 4.10.2 所示，该列表提供了普通、宽、窄 3 种页边距供用户选择。

用户也可以选择“自定义边距(A)...”命令，弹出“页面设置”对话框，如图 4.10.3 所示，在“页边距”选项卡中的“上”“下”“左”“右”“页眉”和“页脚”微调框中设置文件与打印纸边缘之间的距离。

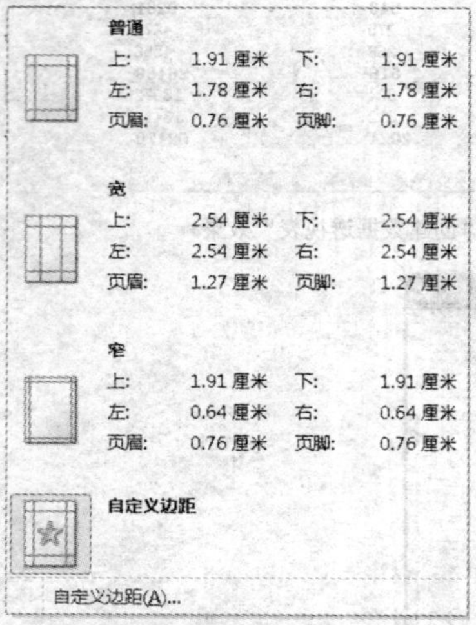

图 4.10.2　“页边距”下拉列表

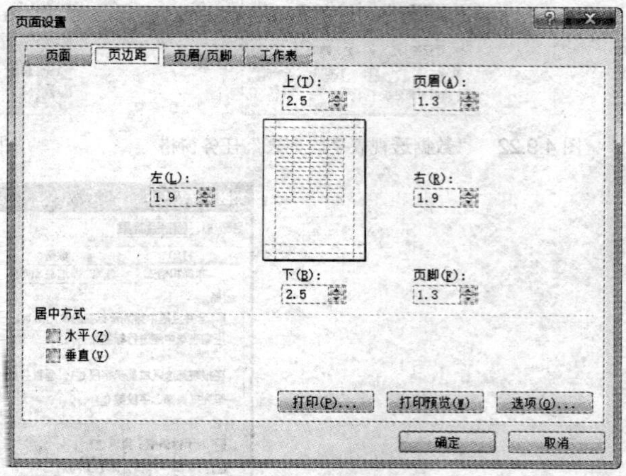

图 4.10.3　“页面设置”对话框

2. 设置纸张大小

在“页面设置”组中单击“纸张大小”按钮，弹出其下拉列表，系统默认为“A4”纸，如图 4.10.4 所示。用户在该列表中可以选择自己所需要的纸张大小，或者选择“其他纸张大小(M)...”命令，弹出“页面设置”对话框，在“页面”选项卡的“纸张大小”列表中选择用户所需的纸张大小。

3. 设置打印区域

如果只打印部分工作表，须单击该工作表，选择要打印的数据区域，单击“打印区域”按钮，在弹出的下拉列表中选择“设置打印区域(S)”命令。

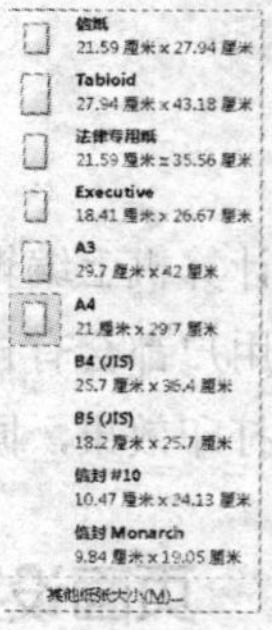

图 4.10.4　“纸张大小”下拉列表

4.10.2　打印表格

在打印之前，通常需要预览打印效果，打印预览可显示工作表打印出来的真正效果，使用打印预览可以清楚地看出页面设置是否合理。完成预览后，就可以将表格打印出来了。

（1）打开 Excel 2010 文档窗口，单击“文件”按钮，从打开的文件面板中选择“打印”命令。

（2）在打开的“打印”窗口右侧预览区域可以查看文档打印预览效果。在预览中，可以配置所有类型的打印设置，例如，打印份数、页面范围、单面/双面打印等。“打印”窗口如图 4.10.5 所示。

（3）对预览效果满意后，单击“打印”按钮即可开始打印。

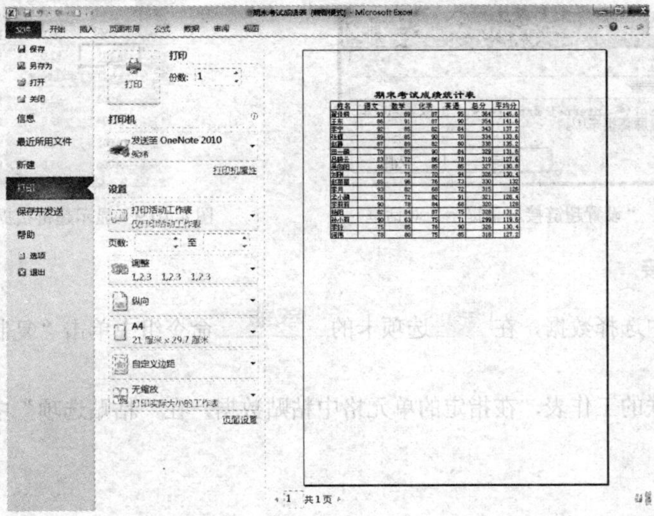

图 4.10.5　“打印”窗口

4.10.3　工作表中的链接

工作表中的链接包括超链接和数据链接两种情况，超链接可以从一个工作簿或文件快速跳转到其他工作簿或文件，超链接可以建立在单元格的文本或图形上；数据链接是使得数据发生关联，当一个数据发生更改时，与之相关联的数据也会改变。

1．建立超链接

（1）打开要建立超链接的表格，选定相应的单元格或单元格区域，如图 4.10.6 所示。

（2）单击鼠标右键，在弹出的快捷菜单中选择 超链接(I)... 命令，弹出 插入超链接 对话框，设置参数如图，如图 4.10.7 所示。

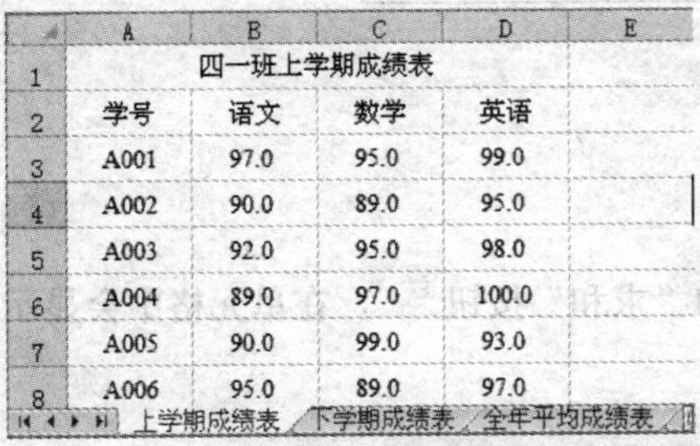

	A	B	C	D	E
1	四一班上学期成绩表				
2	学号	语文	数学	英语	
3	A001	97.0	95.0	99.0	
4	A002	90.0	89.0	95.0	
5	A003	92.0	95.0	98.0	
6	A004	89.0	97.0	100.0	
7	A005	90.0	99.0	93.0	
8	A006	95.0	89.0	97.0	

图 4.10.6　打开的表格

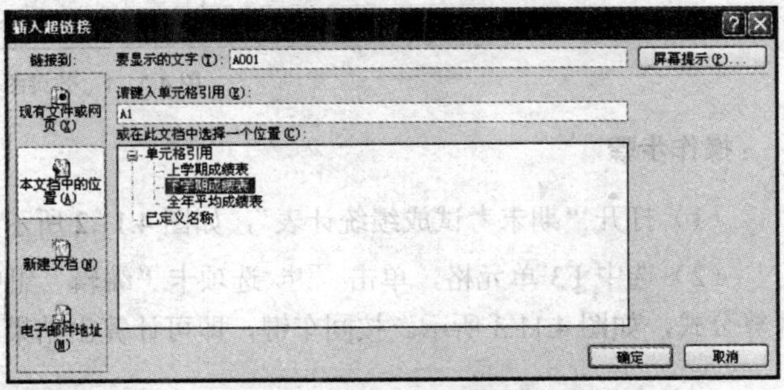

图 4.10.7　“插入超链接”对话框

提示：如果选择“现有文件或网页”选项，则可链接高其他工作簿中。

（3）单击此对话框中的 屏幕提示(P)... 按钮，弹出 设置超链接屏幕提示 对话框，在文本框中输入相应的信息，如图 4.10.8 所示。

（4）当鼠标指针移至建立的超链接处时，会显示相应的信息，单击 确定 按钮，效果如图 4.10.9 所示。

图 4.10.8　“设置超链接屏幕提示”对话框

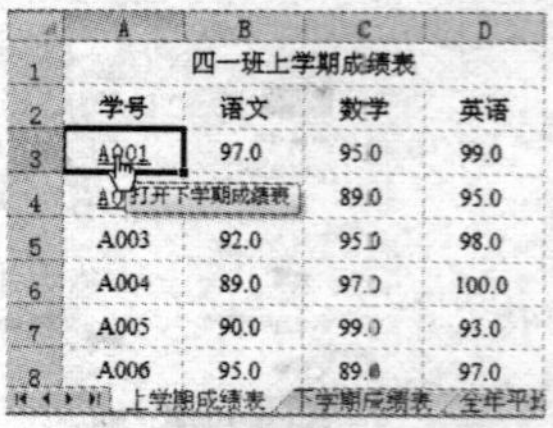

图 4.10.9　显示超链接提示信息的工作表

2．建立数据链接

（1）在工作表中选择数据，在 开始 选项卡的 剪贴板 命令组中单击“复制”按钮，复制已选择的数据。

（2）打开想关联的工作表，在指定的单元格中粘贴数据，在“粘贴选项”中选择“粘贴链接”即可。

4.11　应用实例——计算和管理数据

本例将打开“期末考试成绩统计表”，在其中分别运用公式和函数完成计算任务，再按“总分”进行降序排列，最后再添加表格边框和插入图表，最终效果如图 4.11.1 所示。

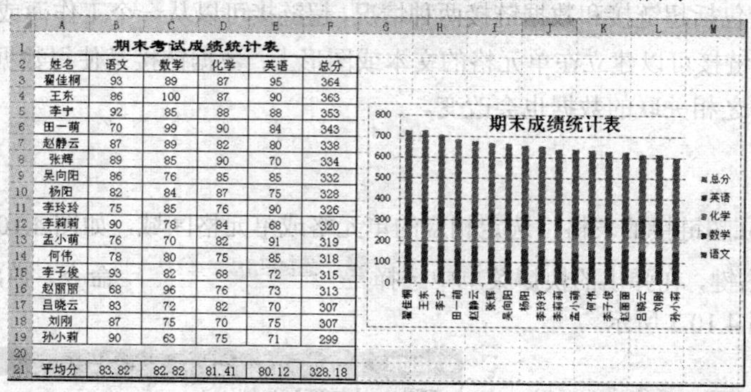

图 4.11.1　效果图

操作步骤

（1）打开“期末考试成绩统计表”，如图 4.11.2 所示。

（2）选中 F3 单元格，单击 开始 选项卡“编辑”组中的“求和”按钮，在单元格中会显示计算公式，如图 4.11.3 所示。按回车键，即可计算出结果。

图 4.11.2　打开工作表

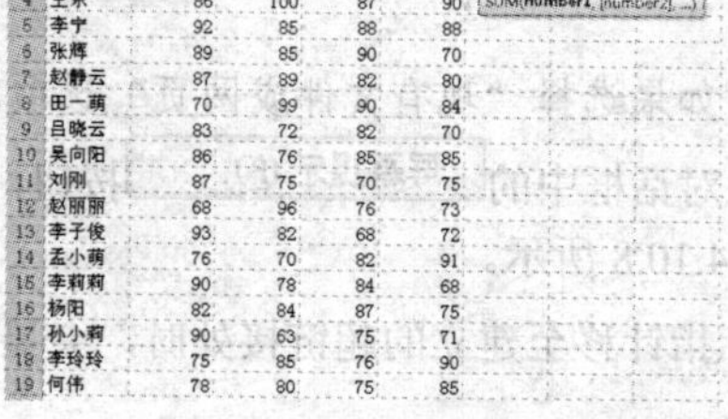

图 4.11.3　使用自动求和按钮

（3）将鼠标移至 F3 单元格的右下角，当其变为╋形状时，拖动鼠标至 F19 单元格后释放，完成公式的复制操作，如图 4.11.4 所示。

	A	B	C	D	E	F	G
1	期末考试成绩统计表						
2	姓名	语文	数学	化学	英语	总分	
3	翟佳桐	93	89	87	95	364	
4	王东	86	100	87	90	363	
5	李宁	92	85	88	88	353	
6	张辉	89	85	90	70	334	
7	赵静云	87	89	82	80	338	
8	田一萌	70	99	90	84	343	
9	吕晓云	83	72	82	70	307	
10	吴向阳	86	76	85	85	332	
11	刘刚	87	75	70	75	307	
12	赵丽丽	68	96	76	73	313	
13	李子俊	93	82	68	72	315	
14	孟小萌	76	70	82	91	319	
15	李莉莉	90	78	84	68	320	
16	杨阳	82	84	87	75	328	
17	孙小莉	90	63	75	71	299	
18	李玲玲	75	85	76	90	326	
19	何伟	78	80	75	85	318	
20							

图 4.11.4　复制公式

（4）选择 B21 单元格，在公式编辑栏中单击“插入函数”按钮 fx，弹出 插入函数 对话框。在“选择函数”列表框中选择求平均值函数“AVERAGE”，如图 4.11.5 所示。

（5）单击 确定 按钮，打开 函数参数 对话框。单击“Number1”文本框右侧的按钮，折叠 函数参数 对话框后，用鼠标在表格中选择 B3:B19 单元格区域，如图 4.11.6 所示。

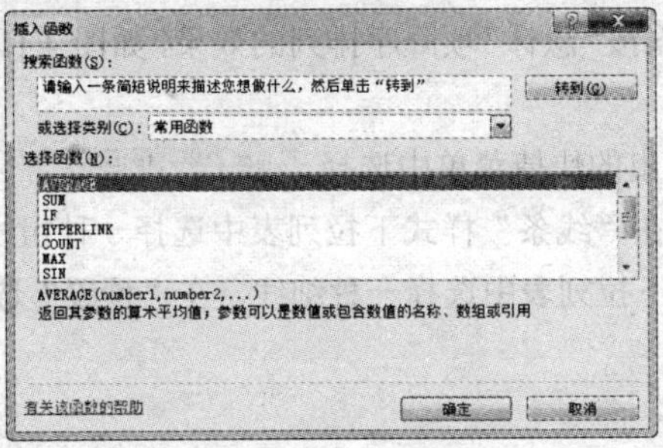

图 4.11.5　选择函数

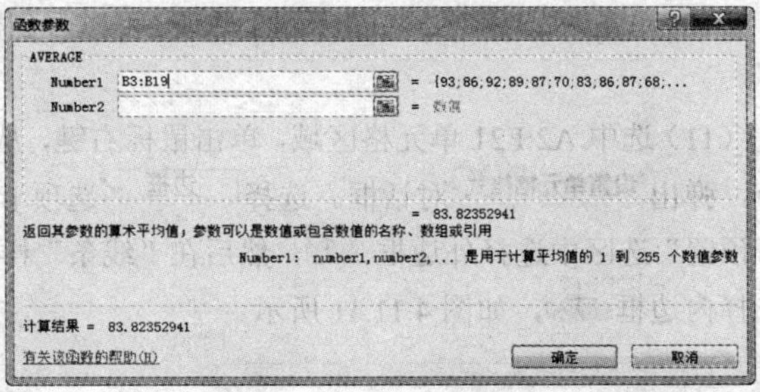

图 4.11.6　设置参数

（6）单击 确定 按钮返回工作表，在 B21 单元格即可看到运用函数计算出的结果，如图 4.11.7 所示。

（7）选中 B21 单元格，单击 开始 选项卡“数字”组中的“减少小数位数”按钮，使其保留两位小数。

（8）将鼠标移至 B21 单元格的右下角，当其变为╋形状时，拖动鼠标至 F21 单元格后释放，完成函数的复制操作，如图 4.11.8 所示。

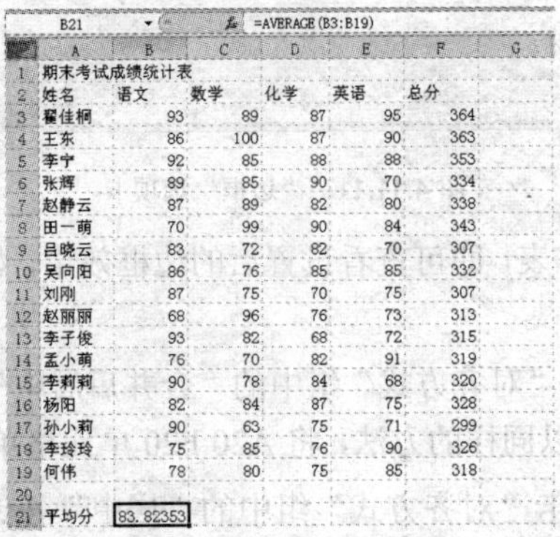

B21　fx =AVERAGE(B3:B19)

	A	B	C	D	E	F	G
1	期末考试成绩统计表						
2	姓名	语文	数学	化学	英语	总分	
3	翟佳桐	93	89	87	95	364	
4	王东	86	100	87	90	363	
5	李宁	92	85	88	88	353	
6	张辉	89	85	90	70	334	
7	赵静云	87	89	82	80	338	
8	田一萌	70	99	90	84	343	
9	吕晓云	83	72	82	70	307	
10	吴向阳	86	76	85	85	332	
11	刘刚	87	75	70	75	307	
12	赵丽丽	68	96	76	73	313	
13	李子俊	93	82	68	72	315	
14	孟小萌	76	70	82	91	319	
15	李莉莉	90	78	84	68	320	
16	杨阳	82	84	87	75	328	
17	孙小莉	90	63	75	71	299	
18	李玲玲	75	85	76	90	326	
19	何伟	78	80	75	85	318	
20							
21	平均分	83.82353					

图 4.11.7　计算结果

B21　fx =AVERAGE(B3:B19)

	A	B	C	D	E	F	G
1	期末考试成绩统计表						
2	姓名	语文	数学	化学	英语	总分	
3	翟佳桐	93	89	87	95	364	
4	王东	86	100	87	90	363	
5	李宁	92	85	88	88	353	
6	张辉	89	85	90	70	334	
7	赵静云	87	89	82	80	338	
8	田一萌	70	99	90	84	343	
9	吕晓云	83	72	82	70	307	
10	吴向阳	86	76	85	85	332	
11	刘刚	87	75	70	75	307	
12	赵丽丽	68	96	76	73	313	
13	李子俊	93	82	68	72	315	
14	孟小萌	76	70	82	91	319	
15	李莉莉	90	78	84	68	320	
16	杨阳	82	84	87	75	328	
17	孙小莉	90	63	75	71	299	
18	李玲玲	75	85	76	90	326	
19	何伟	78	80	75	85	318	
20							
21	平均分	83.82	82.82	81.41	80.12	328.18	
22							

图 4.11.8　完成函数的复制

（9）选择 A2:F19 单元格区域，在 数据 选项卡的“排序和筛选”组中单击 排序 按钮，打开 排序 对话框，在“主要关键字”下拉列表框中选择“总分”项，在“次序”下拉列表中选择“降序”，如图 4.11.9 所示。

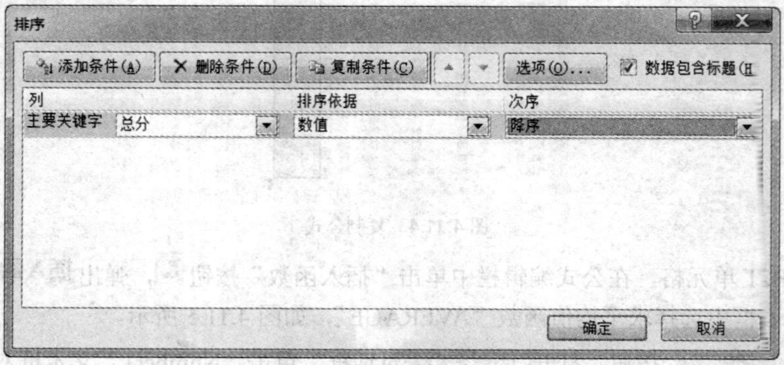

图 4.11.9 “排序”对话框

（10）单击 确定 按钮返回工作表，可以看到数据按“总计”项降序排列的效果，如图 4.11.10 所示。

（11）选中 A2:F21 单元格区域，单击鼠标右键，从弹出的快捷菜单中选择 设置单元格格式(F)... 命令，弹出 设置单元格格式 对话框。选择 边框 选项卡，在“线条”样式下拉列表中选择一种粗线，在“预置”选区中选择外边框，然后在“线条”样式下拉列表中选择一种细线，在“预置”选区中选择内边框，如图 4.11.11 所示。

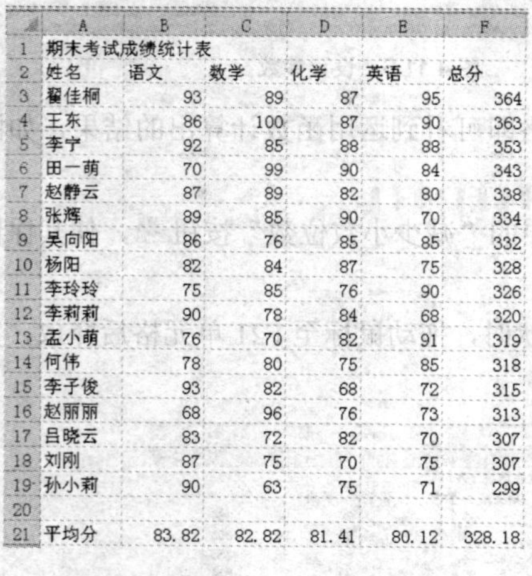

	A	B	C	D	E	F
1	期末考试成绩统计表					
2	姓名	语文	数学	化学	英语	总分
3	翟佳桐	93	89	87	95	364
4	王东	86	100	87	90	363
5	李宁	92	85	88	88	353
6	田一萌	70	99	90	84	343
7	赵静云	87	89	82	80	338
8	张辉	89	85	90	70	334
9	吴向阳	86	76	85	85	332
10	杨阳	82	84	87	75	328
11	李玲玲	75	85	76	90	326
12	李莉莉	90	78	84	68	320
13	孟小萌	76	70	82	91	319
14	何伟	78	80	75	85	318
15	李子俊	93	82	68	72	315
16	赵丽丽	68	96	76	73	313
17	吕晓云	83	72	82	70	307
18	刘刚	87	75	70	75	307
19	孙小莉	90	63	75	71	299
20						
21	平均分	83.82	82.82	81.41	80.12	328.18

图 4.11.10 对“总计”项进行排序

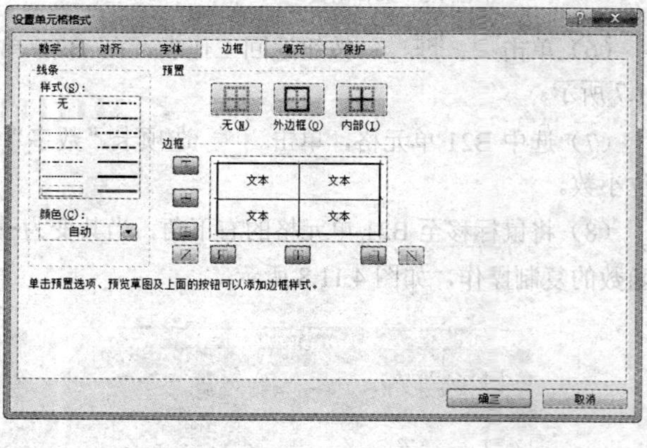

图 4.11.11 “边框”选项卡

（12）设置完成后，单击 确定 按钮返回工作表，即可查看设置后的边框效果，如图 4.11.12 所示。

（13）选择 A1:F1 单元格区域，单击 开始 选项卡“对齐方式”组中的“合并后居中”按钮，将标题居中，并设置其字体为“隶书”，字号为“18”。以同样的方法，将 A20:F20 单元格单元格合并。

（14）选择 A2:F21 单元格区域，单击 开始 选项卡“对齐方式”组中的“居中”按钮，使文字居中对齐，如图 4.11.13 所示。

	A	B	C	D	E	F
1	期末考试成绩统计表					
2	姓名	语文	数学	化学	英语	总分
3	翟佳桐	93	89	87	95	364
4	王东	86	100	87	90	363
5	李宁	92	85	88	88	353
6	田一萌	70	99	90	84	343
7	赵静云	87	89	82	80	338
8	张辉	89	85	90	70	334
9	吴向阳	86	76	85	85	332
10	杨阳	82	84	87	75	328
11	李玲玲	75	85	76	90	326
12	李莉莉	90	78	84	68	320
13	孟小萌	76	70	82	91	319
14	何伟	78	80	75	85	318
15	李子俊	93	82	68	72	315
16	赵丽丽	68	96	76	73	313
17	吕晓云	83	72	82	70	307
18	刘刚	87	75	70	75	307
19	孙小莉	90	63	75	71	299
20						
21	平均分	83.82	82.82	81.41	80.12	328.18

图 4.11.12　添加边框

	A	B	C	D	E	F
1	期末考试成绩统计表					
2	姓名	语文	数学	化学	英语	总分
3	翟佳桐	93	89	87	95	364
4	王东	86	100	87	90	363
5	李宁	92	85	88	88	353
6	田一萌	70	99	90	84	343
7	赵静云	87	89	82	80	338
8	张辉	89	85	90	70	334
9	吴向阳	86	76	85	85	332
10	杨阳	82	84	87	75	328
11	李玲玲	75	85	76	90	326
12	李莉莉	90	78	84	68	320
13	孟小萌	76	70	82	91	319
14	何伟	78	80	75	85	318
15	李子俊	93	82	68	72	315
16	赵丽丽	68	96	76	73	313
17	吕晓云	83	72	82	70	307
18	刘刚	87	75	70	75	307
19	孙小莉	90	63	75	71	299
20						
21	平均分	83.82	82.82	81.41	80.12	328.18

图 4.11.13　设置文字格式

（15）选择 A2:F19 单元格区域，单击插入选项卡中的“图表”选项组中柱形图按钮，从弹出的下拉列表中选择“堆积柱形图”选项，即可在工作表中插入图表，如图 4.11.14 所示。

（16）选择插入的图表，在激活的“图表工具”中单击布局选项卡“标签”组中的图表标题按钮，从弹出的下拉列表中选择图表上方选项，在“图表标题”文本框中输入“期末成绩统计表”。

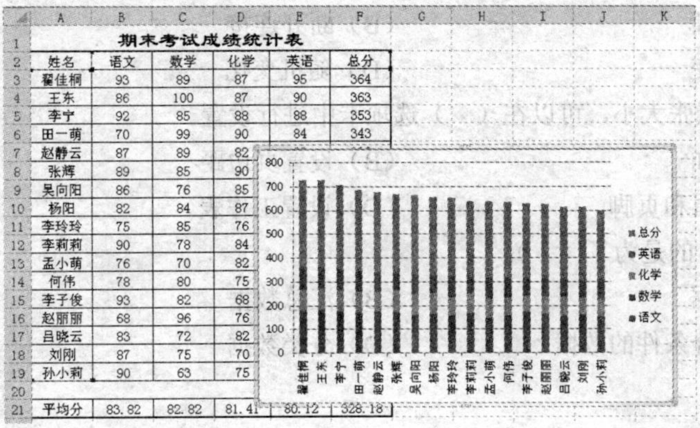

图 4.11.14　插入图表

（17）将鼠标光标移至图表的空白处，当其变为形状时拖动图表至合适的位置处释放，即可完成图表的移动，最终效果如图 4.11.1 所示。

本 章 小 结

本章主要介绍了 Excel 2010 的基础知识、工作表、工作簿及单元格的操作、输入和编辑数据、美化 Excel 表格、公式和函数的使用、图表以及数据的管理等内容。通过本章的学习，读者可以掌握 Excel 2010 的基本操作方法，会运用公式和函数对工作表中的数据进行计算，同时能轻松地完成排序、筛选等数据管理工作，并能使用图表清晰、准确地分析数据。

习 题 四

一、填空题

1. Excel 2010 的数据编辑栏由_________、_________和_________3 个部分组成。
2. 一个工作簿最多包含__________张工作表，工作表的基本单元是由_________组成的。
3. 如果要选择不连续的多张工作表，按住__________键，分别单击要选择的工作表标签即可。
4. 在 Excel 2010 工作表中，单元格引用的 3 种类型是_________、_________、和_________。
5. 在创建公式之前，必须先输入_________号。
6. 若要在工作表中进行分类汇总操作，必须先将数据_________。

二、选择题

1. 在编辑栏中输入公式，然后按（ ）键进行确认。

   （A）Enter　　（B）Alt+ Enter

   （C）Ctrl+ Enter　　（D）Ctrl+Alt+ Enter

2. 在 Excel 2010 中，（ ）是单元格的绝对引用。

   （A）B8　　（B）$B$8

   （C）B$8　　（D）以上都不是

3. 图表是与生成它的工作表数据相连接的，因此，工作表数据发生变化时，图表会（ ）。

   （A）自动更新　　（B）断开连接

   （C）保持不变　　（D）随机变化

4. 如果要设置纸张大小，可以在（ ）选项卡中进行设置。

   （A）设置页面　　（B）设置页边距

   （C）设置页眉和页脚　　（D）设置工作表

5. 筛选数据的目的是为了（ ）。

   （A）排序数据　　（B）汇总数据

   （C）显示符合条件的数据　　（D）分类数据

三、简答题

1. 简述 Excel 单元格的 3 种引用方式。
2. 简述几种常用的 Excel 函数。
3. 怎样设置 Excel 表格的边框和底纹？
4. 如何进行数据的排序操作？
5. 怎样在工作表中插入图表？

四、上机操作题

1. 如题图 4.1 所示是某年级学生的成绩表（只给出了部分工作表数据），如果想按照学生成绩分成两个班，1，4，5，8 分到一班，2，3，6，7 分到二班，请使用 Excel 提供的排序和筛选功能来完成。

姓名	语文	数学	英语	体育	美术	总分	名次
刘成	95	98	80	86	88	447	1
杨阳	89	95	87	82	88	441	2
王楠	86	100	84	83	87	440	3
王鹏辉	78	85	90	79	95	427	4
张英杰	82	91	82	89	80	424	5
朱晓宇	89	98	70	82	79	418	6
高月梅	96	83	75	87	76	417	7
周新明	76	82	91	81	85	415	8
平均分	86.38	91.50	82.38	83.63	84.75		

题图 4.1

2．制作一张课程表，要求：

（1）序列填充数据：星期一、星期二、星期三、……

（2）调整各个单元格的行高与列宽。

（3）为表格套用样式。

3．打开如题图 4.2 所示的工作表，要求：

（1）计算每个职工的最终工资，并从高到低进行排序。

（2）在当前工作表中创建簇状柱形图图表，图表标题为“公司职工工资表”。

	A	B	C	D	E	F	G	H	I	J
1	某公司职工工资一览表									
2	姓名	部门	职务	基本工资	加班金额	应发金额	病假扣款	事假扣款	失业保险	最终工资
3	李晖	技术部	经理	5000.00	200.00	5200.00	0.00	50.00	50.00	
4	郝艳艳	网络部	工程师	3000.00	160.00	3160.00	0.00	70.00	30.00	
5	鲁强	工程部	工程师	3000.00	100.00	3100.00	0.00	0.00	30.00	
6	李日源	集成部	工程师	3000.00	100.00	3100.00	0.00	0.00	30.00	
7	王刚	技术部	工程师	3000.00	100.00	3100.00	0.00	0.00	30.00	
8	赵敏	工程部	工程师	3000.00	100.00	3100.00	0.00	0.00	30.00	
9	李月	网络部	工程师	3000.00	160.00	3160.00	0.00	0.00	30.00	
10	王丽丽	网络部	工程师	3000.00	160.00	3160.00	0.00	0.00	30.00	
11	马建	集成部	工程师	3000.00	100.00	3100.00	0.00	0.00	30.00	

题图 4.2

第 5 章　PowerPoint 2010 的使用

PowerPoint 2010 是 Microsoft 公司推出的 Office 系列产品之一，是目前最常用的演示文档制作软件。它主要用于设计制作广告宣传、产品演示、会议报告的电子版幻灯片，也是进行多媒体教学的有效工具。本章主要介绍 PowerPoint 2010 的基本操作方法与技巧。

本章主要内容

- PowerPoint 2010 基础知识
- 制作与设置幻灯片
- 丰富幻灯片
- 修饰幻灯片的外观
- 设置动画效果
- 放映演示文稿
- 打包与打印演示文稿

5.1　PowerPoint 2010 基础知识

PowerPoint 2010 的基本操作是从认识它的工作界面及视图方式开始的，本节将主要讲解这两个方面的内容。

5.1.1　PowerPoint 2010 的启动和退出

PowerPoint 2010 的启动与退出是两种最基本的操作。PowerPoint 2010 必须在启动后才能使用，使用完毕后应退出，以释放占用的系统资源。

1. PowerPoint 2010 的启动

（1）使用“开始”菜单栏启动。单击“开始”按钮，选择 所有程序 → Microsoft Office → Microsoft PowerPoint 2010 命令，即可启动 PowerPoint 2010。

（2）使用桌面快捷方式启动。如果在 PowerPoint 2010 桌面中建立了 PowerPoint 2010 快捷图标

，则用户只须双击该快捷图标，即可启动 PowerPoint 2010。

（3）直接启动。在 Windows 资源管理器中，找到需要编辑的 PowerPoint 文档，直接双击此文档即可启动 PowerPoint 2010。

提示： Windows 系统提供了应用程序与相关文档的关联关系，安装了 PowerPoint 2010 以后，双击任何一个 PowerPoint 文档图标，不仅能启动 PowerPoint 2010 程序，还会打开相应的文档内容。

2. PowerPoint 2010 的退出

当不再使用PowerPoint 2010时，可退出该应用程序，以减少对系统内存的占用。与启动PowerPoint 2010 一样，退出 PowerPoint 2010 程序可以使用下列方法之一：

（1）单击 Word 2010 标题栏右侧的“关闭”按钮 X 。

（2）单击左上角的控制菜单图标 P ，在弹出的下拉菜单中选择 关闭(C) Alt+F4 命令。

（3）单击 文件 按钮，打开“文件”面板，在左侧窗格中选择 退出 命令。

（4）单击 文件 按钮，打开“文件”面板，在左侧窗格中选择 关闭 命令。

注意：如果用户在退出 PowerPoint 2010 之前对文档进行了修改，系统将自动弹出一个信息提示框，如图 5.1.1 所示，询问用户是否保存修改后的文档。单击 保存(S) 按钮，保存对文档进行的修改；单击 不保存(N) 按钮，不保存对文档的修改，直接退出 PowerPoint 2010 程序；单击 取消 按钮，取消本次操作，返回到编辑状态。

图 5.1.1　信息提示框

5.1.2　PowerPoint 2010 的工作界面

启动 PowerPoint 2010 后，将进入其工作界面，该工作界面与 Office 2010 办公自动化套件中的 Word，Excel 等类似，如图 5.1.2 所示。

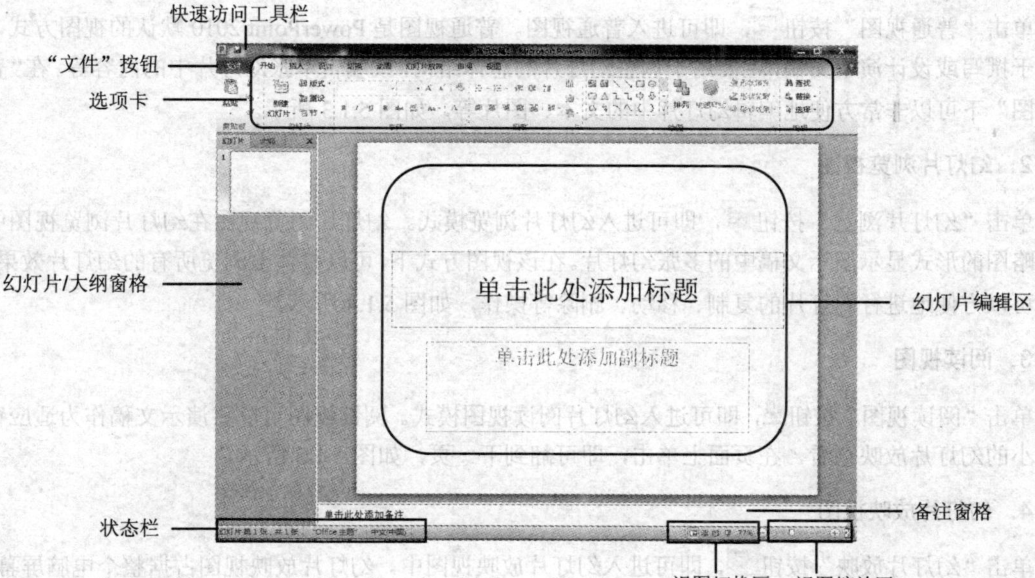

图 5.1.2　PowerPoint 2010 的工作界面

1．幻灯片编辑区

幻灯片编辑区用于显示和编辑幻灯片，并可以直观地看到幻灯片的外观效果，是整个演示文稿的核心。在幻灯片编辑区中可以编辑文本，添加图形、动画或声音等文件。

2．幻灯片/大纲窗格

幻灯片/大纲窗格用于显示演示文稿的幻灯片数量、位置及结构，单击不同的选项卡标签，即可在幻灯片和大纲窗格之间切换。其中，在“幻灯片”窗格中可以预览要编辑的幻灯片。在“大纲”窗格中可以查看幻灯片中的文本内容。

3．备注窗格

备注窗格位于幻灯片编辑窗口的下方，用于添加幻灯片的说明信息，如提供幻灯片展示内容的背景、细节等，使放映者能够更好地掌握和了解幻灯片展示的内容。

4．视图切换按钮

视图切换按钮包括“普通视图”按钮、“幻灯片浏览视图”按钮和“从当前幻灯片开始幻灯片放映”按钮。单击不同的按钮，用户可以方便地切换到相应的视图方式中。

5.1.3　幻灯片视图方式

PowerPoint 2010 的幻灯片视图切换区位于其工作界面的最下方，即状态栏和视图栏之间。其中提供了“普通视图”“幻灯片浏览”“阅读视图”和“幻灯片放映”4 个按钮供用户选择，单击相应的按钮即可将幻灯片切换到对应的浏览模式进行操作。

1．普通视图

单击“普通视图”按钮，即可进入普通视图。普通视图是 PowerPoint 2010 默认的视图方式，可用于撰写或设计演示文稿，主要用于调整幻灯片的总体结构，或编辑单张幻灯片中的内容等。在“普通视图”下可以非常方便地编辑幻灯片中的文本、图片等，如图 5.1.3 所示。

2．幻灯片浏览视图

单击“幻灯片浏览”按钮，即可进入幻灯片浏览模式。幻灯片浏览视图在幻灯片浏览视图中以缩略图的形式显示演示文稿中的多张幻灯片。在该视图方式下，可以整体上浏览所有的幻灯片效果，并且可以方便地进行幻灯片的复制、移动、删除等操作，如图 5.1.4 所示。

3．阅读视图

单击“阅读视图”按钮，即可进入幻灯片阅读视图模式。阅读视图可以将演示文稿作为适应窗口大小的幻灯片放映查看，在页面上单击，即可翻到下一页，如图 5.1.5 所示。

4．幻灯片放映视图

单击“幻灯片放映”按钮，即可进入幻灯片放映视图中。幻灯片放映视图占据整个电脑屏幕，在该视图方式下，用户可以浏览每张幻灯片的动画效果及切换效果，如果不满意，可按“Esc”键退出幻灯片放映并进行修改，如图 5.1.6 所示。

图 5.1.3　普通视图模式

图 5.1.4　幻灯片浏览模式

图 5.1.5　阅读视图模式

图 5.1.6　幻灯片放映模式

5.2　制作与设置幻灯片

PowerPoint 建立的文件一般称为演示文稿，演示文稿由一系列幻灯片组成，演示文稿与幻灯片的关系如同 Excel 中工作簿与工作表的关系。根据不同的方法创建的演示文稿中包含的幻灯片数量也不同，当其中的幻灯片数量不能满足实际需要的时候，可增加幻灯片的数量，并且可组织与编辑幻灯片。

5.2.1　新建演示文稿

在制作演示文稿之前，首先需要创建一个新的演示文稿。新建演示文稿主要有以下几种方式：

（1）启动 PowerPoint 2010 后，软件将自动新建一个样式文稿。

（2）单击 文件 按钮，在窗口左侧选择 新建 命令，打开“新建”面板，如图 5.2.1 所示。单击 空白演示文稿 按钮，再单击右侧的 创建 按钮，即可得到新建的样式文稿。

提示： 在“新建”面板的中间区域可以选择多个模板类型，创建不同类型的演示文稿。

（3）打开文件夹，在空白处单击鼠标右键，从弹出的快捷菜单中选择 新建(W) → Microsoft PowerPoint 演示文稿 命令（见图 5.2.2），即可新建一个演示文稿。

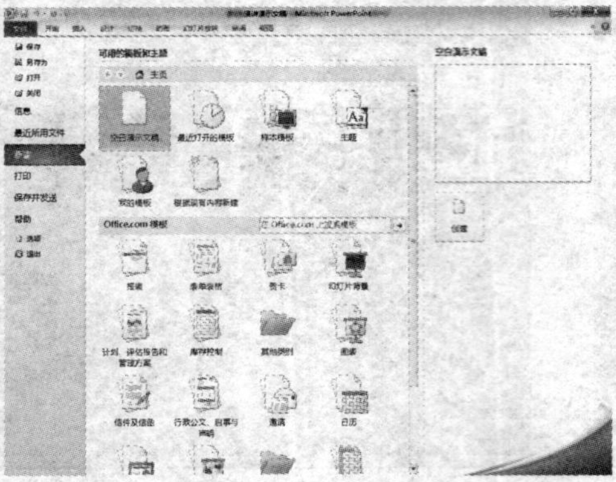

图 5.2.1　新建演示文稿

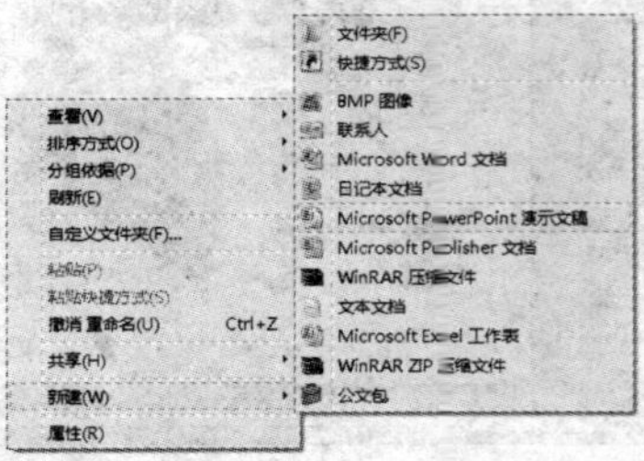

图 5.2.2　右键快捷菜单

5.2.2　选择幻灯片版式

在幻灯片编辑窗格中显示的幻灯片为当前幻灯片，用户可根据需要选择不同的版式，并在相应的占位符中输入文本或插入图片等对象。

选择幻灯片版式的具体操作步骤如下：

（1）启动 PowerPoint 2010，打开 开始 选项卡。

（2）在“幻灯片”组中单击 版式 按钮，弹出幻灯片版式列表，如图 5.2.3 所示。

（3）在该列表中选择用户所需的版式，例如选择“标题和内容”版式，幻灯片效果如图 5.2.4 所示。

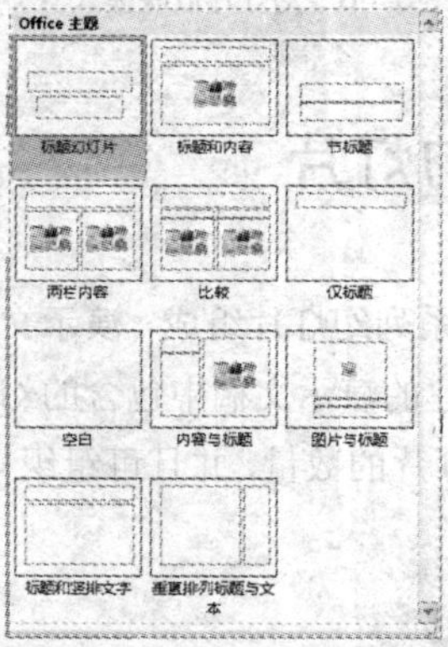

图 5.2.3　“幻灯片版式”列表

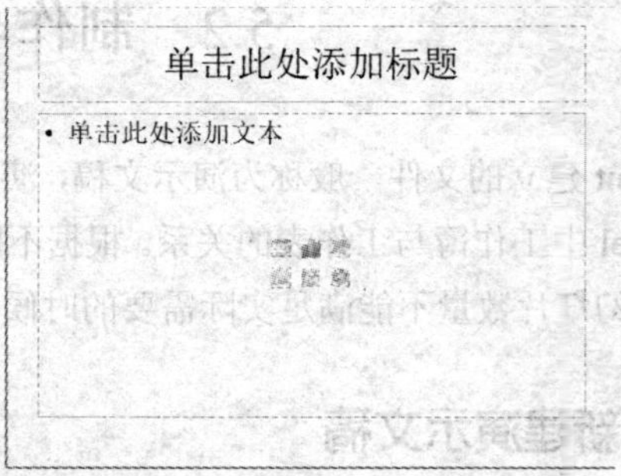

图 5.2.4　“标题和内容”版式

5.2.3　输入与设置文本

在 PowerPoint 2010 中，有文本占位符与项目占位符两种占位符。文本占位符用于输入文本内容，它是一种带有虚线标记的边框；项目占位符用于容纳图片、图表、图示、表格和媒体剪辑等对象。

1．在文本框中输入文本

在文本框中输入文本的具体操作步骤如下：

（1）打开 插入 选项卡，在“文本”组中单击 文本框 按钮，从弹出的菜单中选择 横排文本框(H) 或垂直文本框(V) 命令。

（2）单击幻灯片上要输入文本的位置，出现一个可供输入的文本框。文本框中显示文本的输入提示符，如图 5.2.5 所示。

2．在占位符中输入文本

用鼠标单击占位符，占位符中即出现输入光标，此时直接在占位符中输入文本，如图 5.2.6 所示。输入完成后，单击占位符外的任意位置，可使占位符的边框消失。

图 5.2.5　输入文本

图 5.2.6　在占位符中输入文本

在占位符中输入文本有两种方法：一种是在幻灯片编辑区中输入；另一种是在大纲窗格中输入。

3．设置文本字体格式

为了使整个幻灯片美观，根据文本内容的不同，用户可以使用不同的字体、字号，使演示文稿变得生动活泼。设置文本字体格式的具体操作步骤如下：

（1）用鼠标选定要设置的文本，使之反白显示。

（2）在选定的文本上单击鼠标右键，在弹出的快捷菜单中选择 A 字体(F)... 命令，弹出 字体 对话框，如图 5.2.7 所示。

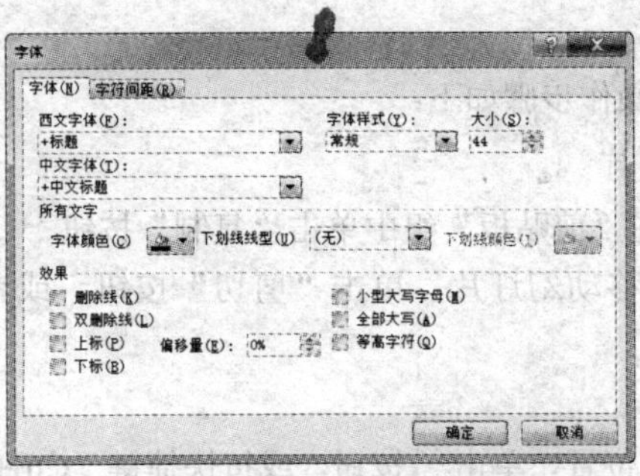

图 5.2.7　“字体”对话框

（3）在该对话框中选择需要的文本格式，单击 确定 按钮，关闭 字体 对话框，并将已设定好的结果应用于选定的文本。

5.2.4　编辑幻灯片

编辑幻灯片包括在演示文稿中选择、插入、复制或移动、删除幻灯片等，下面分别进行介绍。

1．选择幻灯片

选择幻灯片包括选择单张幻灯片和选择多张幻灯片，下面分别加以介绍。

（1）选择单张幻灯片。选择单张幻灯片的方法很简单，单击幻灯片浏览视图中任意一张幻灯片的缩略图即可选中该幻灯片。被选中的幻灯片边框线条将被加粗，此时用户可以对幻灯片进行编辑。

（2）选择多张幻灯片。选择多张幻灯片的方法很多，下面介绍 4 种选择多张幻灯片的方法。

1）在普通视图的大纲窗格中选中一张幻灯片，然后按住“Shift”键，再按键盘中的“↑”或“↓”方向键，可以选中相邻的多张幻灯片。

2）在普通视图的大纲窗格中选中一张幻灯片，然后按住“Shift”键，再单击另一张幻灯片，可以同时选中两张幻灯片之间的所有幻灯片。

3）在普通视图的大纲窗格中选中一张幻灯片，然后按住“Ctrl”键，再单击其他幻灯片，可以同时选中不连续的多张幻灯片。

4）在幻灯片浏览视图方式下，选中第一张幻灯片，然后按住“Shift”键，再选中最后一张幻灯片，即可选中所有的幻灯片。

2．插入幻灯片

在修改和管理演示文稿的过程中，常常要插入幻灯片，插入幻灯片操作可以在幻灯片窗格或幻灯片浏览视图中进行。

在幻灯片窗格中插入新幻灯片的具体操作步骤如下：

（1）打开 视图 选项卡，单击“演示文稿视图”组中的 普通视图 按钮，切换到普通视图模式。

（2）在幻灯片窗格中，选定要插入新幻灯片的位置，如果要在一张幻灯片的后面插入新的幻灯片，则选中该幻灯片，单击鼠标右键，从弹出的快捷菜单中选择 新建幻灯片(N) 命令，插入新幻灯片。

在幻灯片浏览视图中插入新幻灯片的操作步骤与在幻灯片窗格中插入的具体操作步骤相似，在此不再赘述。

3．复制或移动幻灯片

复制或移动幻灯片的具体操作步骤如下：

（1）选中一张或多张幻灯片。

（2）打开 开始 选项卡，在“剪贴板”组中单击“复制”按钮，或按快捷键“Ctrl+C”，将幻灯片复制到剪贴板中；如果要移动幻灯片，单击“剪切”按钮，或者按快捷键“Ctrl+X”，将幻灯片移动到剪贴板中。

（3）单击要插入幻灯片的位置，单击 粘贴 按钮，或按快捷键“Ctrl+V”，粘贴幻灯片，即可完成幻灯片的复制或移动操作。

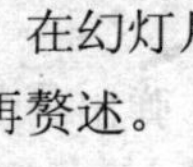

技巧：在普通视图和幻灯片浏览视图中，也可以用鼠标拖动的方式来复制和移动幻灯片。如果想在移动的过程中复制该幻灯片，则选中该幻灯片后按住“Ctrl”键并拖动鼠标；如果只是移动幻灯片，则在选中幻灯片后直接拖动鼠标即可。

4．删除幻灯片

如果要在大纲窗格或幻灯片浏览视图中删除某张幻灯片，其具体操作步骤如下：

（1）在大纲窗格或幻灯片浏览视图中选中要删除的幻灯片。

（2）单击“剪贴板”组中的“剪切”按钮，或者按“Delete”键，删除幻灯片。

5.3　丰富幻灯片

PowerPoint 2010 的主要功能是制作集文字、图形、图像、声音、视频于一身的演示文稿。因此，用户可以在幻灯片中插入图片及多媒体文件。

5.3.1　插入图片对象

图片是幻灯片中不可缺少的组成元素，它可以形象、生动地表达作者的意图。在 PowerPoint 中不仅可以插入剪贴画，还可以插入来自文件的图片。

1. 插入剪贴画

在幻灯片中插入剪贴画的具体操作步骤如下：

（1）打开要插入剪贴画的幻灯片。

（2）单击 插入 选项卡“插图”组中的 剪贴画 按钮，打开“剪贴画”任务窗格，如图 5.3.1 所示。

（3）在“搜索文字”文本框中输入要搜索图片的关键字，例如输入“植物”，单击 搜索 按钮，系统自动搜索所需的图片，如图 5.3.2 所示。

（4）单击搜索到的图片，即可将其插入到幻灯片中。

图 5.3.1　“剪贴画”任务窗格

图 5.3.2　搜索到的相关图片

2. 插入来自文件的图片

插入来自文件的图片，其具体操作步骤如下：

（1）打开要插入图片的幻灯片。

（2）单击 插入 选项卡“插图”组中的 图片 按钮，弹出 插入图片 对话框，如图 5.3.3 所示。

（3）在该对话框中选择要插入的图片，单击 插入(S) 按钮，返回 PowerPoint 工作界面，即可看到插入图片后的幻灯片效果，如图 5.3.4 所示。

图 5.3.3　“插入图片”对话框

图 5.3.4　插入图片效果

插入图片对象后，用户还往往需要对图片进行编辑。图片的编辑方法与在 Word 2010 中类似，选中要编辑的图片，在随即打开的“格式”选项卡中即可完成图片大小、位置、样式等设置。

5.3.2　插入表格和图表

为了使幻灯片中的内容更加简单明了，用户还可以在幻灯片中插入表格和图表。

1. 插入表格

在幻灯片中插入表格是一些企业制作产品推广提案或者策划方案时经常使用的一种数据表达方法。在幻灯片中插入表格的具体操作如下：

（1）选择需要插入表格的幻灯片。

（2）在 插入 选项卡中单击“表格”组中的按钮，在弹出的下拉列表中选择相应的选项，如图 5.3.5 所示。

（3）在幻灯片中可生成相应的表格，在其中输入数据后，效果如图 5.3.6 所示。

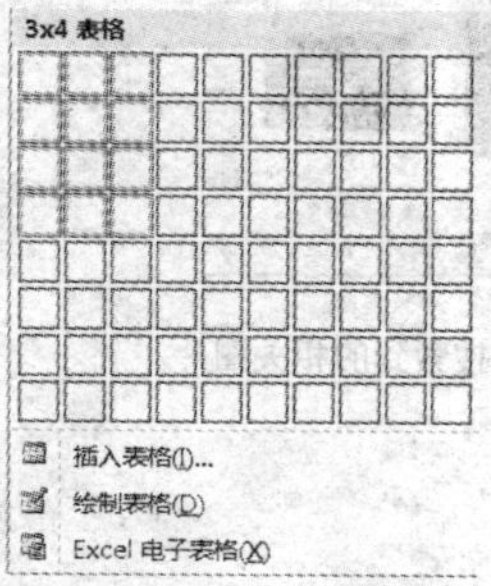

图 5.3.5　表格下拉列表

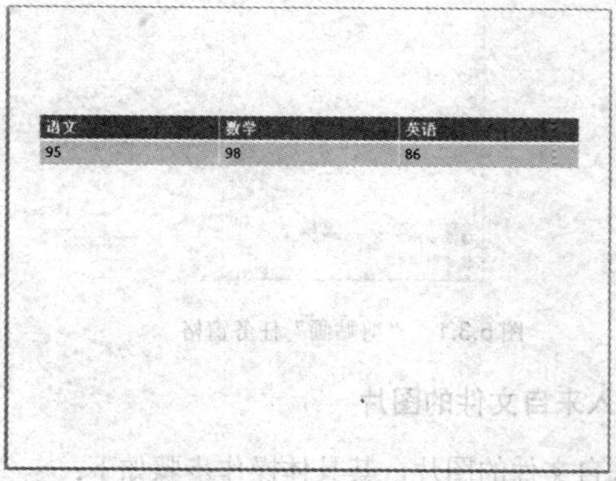

图 5.3.6　应用表格示例

技巧：单击项目占位符中的“插入表格”按钮，在弹出的 插入表格 对话框中输入行数和列数，再单击 确定 按钮也可在幻灯片中插入表格。

选择表格后，在功能区将出现表格工具的“设计”选项卡和“布局”选项卡，在其中可对表格的样式、边框、行和列、单元格大小、对齐方式、表格尺寸及排列等进行具体的设置。

2．插入图表

在幻灯片中插入图表是一些企业制作投标书时经常使用的一种数据表达方法。在幻灯片中插入图表的具体操作如下：

（1）选择需要插入图表的幻灯片，在 插入 选项卡的“插图”组中单击 图表 按钮，弹出 插入图表 对话框，如图 5.3.7 所示。

（2）在其中选择需要的图表类型，单击 确定 按钮将自动打开 Excel 程序进行数据的输入，在其中的相应单元格中输入需要的数据可生成相应的图表，如图 5.3.8 所示。

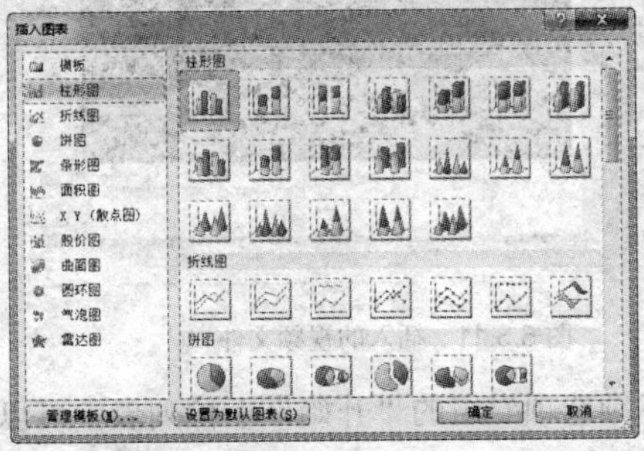

图 5.3.7 “插入图表”对话框

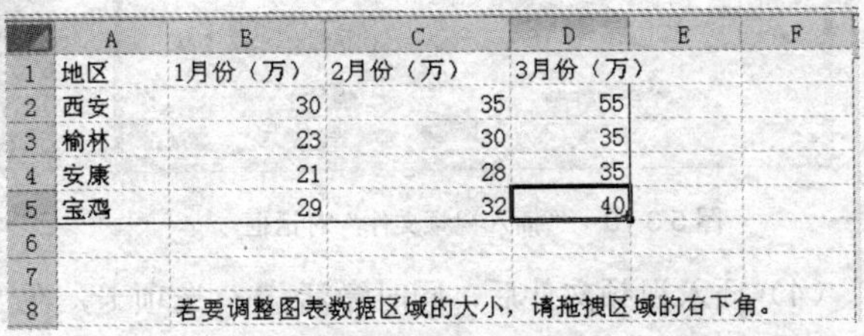

	A	B	C	D	E	F
1	地区	1月份（万）	2月份（万）	3月份（万）		
2	西安	30	35	55		
3	榆林	23	30	35		
4	安康	21	28	35		
5	宝鸡	29	32	40		
6						
7						
8		若要调整图表数据区域的大小，请拖拽区域的右下角。				

图 5.3.8 应用图表示例

（3）关闭数据表后自动在幻灯片中插入图表，如图 5.3.9 所示。

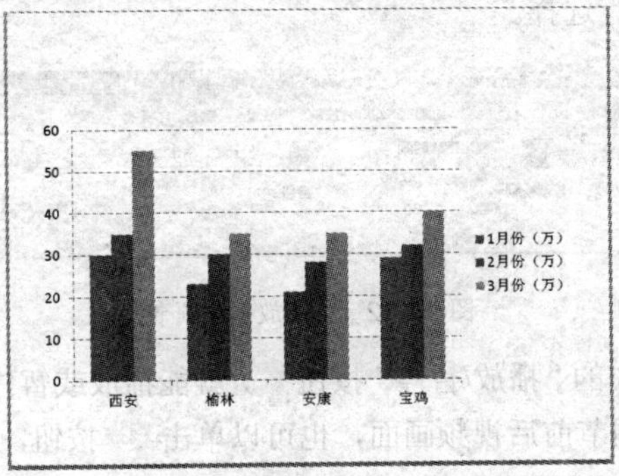

图 5.3.9 插入的图表

提示：选择图表后，在功能区将出现图表工具的“设计”“布局”和“格式”选项卡，在其中可对图表的样式、类型、颜色、标签、背景等进行具体设置。

5.3.3　插入多媒体文件

在 PowerPoint 2010 中，可供插入的媒体文件类型分别为文件中的视频、来自网站的视频、剪辑画视频、文件中的音频、录制音频等。

1．插入视频

PowerPoint 2010 里面直接支持的视频格式有 avi，mpg，wmv，ASF 等。在幻灯片中插入视频文件，具体操作步骤如下：

（1）打开要插入视频的幻灯片。

（2）打开 插入 选项卡，单击“媒体”组中的 视频 按钮，在弹出的菜单中选择 文件中的视频(F)... 命令，弹出 插入视频文件 对话框，选择视频文件所在的路径，然后选中该视频，如图 5.3.10 所示。

（3）单击 插入(S) 按钮即可在幻灯片中插入视频，如图 5.3.11 所示。

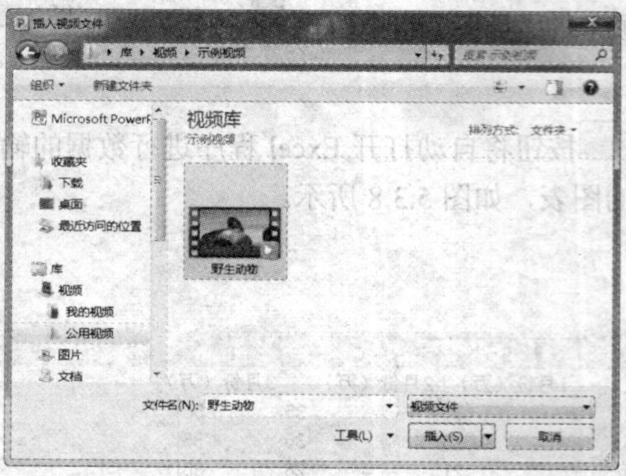

图 5.3.10　“插入视频文件”对话框

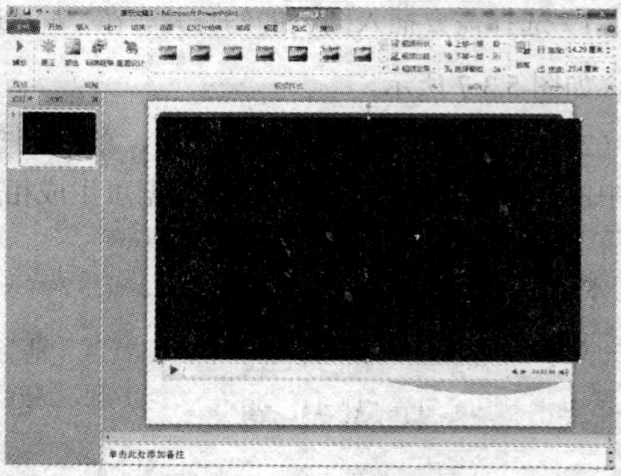

图 5.3.11　插入的视频文件

（4）插入视频文件后，同时激活 播放 选项卡，在“视频选项”组的“开始”下拉列表中可以选择文件播放的方式：“自动”或者“单击时”，如图 5.3.12 所示。

如果要在幻灯片中自动播放视频，则选择“自动”；如果要在单击鼠标时才播放视频，则选择“单击时”，用户可以根据需要进行选择。

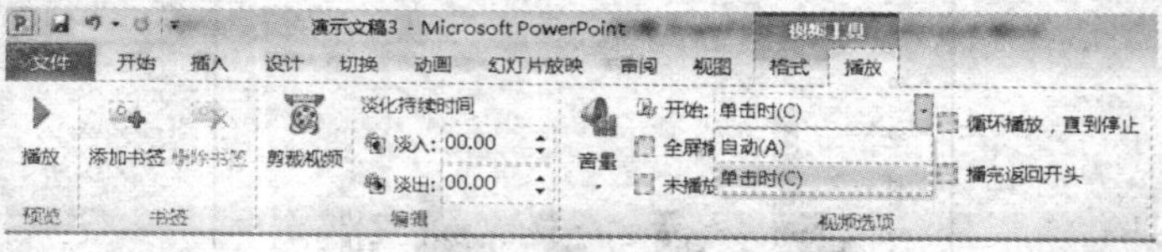

图 5.3.12　“播放”选项卡

（5）单击视频播放窗口中的“播放/暂停”按钮 ，就能播放或暂停播放视频，如图 5.3.13 所示。通过单击 或 按钮，可以调节前后视频画面，也可以单击 按钮，调节视频音量。

图 5.3.13　播放视频

2. 插入音频

在幻灯片中插入音频文件，其具体操作步骤如下：

（1）打开要插入音频的幻灯片。

（2）打开 插入 选项卡，单击“媒体”组中的 音频 按钮，在弹出的菜单中选择 文件中的音频(F)... 命令，弹出 插入音频 对话框，选择音频文件所在的路径，然后选中该音频，如图 5.3.14 所示。

（3）单击 插入(S) 按钮，在幻灯片的界面中间出现一个灰色的“喇叭”，这就是插入的音乐文件，在“喇叭”的下面携带着试听播放器，可以点击播放以及控制音量，如图 5.3.15 所示。

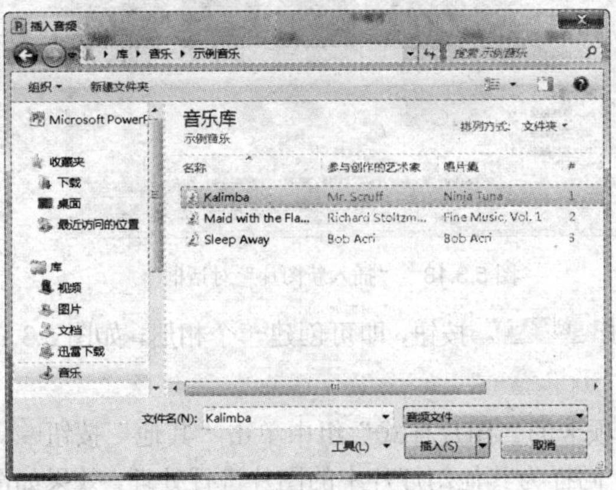

图 5.3.14 “插入音频”对话框

图 5.3.15 插入的音频文件

（4）插入音频文件后，激活 播放 选项卡，在“音频选项”组的“开始”下拉列表中选择音频文件播放的方式。选中 ☑ 放映时隐藏 复选框，可以在放映幻灯片时隐藏喇叭图标。

（5）单击“编辑”组中的 剪裁音频 按钮，弹出 剪裁音频 对话框，这是 PowerPoint 2010 独有的功能，用户可以截取加入的音频文件，如图 5.3.16 所示。

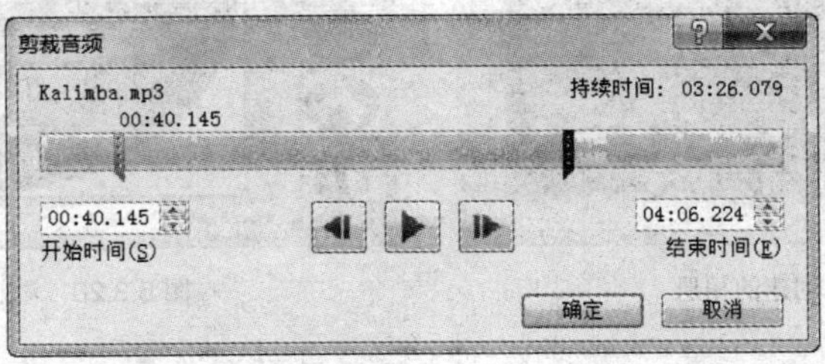

图 5.3.16 “剪裁音频”对话框

5.3.4 创建相册

PowerPoint 2010 相册是可以创建用来显示个人或公司照片的演示文稿，还可以设置引人注目的幻灯片切换方式、彩色背景以及主题、特定版式等。将图片添加到相册中后，可以添加标题、调整顺序和版式、在图片周围添加相框，甚至可以应用主题，以便进一步自定义相册的外观。

创建相册的具体操作步骤如下：

（1）打开 PowerPoint 2010 新建空白演示文稿。在“插入”选项卡的“插图”组中单击 相册 按钮，从弹出的下拉列表中选择 新建相册(A)... 命令，弹出 相册 对话框，如图 5.3.17 所示。

（2）单击 文件/磁盘(F)... 按钮，弹出 插入新图片 对话框，找到包含要插入的图片的文件夹，选择要插入的图片，如图 5.3.18 所示。

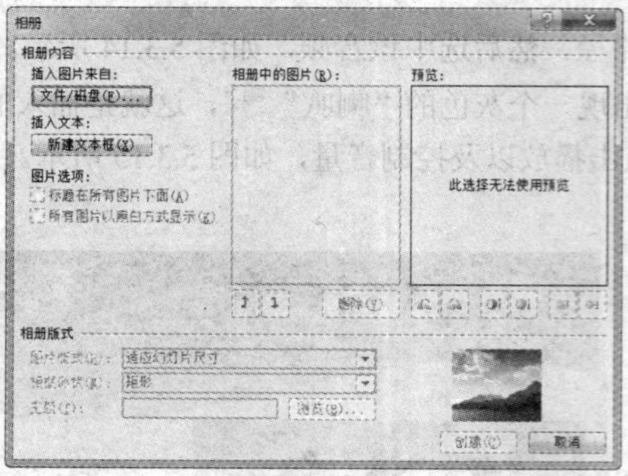

图 5.3.17　“相册”对话框

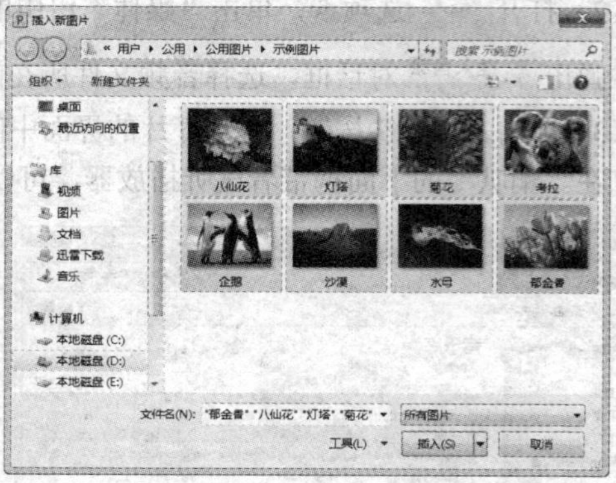

图 5.3.18　“插入新图片”对话框

（3）单击 插入(S) 按钮返回到 相册 对话框，单击 创建(C) 按钮，即可创建一个相册，如图 5.3.19 所示。

（4）选中第二张幻灯片中的图片，在 格式 选项卡的“图片样式”组中单击“其他”按钮，在弹出的下拉列表中选择图片样式为图片添加相框，同样为其他幻灯片中的图片进行处理，效果如图 5.3.20 所示。

图 5.3.19　创建的相册

图 5.3.20　添加相框

5.4　修饰幻灯片的外观

为了制作出一个精美的演示文稿，还必须对演示文稿的外观进行美化和编辑，也就是修改演示文稿的主题样式、背景样式等。

5.4.1　应用设计主题

主题是一组统一的设计元素，使用颜色、字体和图形设置文档的外观。通过应用主题样式可以快速而轻松地设置整个文档的格式，并赋予它专业、时尚的外观。

1. 应用文档主题

应用文档主题的具体操作步骤：

（1）打开 设计 选项卡，在“主题”组中单击用户想要的文档主题，或者单击“更多”按钮查看所有可用的文档主题，如图 5.4.1 所示。

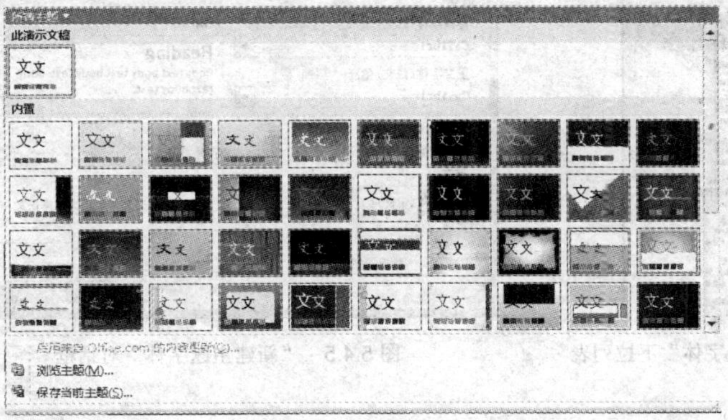

图 5.4.1　内置主题

（2）在“内置”选区中选择用户要使用的文档主题。

（3）如果用户要使用的文档主题未列出，可选择 浏览主题(M)... 命令，在弹出的 选择主题或主题文档 对话框中选择所需的主题样式。

2．自定义文档主题

自定义文档主题可以从更改已使用的颜色、字体、线条和填充效果开始。对一个或多个主题组件所作的更改将立即影响活动文档中已经应用的样式。如果要将这些更改应用到新文档，用户可以将它们另存为自定义文档主题。

自定义主题颜色的具体操作步骤：

（1）打开 设计 选项卡，单击“主题”组中的 颜色 按钮，弹出“颜色”下拉列表，如图 5.4.2 所示。

（2）选择 新建主题颜色(C)... 命令，弹出 新建主题颜色 对话框，如图 5.4.3 所示。

（3）在该对话框中可为幻灯片中文字、背景、超链接等一一定义颜色，并将新建的主题取名保存下来应用到当前演示文稿中。

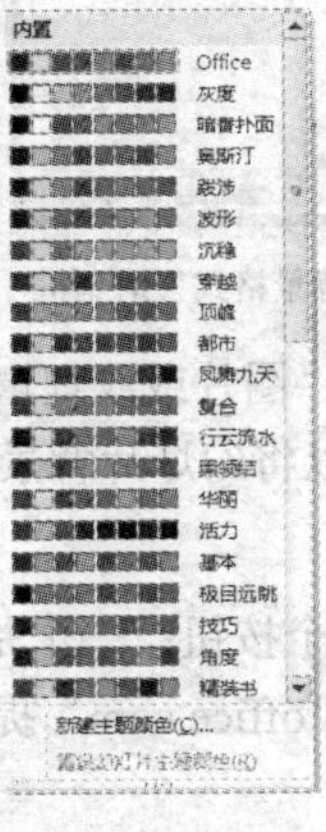

图 5.4.2　“颜色”下拉列表

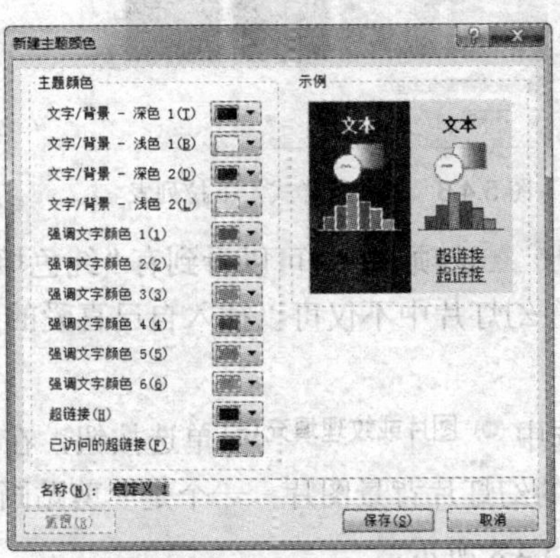

图 5.4.3　“新建主题颜色”对话框

（4）在“主题”组中单击 字体 按钮，在弹出的列表框中选择一种字体类型，如图 5.4.4 所示。或从中选择 新建主题字体(C)... 命令，弹出 新建主题字体 对话框，如图 5.4.5 所示。在该对话框中可定义幻灯片中文字的字体，并将新建的主题取名保存下来应用到当前演示文稿中。

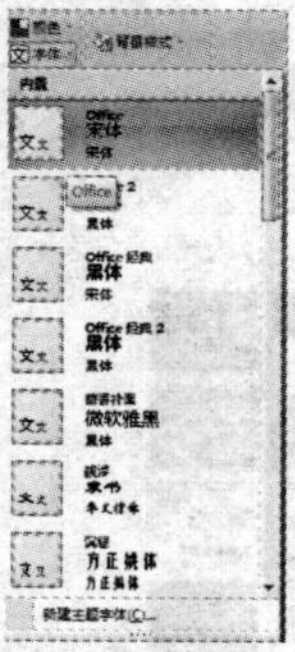

图 5.4.4　“字体”下拉列表

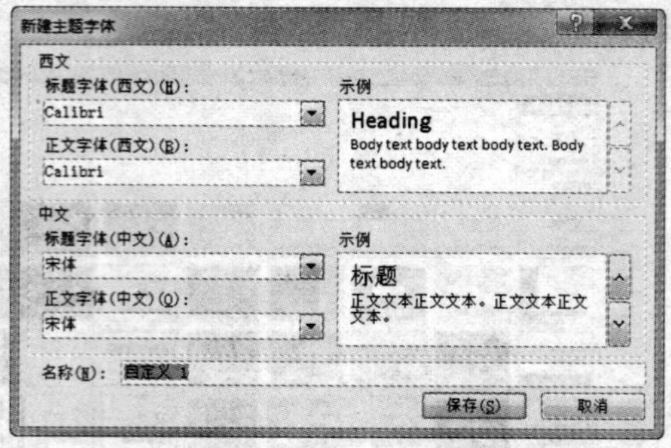

图 5.4.5　“新建主题字体”对话框

5.4.2　设置幻灯片背景

要使幻灯片的效果更加精美，可以更改幻灯片、备注及讲义的背景颜色。PowerPoint 应用程序默认幻灯片背景为白色，可以使用内置背景样式，也可利用“设置背景格式”对话框设置背景，其具体操作步骤如下：

（1）打开要设置背景的幻灯片。

（2）打开 设计 选项卡，单击“主题”组中的 背景样式 按钮，在弹出的如图 5.4.6 所示的“背景样式”下拉列表中选择合适的幻灯片背景样式。

（3）也可在该下拉列表中选择 设置背景格式(B)... 命令，弹出 设置背景格式 对话框，如图 5.4.7 所示。

图 5.4.6　“背景样式”下拉列表

图 5.4.7　“设置背景格式”对话框

（4）选择 填充 选项卡，就可以看到有“纯色填充”“渐变填充”“图片或纹理填充”“图案填充”四种填充模式，在幻灯片中不仅可以插入自己喜爱的图片背景，还可以将幻灯片背景设为纯色或渐变色。

（5）在此选中 ◉ 图片或纹理填充(P) 单选按钮，在“插入自”有两个按钮：一个是“文件”，可选择来自电脑储存的幻灯片背景图片；一个是“剪贴画”，可搜索来自“office.com”提供的背景图片，但需联网，如图 5.4.8 所示。

（6）单击 文件(F)... 按钮，弹出 插入图片 对话框，选择图片的存放路径，选择需要的图片后，单击 插入(S) 按钮即可在幻灯片编辑区看到其效果，如图 5.4.9 所示。

图 5.4.8 选择“图片或纹理填充”选项

图 5.4.9 “插入图片”对话框

（7）在返回的 设置背景格式 对话框中单击 关闭 按钮就可为该张幻灯片设置背景。如果想将设置的背景应用于同一演示文稿中的所有幻灯片，单击 全部应用(L) 按钮，效果如图 5.4.10 所示。

如果对插入的图片不满意，在 设置背景格式 对话框中选择 图片更正 选项卡，可重置图片同时对插入图片的亮度和对比度进行设置；选择 图片颜色 选项卡，可对图片的颜色进行设置；选择 艺术效果 选项卡，可以对图片应用不同的艺术效果，使其看起来更像素描、绘图或油画，如图 5.4.11 所示。

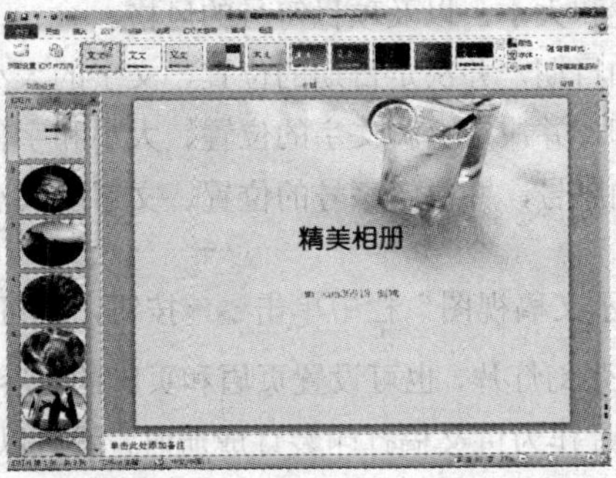

图 5.4.10 应用幻灯片背景效果

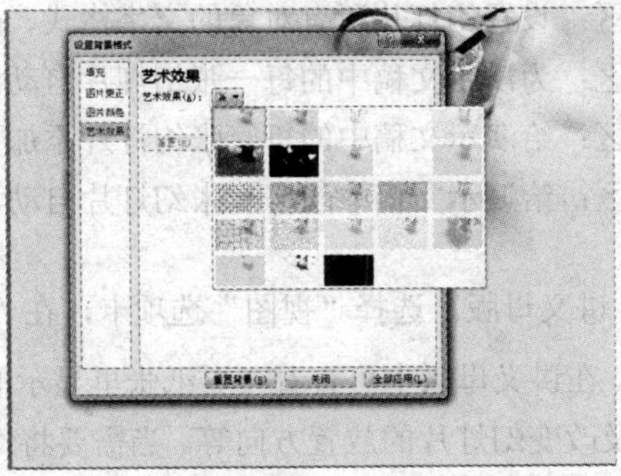

图 5.4.11 “艺术效果”选项卡

5.4.3 制作幻灯片母版

如果要将同一背景、标志、标题文本及主要文字格式运用到整篇文稿的每张幻灯片中，就可以使用 PowerPoint 的幻灯片母版功能。幻灯片母版是用于统一和存储幻灯片信息的模板信息，在对模板信息进行加工之后，可快速生成相同样式的幻灯片，从而提高工作效率，减少重复输入。

1. 查看母版类型

在 PowerPoint 2010 中，幻灯片母版分为 3 种，分别为幻灯片母版、讲义母版和备注母版，它们的作用和视图都不相同。经过运用幻灯片母版进行设计后的幻灯片样式将出现在“幻灯片”组中的 新建幻灯片 按钮的下拉列表框中，需要使用该样式的幻灯片时，可直接在其中进行选择。

（1）幻灯片母版。

选择 视图 选项卡，在“母版视图”组中单击 幻灯片母版 按钮，便可查看幻灯片母版。在标题及文本的版面配置区中包含了标题、文本对象、日期、页脚和数字 5 种占位符，在母版中更改和设置的内容将应用于同一演示文稿的所有幻灯片中，如图 5.4.12 所示。

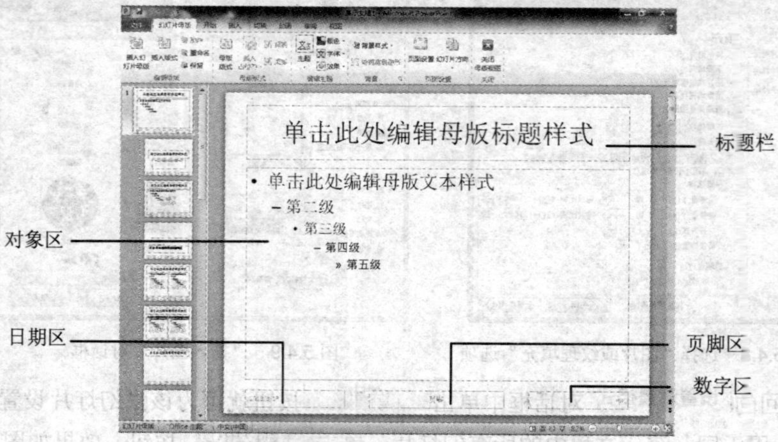

图 5.4.12　幻灯片母版视图

幻灯片母版中各部分的功能如下：

标题栏：设置演示文稿中所有幻灯片标题文字的格式、位置和大小。

对象区：设置幻灯片所有对象的文字格式、位置和大小，以及项目符号的风格。

日期区：为演示文稿中的每一张幻灯片自动添加日期，并决定日期的位置、文字的大小和字体。

页脚区：给演示文稿中的每一张幻灯片添加页脚，并决定页脚文字的位置、大小和字体。

数字区：给演示文稿中的每一张幻灯片自动添加序号，并决定序号的位置、文字的大小和字体。

（2）讲义母版。选择“视图”选项卡，在“演示文稿视图”栏中单击讲义母版按钮，就可进入讲义母版视图。在讲义母版中可查看一页纸张里显示的多张幻灯片，也可设置页眉和页脚的内容并调整其位置，以及改变幻灯片的放置方向等。当需要将幻灯片作为讲义稿打印装订成册时，就可以使用讲义母版形式将其打印出来，如图 5.4.13 所示。

（3）备注母版。如果查看幻灯片内容时，需要将幻灯片和备注显示在同一页面中，就可以在备注母版视图中进行查看。在“演示文稿视图”栏中单击备注母版按钮，就可进入备注母版视图，如图 5.4.14 所示。

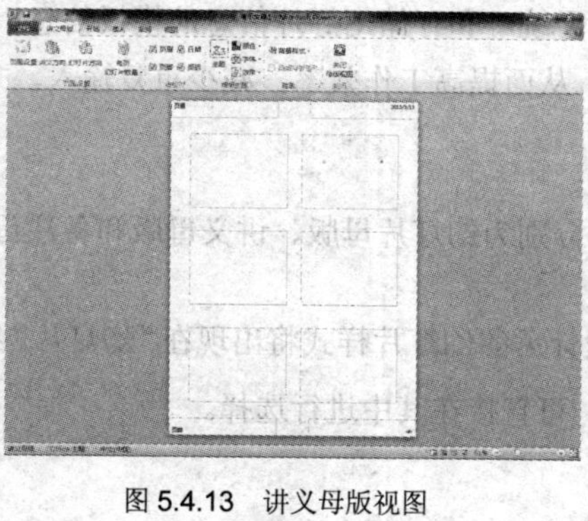
图 5.4.13　讲义母版视图

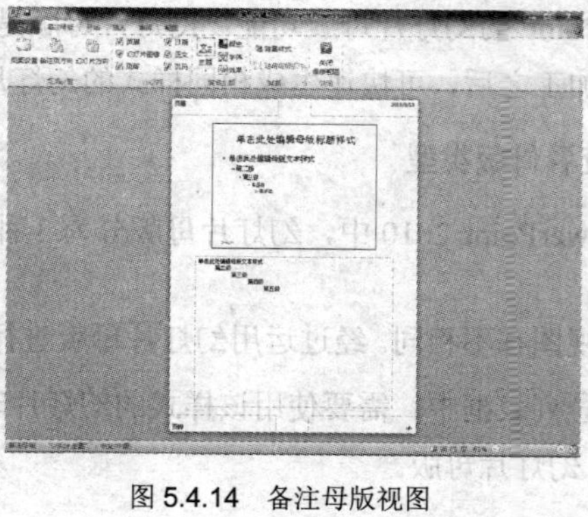
图 5.4.14　备注母版视图

2. 设计母版

设计母版样式包括在母版中设置幻灯片的背景、文本样式、插入图形以及添加页眉和页脚等都是为了统一幻灯片样式所进行的操作。由于讲义母版和备注母版不常用，而且操作方法较为简单，下面将详细讲解在幻灯片母版中设计母版的方法。

（1）新建空白演示文稿后，选择 视图 选项卡，在“演示文稿视图”栏中单击 幻灯片母版 按钮。

（2）选择第一张母版幻灯片，在“背景”组中单击“对话框启动器”按钮，弹出 设置背景格式 对话框。

（3）选择 填充 选项卡，选中 ◉ 图片或纹理填充(P) 单选按钮，单击“纹理”按钮，在弹出的下拉列表中选择一种纹理样式，如图 5.4.15 所示。

（4）单击 全部应用(L) 和 关闭 按钮，返回幻灯片，效果如图 5.4.16 所示。

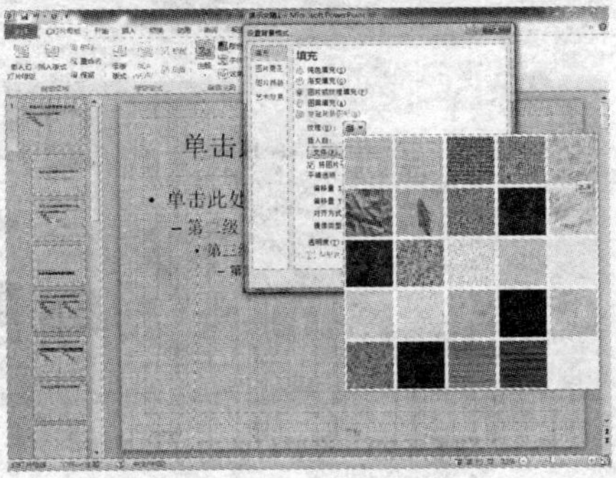

图 5.4.15　选择纹理样式

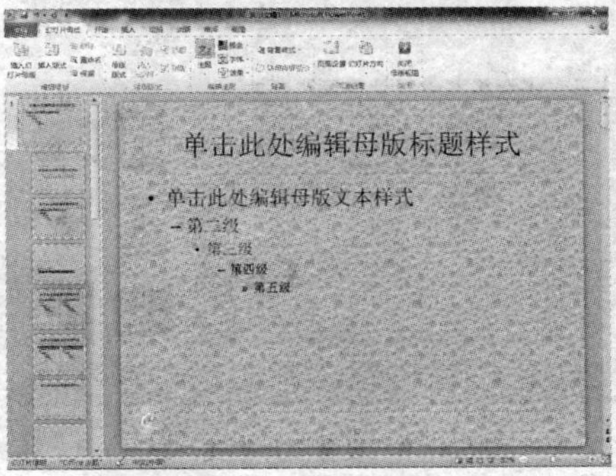

图 5.4.16　应用纹理

提示：对第一张母版幻灯片的编辑将会应用到该组其他含有该编辑内容的母版幻灯片中。

（5）选中“单击此处编辑母版标题样式”文本，选择 开始 选项卡，在“字体”栏中将“字体”设置为“隶书”，字号为“48”，单击“文字阴影”按钮 S，在“字体颜色”下拉列表框中选择“深红”。

（6）选中中间文本框中的所有文本，设置字体为“楷书”，字号为“28”，设置文本格式后效果，如图 5.4.17 所示。

（7）选择 插入 选项卡，单击“插图”组中的 剪贴画 按钮，在打开的“剪贴画”任务窗格的“搜索文字”文本框中输入“动物”文本。

（8）单击 搜索 按钮，在显示搜索结果的列表框中，单击所需要的剪贴画，就可将其插入到母版幻灯片中。将剪贴画缩小后移动到图中合适的位置，如图 5.4.18 所示。

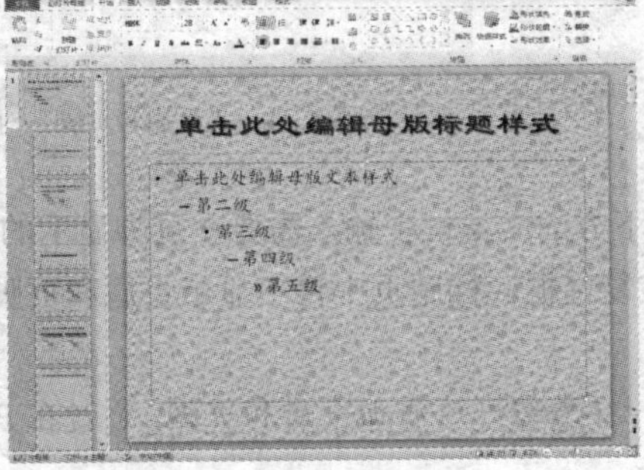

图 5.4.17　设置文本格式

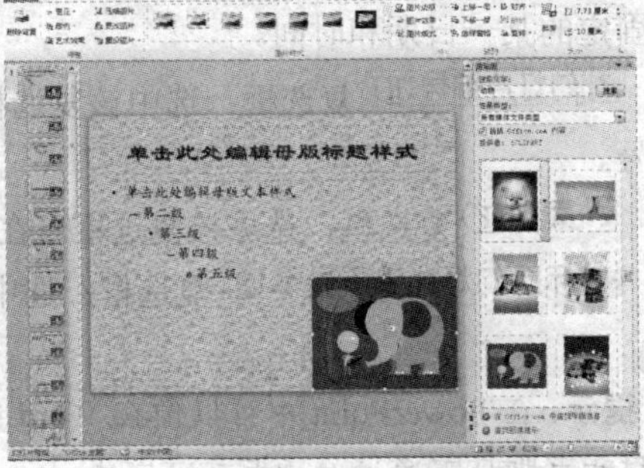

图 5.4.18　插入剪贴画

（9）单击插入的图片，在 格式 选项卡的“调整”组中单击 删除背景 按钮，然后在幻灯片的空白处单击，可以看到幻灯片的背景被去掉，如图 5.4.19 所示。

（10）设置完成后，单击视图栏中的“普通视图”按钮，切换至普通视图中。单击“幻灯片”组中的 新建幻灯片 按钮，在弹出的下拉列表框中将显示用母版进行设计后幻灯片样式，效果如图 5.4.20 所示。

图 5.4.19　设置图片格式

图 5.4.20　设置好的幻灯片母版

5.4.4　添加页眉与页脚

在 PowerPoint 2010 中还可以为幻灯片添加页眉与页脚，使幻灯片的内容更加充实、规范。添加页眉与页脚的方法如下：

（1）在演示文稿中的 插入 选项卡的“文本”选区中单击 页眉和页脚 按钮，弹出 页眉和页脚 对话框，如图 5.4.21 所示。

（2）在该对话框中可设置在页眉和页脚位置需要显示的内容，单击 全部应用(Y) 按钮应用到整个演示文稿，单击 应用(A) 按钮则只应用到当前幻灯片。

“页眉和页脚”对话框中的各复选框的功能介绍如下：

（1）☑日期和时间(D) 复选框：选中该复选框将显示日期和时间，并激活下方的选项，可以选择自动更新日期和时间或是显示固定的某一日期和时间。

（2）☑幻灯片编号(N) 复选框：选中该复选框，显示出幻灯片编号。

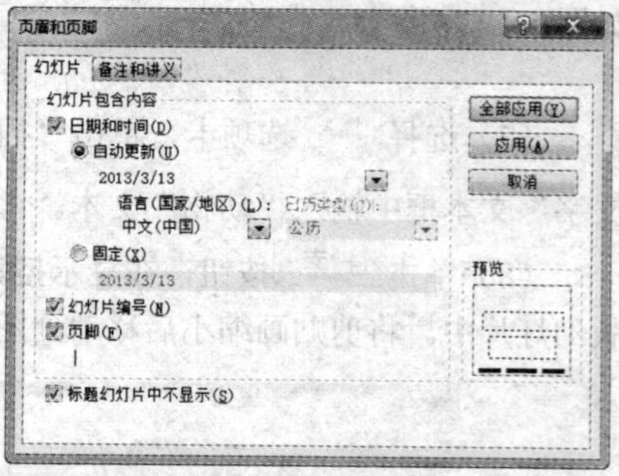

图 5.4.21　“页眉和页脚”对话框

（3）☑页脚(F) 复选框：选中该复选框可在其下方的文本框中输入需要在页脚显示的文字。

（4）☑标题幻灯片中不显示(S) 复选框：选中该复选框，标题页中将不显示页眉和页脚。

提示：在 PowerPoint 中可以像在 Word 中一样为幻灯片添加页眉和页脚，不过在 PowerPoint 中添加页眉和页脚只需通过对话框就可完成。

5.4.5 添加超链接

PowerPoint 2010 中提供了功能强大的超链接功能，使用它可以实现跳转到某张幻灯片、另一个演示文稿或某个网址。创建超链接的对象可以是任何对象，如文本、图形等。

在演示文稿中创建超链接的具体操作步骤如下：

（1）选中要创建超链接的文本或图形对象。

（2）打开 插入 选项卡，单击“链接”选项组中的 超链接 按钮，弹出 插入超链接 对话框，如图 5.4.22 所示。

（3）在“链接到”选区中选择链接的类型，可供选择的类型包括原有文件或网页、本文档中的位置、新建文档以及电子邮件地址，在此选择 本文档中的位置(A) 选项。在“请选择文档中的位置”栏中选择要链接的对象，如图 5.4.23 所示。

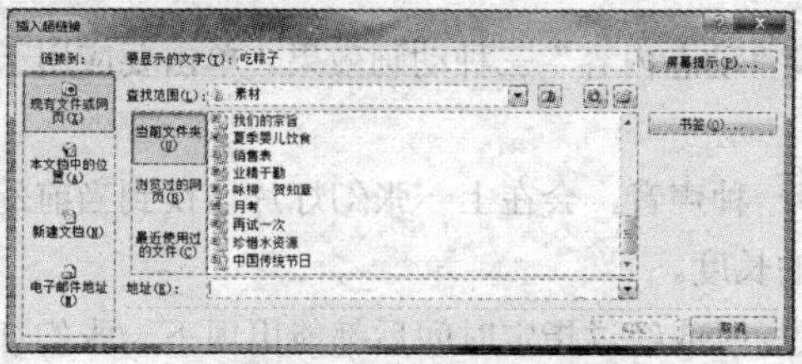

图 5.4.22 “插入超链接”对话框

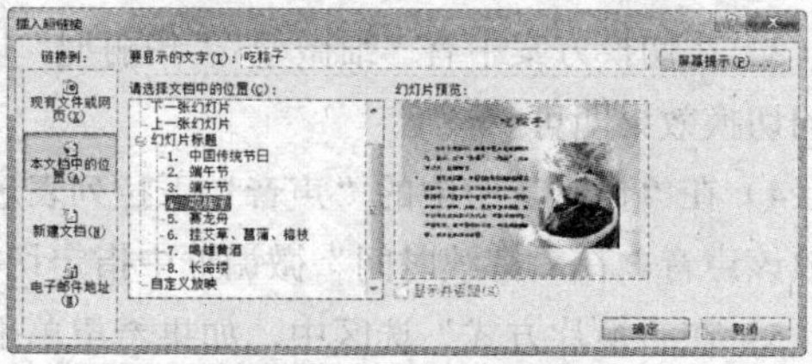

图 5.4.23 设置超链接对象

（4）单击 确定 按钮即可为文本添加超链接，如图 5.4.24 所示。

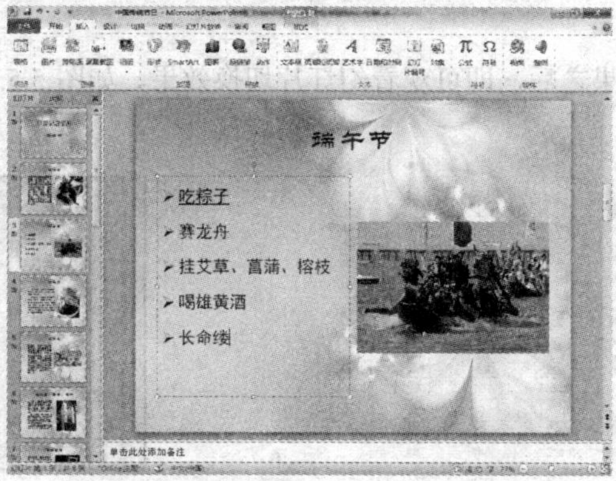

图 5.4.24 插入超链接效果

提示：在要创建超链接的文本或图形对象上单击鼠标右键，从弹出的快捷菜单中选择 超链接(H)... 命令，也可弹出 插入超链接 对话框。

5.5 设置动画效果

PowerPoint 的动画效果主要有两种：一种是幻灯片切换动画，又称翻页动画，是指为幻灯片之间的切换设置动态效果；另一种是自定义动画，是指为幻灯片中各种对象的出现设置动态效果。

5.5.1　幻灯片间的切换效果

幻灯片的切换效果是指幻灯片进入和离开屏幕时产生的视觉效果。在演示文稿中添加切换效果，可以使幻灯片过渡衔接得更加自然与贴切，更能吸引观众的注意。用户既可以为一组幻灯片设置同一种切换方式，也可以为每张幻灯片设置不同的切换方式。

要为幻灯片添加切换效果，可按以下操作步骤进行：

（1）选择要应用切换效果的幻灯片，打开 切换 选项卡，如图 5.5.1 所示。

图 5.5.1　“切换”选项卡

（2）在“切换到此幻灯片”组中单击“其他”按钮，弹出“切换效果”下拉列表，如图 5.5.2 所示。

（3）在切换方案中有“细微型”“华丽型”以及“动态内容”三种动画效果。单击要应用于该幻灯片的切换效果即可。

（4）在“计时”组中的“声音”下拉列表选择一种声音，会在上一张幻灯片切换到当前幻灯片时播放该声音。在“持续时间”微调框中指定切换的长度。

（5）在“换片方式”选区中，如果希望单击鼠标时或经过指定时间后都能出现下一张幻灯片，就要选中 ☑ 单击鼠标时 复选框，并在 ☑ 设置自动换片时间: 微调框中输入换片的时间。

（6）单击 全部应用 按钮，可将切换效果的设置应用于演示文稿的所有幻灯片中。否则，将只应用于当前选择的幻灯片中。

给幻灯片添加了切换效果之后，即可观看幻灯片切换效果。如图 5.5.3 所示为幻灯片放映过程中的切换效果。

图 5.5.2　“切换效果”下拉列表

图 5.5.3　幻灯片切换效果

5.5.2　为幻灯片中的对象设置动画效果

在 PowerPoint 2010 中除了可以为幻灯片添加切换效果之外，还可以给幻灯片的各个对象设置动画效果。当设置动画效果时，可以使用 PowerPoint 2010 自带的预设动画，还可以创建自定义动画。

1. 设置预设动画

PowerPoint 2010 有很多种预设动画，但只能用于特定的对象，例如“图表”动画效果就只能用于图表对象。设置预设动画的具体操作步骤如下：

（1）选择要设置预设动画的幻灯片对象。

（2）在 动画 选项卡的“动画”组中单击“其他”按钮，从弹出的下拉列表中选择需要的动画效果即可，如图 5.5.4 所示 。

提示：单击“高级动画”组中的 添加动画 按钮，也可弹出“动画”下拉列表。

（3）设置对象动画效果后，单击“预览”组中的 预览 按钮，对其进行预览。

提示：只有先选择幻灯片对象，才能设置对象的动画效果，否则“动画”下拉列表框呈灰色，无法进行设置。在预览动画时，该预览是根据设置先后，对幻灯片的所有动画效果进行预览。

2. 自定义动画

若想对幻灯片的动画进行更多设置，或为幻灯片中的图形等对象也指定动画效果，可以自定义动画，具体操作步骤如下：

（1）选择需设置自定义动画的幻灯片，单击 动画 选项卡，在“动画”组中单击 动画窗格 按钮，打开“动画窗格”，如图 5.5.5 所示。

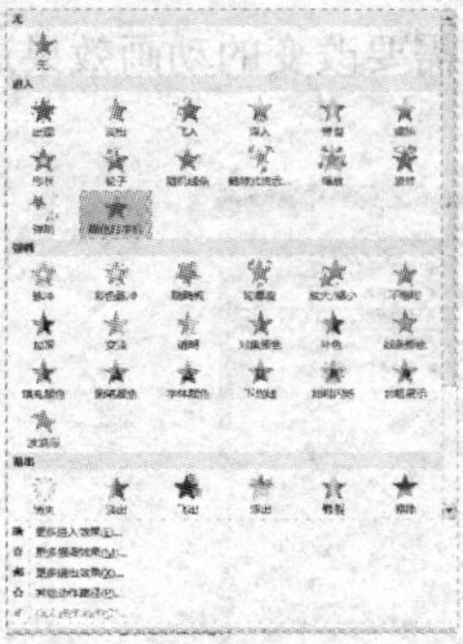

图 5.5.4 “动画”下拉列表

图 5.5.5 动画窗格

（2）在幻灯片编辑区中选择该张幻灯片中需设置动画效果的对象。

（3）单击“高级动画”组中的 添加动画 按钮，从弹出的下拉列表中选择 更多进入效果(E)... 命令，弹出 添加进入效果 对话框，如图 5.5.6 所示。

（4）该对话框有“基本型”“细微型”“温和型”以及“华丽型”四种特色动画效果，可从中选择一种效果用于设置在幻灯片放映时文本及对象进入放映界面的动画效果。

（5）单击 确定 按钮返回幻灯片，则刚才设置的动画效果添加到了动画窗格中，如图 5.5.7 所示。

（6）单击 ▶ 播放 按钮可以浏览设置的动画效果。

同样，用户也可以设置更多强调效果、更多退出效果和其他动作路径动画效果。其中：

强调效果：用于在放映过程中对需要强调的部分设置动画效果，如放大或缩小等。

退出效果：用于设置放映幻灯片时相关内容退出放映界面时的动画效果，如百叶窗、飞出或菱形等效果。

动作路径效果：用于指定放映所能通过的轨迹，如向下、向上或对角线向上等。设置好动作路径后将在幻灯片编辑区中以红色箭头显示其路径的起始方向。

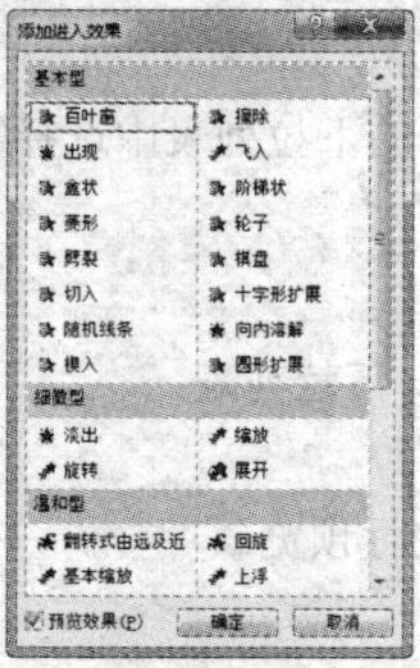

图 5.5.6 “添加进入效果”对话框

图 5.5.7 添加进入动画效果

提示：如果要为多个对象设置动态效果时，可按住“Shift”键或“Ctrl”键选中要设置动态效果的所有幻灯片，按照为单个对象设置动态效果的方法进行设置即可。

5.5.3 修改动画

如果对设置的动画效果不满意，可以进行修改，重新设置。

（1）若要改变动画效果的播放顺序，可在动画窗格中选择需要改变的动画效果进行拖动，或单击下面的或按钮将其移到所需的位置，如图 5.5.8 所示。

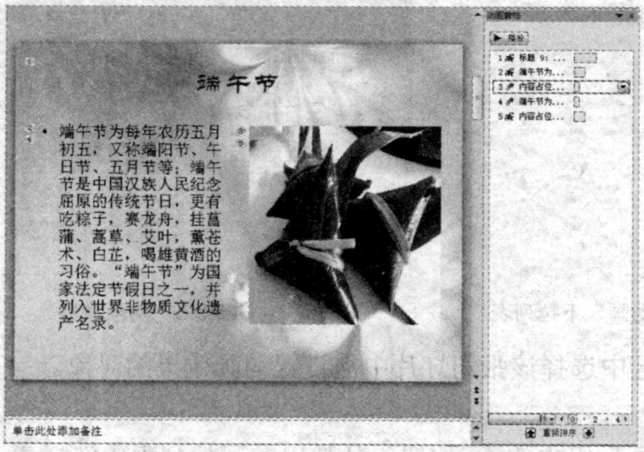

图 5.5.8 调整动画顺序

（2）修改某一动画效果，可在动画窗格中将其选中，单击鼠标右键，从弹出的快捷菜单中选择 删除(R) 命令，将该动画效果删除，再重新添加动画效果。

5.5.4 使用动画刷

PowerPoint 2010 中新增一个“动画刷”工具，功能有点类似于格式刷，但是动画刷主要用于动画格式的复制应用，利用它可以快速设置动画效果。

（1）选择已设置动画效果的对象。

（2）单击 动画 选项卡，在“高级动画”组中单击 动画刷 按钮，或按快捷键“Alt+Shift+C”，此时鼠标变为刷子形状。

（3）在需要应用相同动画的对象上单击即可，同时鼠标指针右边的刷子图案会消失。

5.5.5　添加动作按钮

利用动作按钮可在幻灯片中添加一些特殊按钮，可以通过这些按钮对正在播放的幻灯片进行前进一项、后退一项或跳到第一项等操作。PowerPoint 2010 提供的动作按钮还可以连接到计算机上的其他演示文稿或者发布到 Internet 上。

添加动作按钮具体操作步骤如下：

（1）选定需要添加按钮的幻灯片。

（2）在 插入 选项卡的“插图”组中选择 形状 命令，在弹出的下拉列表中选择“动作按钮”组中的任一按钮，如图 5.5.9 所示。

（3）当鼠标指针变为十字形状时，拖动鼠标在幻灯片中绘制一个动作按钮，并弹出如图 5.5.10 所示的 动作设置 对话框。

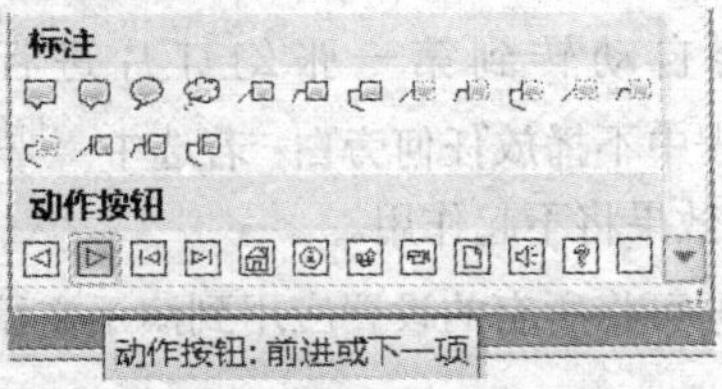

图 5.5.9　“动作按钮”类型列表

图 5.5.10　“动作设置”对话框

（4）如果要使用单击启动跳转，请单击 单击鼠标 选项卡；如果使用鼠标移过启动跳转，请单击 鼠标移过 选项卡。

（5）单击 超链接到(H): 单选按钮，从弹出的下拉列表框中可以选择链接到指定 Web 页、本幻灯片的其他张、其他文件等选项。

（6）设置完成后，单击 确定 按钮。

5.6　放映演示文稿

完成了对幻灯片的设置后，用户就可以放映演示文稿查看最终效果了。在放映演示文稿时，用户还需要根据实际情况对演示文稿的放映方式进行设置，最终完成操作。

5.6.1　设置放映方式

PowerPoint 为用户提供了演讲者放映、观众自行浏览和在展台浏览 3 种幻灯片放映的方式，用户可以根据需要选取不同的放映方式，将制作好的演示文稿展示给观众。

要为演示文稿选择一种放映方式，可以按以下操作步骤进行：

（1）打开 幻灯片放映 选项卡，在“设置”组中单击 设置幻灯片放映 按钮，弹出 设置放映方式 对话框，如图 5.6.1

所示。

（2）在该对话框的“放映类型”选区中显示了放映幻灯片的 3 种不同方式：

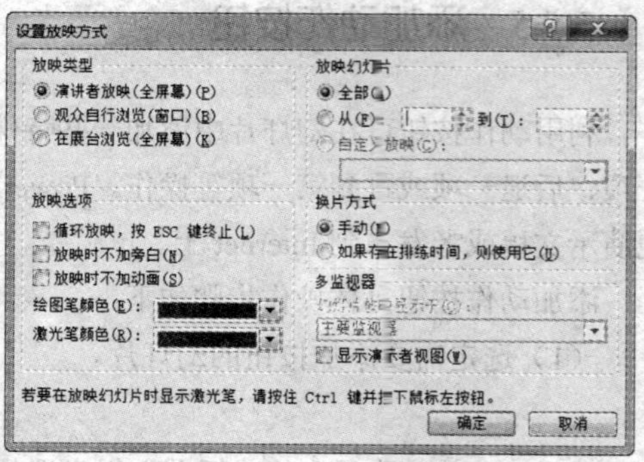

图 5.6.1 “设置放映方式”对话框

◉ 演讲者放映(全屏幕)(P)：这是一种最常用的放映方式，可以将演示文稿全屏幕显示。在这种放映方式下，既可以用人工方式放映，也可以用自动方式放映。

◉ 观众自行浏览(窗口)(B)：这是一种小规模的放映方式，在这种放映方式下，演示文稿出现在小型窗口内，并提供了在放映时移动、编辑、复制和打印幻灯片的命令。在此方式中，可以使用滚动条从一张幻灯片移到另一张幻灯片，同时打开其他程序。

◉ 在展台浏览(全屏幕)(K)：这是一种简单的放映方式。选择该方式，可以在无人管理的情况下自动运行演示文稿。在这种方式下除了可以使用超链接和动作按钮外，大多数控制按钮都为不可用状态（包括右键快捷菜单选项和放映导航工具）。

（3）在对话框的“放映选项”选区中，若选中 ☑ 循环放映，按 ESC 键终止(L) 复选框，则在放映过程中，最后一张幻灯片放映结束后，会自动转到第一张幻灯片进行播放；若选中 ☑ 放映时不加旁白(N) 复选框，则在播放幻灯片的过程中不播放任何旁白；若选中 ☑ 放映时不加动画(S) 复选框，则在播放幻灯片的过程中，原来设定的动画效果将不起作用。

（4）所有设置完成之后，单击 确定 按钮即可将所有的设置应用到演示文稿中。

5.6.2　隐藏或显示幻灯片

放映幻灯片时，系统将自动依次放映每张幻灯片。但实际操作时，有时却不需要放映所有的幻灯片，这时可将不放映的幻灯片隐藏起来，需要放映时再显示它们。隐藏幻灯片的方法如下：

（1）在演示文稿中选择需要隐藏的幻灯片。

（2）单击 幻灯片放映 选项卡，在“设置”工具栏中单击 隐藏幻灯片 按钮即可将该幻灯片隐藏。

选中被隐藏的幻灯片，再次单击 隐藏幻灯片 按钮即可显示该幻灯片。

5.6.3　自定义放映幻灯片

在 PowerPoint 中提供了自定义放映功能，用户可以使用同一个演示文稿，而将不同的幻灯片组合起来并加以命名，然后在演示时跳转到这些幻灯片，从而针对不同的观众进行演示。

（1）选择 幻灯片放映 选项卡中“开始放映幻灯片”组中的相应放映方式，如“从头开始”“从当前幻灯片开始”以及“自定义幻灯片放映”3 种。

“从头开始”按钮 从头开始：单击该按钮，从演示文稿的第一张幻灯片开始依次放映，可以浏览到演示文稿中的所有幻灯片。

“从当前幻灯片开始”按钮 从当前幻灯片开始：单击该按钮，从当前选择的幻灯片开始放映，常用于查看当前幻灯片设置的动画效果。

“自定义幻灯片放映”按钮（自定义幻灯片放映）：当用户结合实际情况，只需要播放演示文稿中的部分幻灯片时，就可以单击该按钮，在弹出的下拉菜单中选择“自定义放映(W)...”命令，打开“自定义放映”对话框，如图 5.6.2 所示。

（2）单击“新建(N)...”按钮，弹出“定义自定义放映”对话框，在“幻灯片放映名称”文本框中输入自定义放映的名称；在“在演示文稿中的幻灯片”列表框中选择要播放的幻灯片，这里选择第 4～8 张幻灯片。单击“添加(A) >>”按钮，即可将其添加至右侧的“在自定义放映中的幻灯片”列表框中，如图 5.6.3 所示。

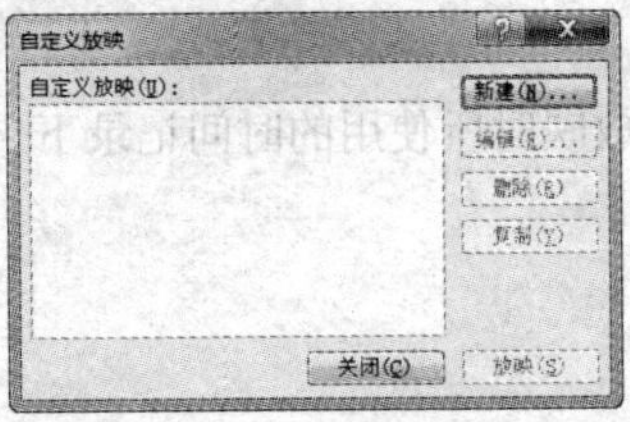

图 5.6.2　“自定义放映”对话框

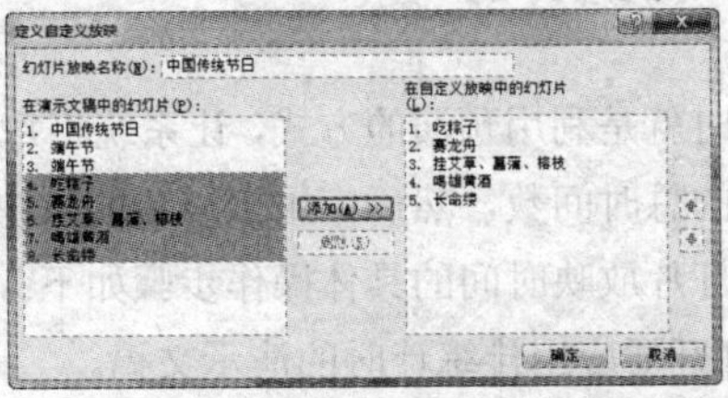

图 5.6.3　“定义自定义放映”对话框

（3）完成对幻灯片的选择后，单击“确定”按钮返回“自定义放映”对话框中，单击“放映(S)”按钮，即可按当前设置放映幻灯片。

提示： 按“F5”功能键或单击状态栏的“幻灯片放映”按钮，也可放映幻灯片。

5.6.4　放映控制

如同播放音乐时需要执行暂停、停止、下一曲、上一曲等操作一样，在放映演示文稿的过程中用户也要根据需要对演示文稿进行查看上一页、查看下一页、退出放映等控制。

（1）查看下一页。在放映幻灯片的过程中，若想直接查看下一页，可在幻灯片的空白处单击鼠标右键，在弹出的快捷菜单中选择“下一张(N)”命令，或将鼠标光标移至屏幕的左下角，单击按钮，即可完成操作，如图 5.6.4 所示。

（2）查看上一页。查看上一页的操作与查看下一页类似，用户可在幻灯片的空白处单击鼠标右键，在弹出的快捷菜单中选择“上一张(P)”命令，或将鼠标光标移至屏幕的左下角，单击按钮。

（3）退出放映。若要退出放映状态，可以直接按 Esc 键或单击鼠标右键，在弹出的快捷菜单中选择“结束放映(E)”命令，如图 5.6.5 所示。

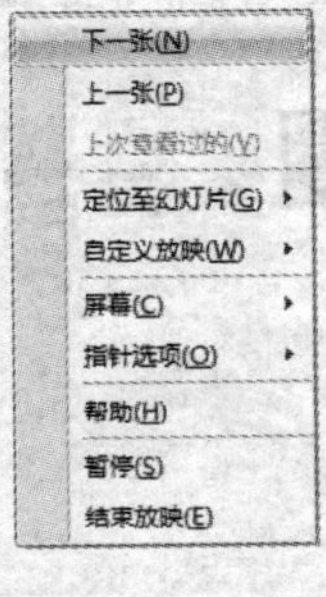

图 5.6.4　查看下一张幻灯片

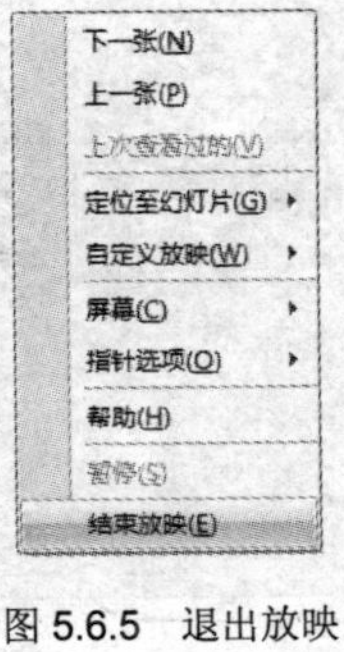

图 5.6.5　退出放映

5.6.5　调整放映顺序

在放映演示文稿时，若只想查看某张幻灯片的放映效果，可以通过快捷菜单迅速定位至该幻灯片位置完成操作，具体操作如下：

（1）在正在放映的演示文稿中单击鼠标右键，从弹出的快捷菜单中选择 定位至幻灯片(G) 命令，在弹出的子菜单中选择要查看的幻灯片。

（2）稍候片刻，系统可根据要求完成切换操作。

5.6.6　排练计时

排练计时就是利用预演的方式，让系统将每张幻灯片在放映时所使用的时间记录下来，并累加从开始到结束的总时间数，然后应用于以后的放映中。

排练幻灯片放映时间的具体操作步骤如下：

（1）打开要应用排练计时的演示文稿。

（2）在 幻灯片放映 选项卡的“设置”选项区单击 排练计时 按钮，进入幻灯片的放映状态，并打开“录制”工具栏，该工具栏会自动显示放映的总时间和当前幻灯片的放映时间，如图 5.6.6 所示。

（3）当达到所需的时间时单击“下一项”按钮 切换到下一个动画效果。用同样的方法为所有动画效果设置放映时间。

（4）如果要结束排练计时，则可以按“Esc”键，并弹出如图 5.6.7 所示的提示框，提示用户是否保留新的幻灯片排练时间。

图 5.6.6　“录制”工具栏

图 5.6.7　提示框

（5）单击 是(Y) 按钮关闭提示框，并自动切换到“幻灯片浏览”视图模式下，这时在每张幻灯片的左下角均会显示出排练时间，如图 5.6.8 所示。

图 5.6.8　显示排练时间

5.7　打包与打印演示文稿

演示文稿制作完成后，不仅可以在屏幕上演示，还可以把它打印出来以便查阅，也可以将幻灯片制作成 35 mm 胶片，在放映机上放映。

5.7.1　打包演示文稿

当用户制作完演示文稿，要在其他计算机上演示，而这台计算机又没有安装 PowerPoint 应用程序时，可以将演示文稿和 PowerPoint 播放器一起打包到文件夹或打包成 CD，拷贝到其他计算机上后，再将其解包、还原，并运行该演示文稿。打包演示文稿的具体操作步骤如下：

（1）打开要打包的演示文稿。

（2）单击 文件 按钮，在弹出的菜单中选择 保存并发送 → 将演示文稿打包成 CD 命令，如图 5.7.1 所示。

（3）单击 打包成 CD 按钮，弹出 打包成 CD 对话框，在“将 CD 命名为”文本框中输入 CD 名称，如图 5.7.2 所示。

图 5.7.1　选择打包命令

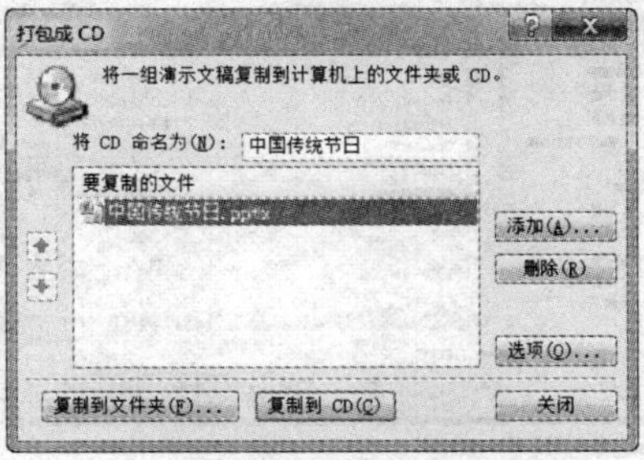

图 5.7.2　“打包成 CD”对话框

（4）如果用户还想添加其他文件，可单击 添加(A)... 按钮，弹出 添加文件 对话框，从中选择需要添加的文件，如图 5.7.3 所示。单击 添加(A) 按钮，即可将文件添加到 添加文件 对话框中。

（5）如果想复制文件的设置，可单击 选项(O)... 按钮，弹出 选项 对话框。选中 ☑嵌入的 TrueType 字体(E) 复选框，可以确保打包的演示文稿在其他计算机上保持正确的字体，如图 5.7.4 所示。用户也可为演示文稿设置打开和修改密码，并检查是否含有不适宜的信息或者个人信息。

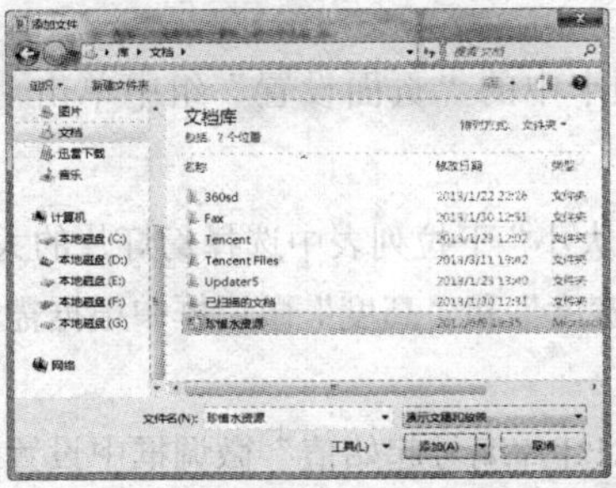

图 5.7.3　“添加文件”对话框

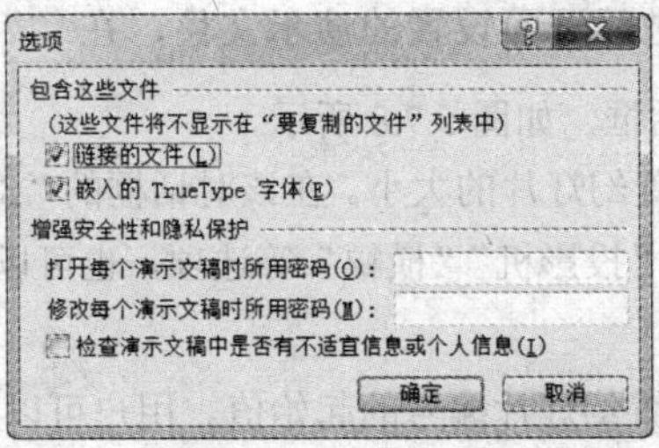

图 5.7.4　“选项”对话框

（6）设置完毕后，单击确定按钮返回打包成 CD 对话框。

（7）如果想将文件复制到指定名称和位置的新文件夹中，可单击复制到文件夹(F)...按钮，弹出复制到文件夹对话框，如图 5.7.5 所示。

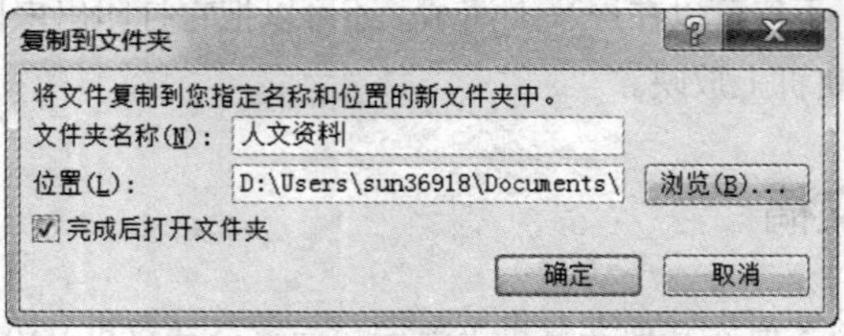

图 5.7.5　“复制到文件夹”对话框

（8）在“文件夹名称”文本框中输入文件夹名称。单击浏览(B)...按钮，弹出选择位置对话框，从中选择打包文件的存放位置，如图 5.7.6 所示。

（9）单击选择(E)按钮返回复制到文件夹对话框中，单击确定按钮返回到打包成 CD 对话框中，再单击关闭按钮即可。

复制完成之后，打开相应的文件夹，文件已经被打包，并包含一个 antorun 自动播放文件，可以完成相应的自动播放功能，如图 5.7.7 所示。

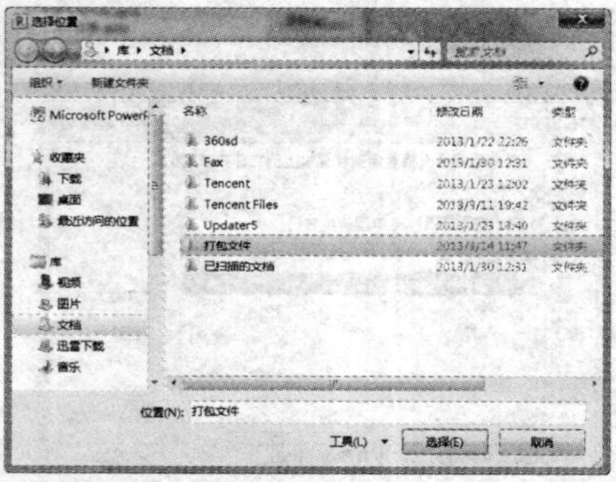

图 5.7.6　“选择位置”对话框

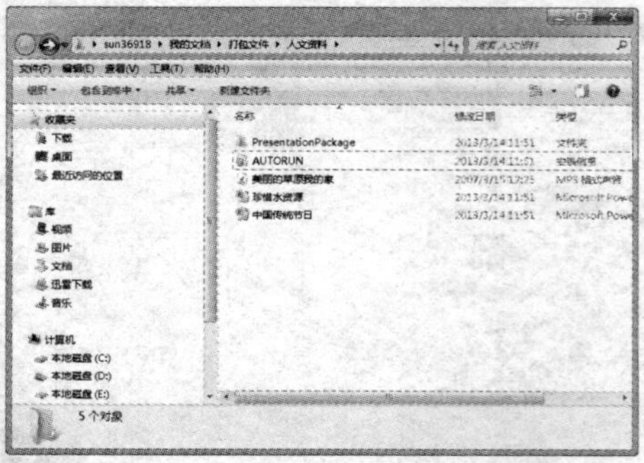

图 5.7.7　自动播放文件

打包成的 CD 具有自动播放功能，默认情况下播放第一张幻灯片。

5.7.2　打印演示文稿

演示文稿制作完成后，可将其打印出来作为备份，在打印演示文稿之前必须先进行页面设置。

1. 页面设置

打开要进行页面设置的演示文稿，在设计选项卡中的“页面设置”组中单击页面设置按钮，弹出页面设置对话框，如图 5.7.8 所示。

（1）设置幻灯片的大小。在该对话框的“幻灯片大小”下拉列表中选择幻灯片的大小，包括“在屏幕上显示”“投影机”“横幅”等选项，也可以在“宽度”和“高度”微调框中根据需要自定义幻灯片的大小。

（2）设置幻灯片编号的起始值。用户可以在“幻灯片编号起始值”微调框中设置幻灯片编号的起始值，它决定了幻灯片的起始编号，该编号出现在幻灯片上和 PowerPoint 2010 窗口底部的幻灯片编号器上，幻灯片编号起始值可以是任意数值。

（3）设置幻灯片方向。在“页面设置”对话框右侧的“方向”设置区域有两种幻灯片的方向设置：一种用于幻灯片；另一种用于备注、讲义和演示文稿大纲。用户可以根据需要分别设置它们的方向，默认情况下，幻灯片的方向为“横向”；备注、讲义和大纲的方向为“纵向”。

提示：在 设计 选项卡中的“页面设置”组中单击 幻灯片方向 按钮，从弹出的下拉列表中也可以设置幻灯片的方向。

2. 输出演示文稿

通过打印机可以将制作好的演示文稿打印出来装订成册，具体操作步骤如下：

（1）选中需要打印的演示文稿。

（2）单击 文件 按钮，在弹出的菜单中选择 打印 命令，打开打印面板，如图 5.7.9 所示。

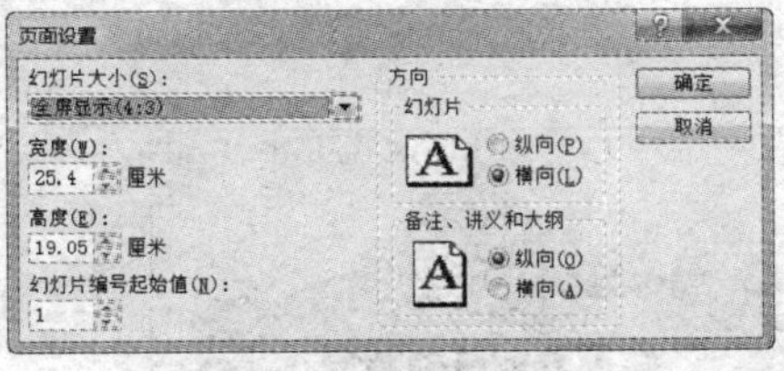

图 5.7.8 “页面设置”对话框

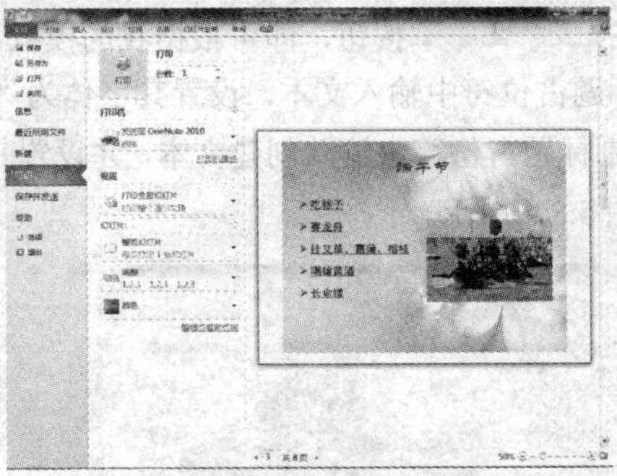

图 5.7.9 演示文稿打印面板

（3）在该面板中可设置打印机的名称、打印范围、打印内容以及打印的份数。

（4）设置完成后单击 确定 按钮即可。

5.8 应用实例——制作电子相册

本例制作电子相册，最终效果如图 5.8.1 所示。

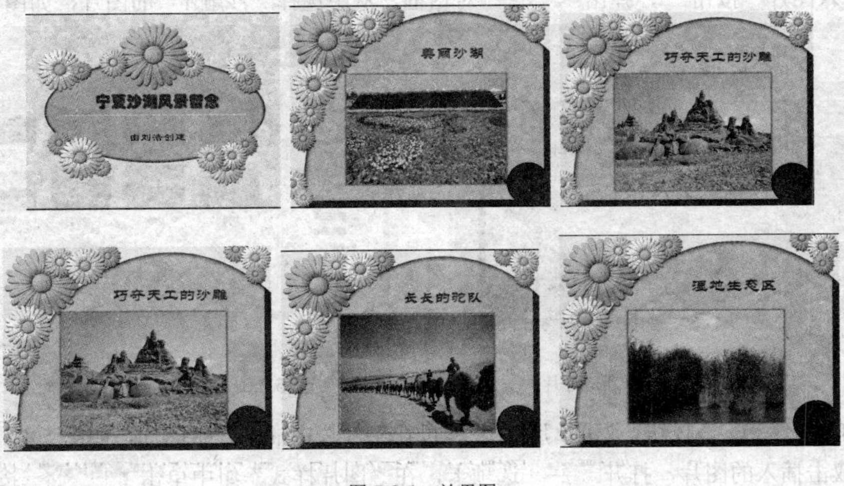

图 5.8.1 效果图

操作步骤

（1）启动 PowerPoint 2010 应用程序，单击文件按钮，在窗口左侧选择新建命令，打开“新建”面板。在中间选择“我的模板”选项，弹出新建演示文稿对话框，从中选择一种模板，如图 5.8.2 所示。

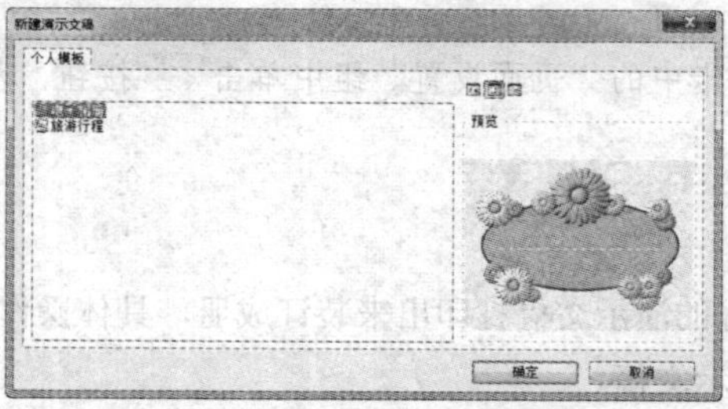

图 5.8.2　“新建演示文稿”对话框

（2）单击确定按钮，即可根据我的模板创建一个演示文稿，如图 5.8.3 所示。

（3）在标题占位符中输入文本，设置其字体为“华文琥珀”，字号为“40”，字体颜色为“深红”并加阴影。在副标题占位符中输入创建文本，并设置其字体为“隶书”，字号为“28”，字体颜色为“深蓝”，效果如图 5.8.4 所示。

图 5.8.3　根据我的模板创建演示文稿

图 5.8.4　在占位符中输入文本

（4）选中第一张幻灯片，按回车键，插入下一张幻灯片，如图 5.8.5 所示。

（5）在标题占位符中输入“美丽沙湖”文本，并设置字体、字号和字体颜色。在副标题占位符中单击“插入图片”按钮，弹出插入图片对话框，从中选择“沙雕 1”的图片，如图 5.8.6 所示。

图 5.8.5　插入一张新幻灯片

图 5.8.6　“插入图片”对话框

（6）单击插入(S)按钮，返回幻灯片，即可在幻灯片中插入一张图片，如图 5.8.7 所示。

（7）双击插入的图片，打开格式选项卡，在“图片样式”组中单击图片效果按钮，从弹出

的下拉列表中选择 阴影(S) →“居中偏移”按钮，效果如图 5.8.8 所示。

图 5.8.7　插入的图片

图 5.8.8　设置图片样式

（8）选中第二张幻灯片，单击“剪贴板”组中的“复制”按钮，在幻灯片左侧窗格的空白处，单击鼠标右键，从弹出的快捷菜单中选择“粘贴选项”下的“保留源格式”按钮，复制一张幻灯片，如图 5.8.9 所示。

（9）在复制的幻灯片中，修改相应的文本，在需要更改的图片上，单击鼠标右键，从弹出的快捷菜单中选择 更改图片(A)... 命令，弹出 插入图片 对话框，从中选择另一张图片插入，效果如图 5.8.10 所示。

图 5.8.9　复制幻灯片

图 5.8.10　更改幻灯片中的元素

（10）重复第（8）—（9）步的操作，依次制作其余幻灯片。

（11）单击 切换 选项卡“切换到此幻灯片”组的“其他”按钮，在弹出“切换效果”下拉列表中选择“库”切换方式。单击 效果选项 按钮，从弹出的下拉列表中选择 自左侧(L)。

（12）在“计时”组中取消选中 单击鼠标时 复选框，选中 设置自动换片时间: 复选框并将时间设为“00:03”，如图 5.8.11 所示。

（13）单击 全部应用 按钮，将此切换效果应用于所有幻灯片中。

（14）单击 视图 选项卡“演示文稿视图”组中的 幻灯片浏览 按钮，浏览制作的演示文稿，如图 5.8.12 所示。

（15）打开 幻灯片放映 选项卡，在“开始放映幻灯片”组中单击 从头开始 按钮，将从头开始放映幻灯片，最终效果如图 5.8.1 所示。

图 5.8.11　设置幻灯片切换效果

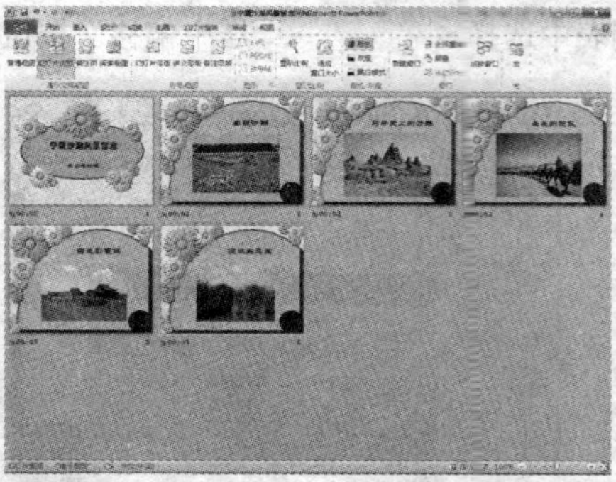
图 5.8.12　浏览幻灯片

本章小结

本章主要介绍了制作与设置幻灯片、丰富幻灯片、设计演示文稿的外观、设置动画效果、放映演示文稿，打包与打印演示文稿等知识。通过本章的学习，读者可以制作出图文并茂，有声有色的具有观赏力和说服力的幻灯片。

习　题　五

一、填空题

1. 幻灯片编辑区用于显示幻灯片的_________和__________，可以在编辑区中进行_________，插入图片、表格、_________等操作。

2. 在 PowerPoint 2010 中，用户可以在_________和_________中输入文本。

3. 用户启动 PowerPoint 2010 后，幻灯片中一般包含_________个占位符。

4. 添加幻灯片切换效果的最好场所是_________视图，在这种视图中可以一次查看多张幻灯片，而且可以预览幻灯片的切换效果。

5. 在幻灯片放映方式中，选择_________选项可放映全屏显示的演示文稿。

二、选择题

1. 用户只有在（　）中才可以编辑或查看备注页文本及其他对象。

（A）幻灯片浏览视图　（B）普通视图
（C）幻灯片放映视图　（D）备注页视图

2. 如果用户一次性要输入大量文本，可在（　）中进行。

（A）占位符　（B）文本框
（C）大纲窗格　（D）幻灯片窗格

3. 按住（　）键可以选择不连续的多张幻灯片，按住（　）键可选择连续的多张幻灯片。

（A）Ctrl，Ctrl+Shift　（B）Ctrl，Shift
（C）Alt，Shift　（D）Shift，Ctrl

4. 要更改所有幻灯片上的标题和文本的格式与类型，应更改幻灯片的（　）。

（A）设计模板　　　　　　　　　　　　　　（B）母版

（C）幻灯片版式　　　　　　　　　　　　　（D）逐一更改每张幻灯片的文本格式与类型

5．在放映幻灯片时用户不可设置的是（　）。

（A）设置幻灯片的放映范围

（B）选择以观众自行浏览方式放映

（C）设置放映幻灯片比例

（D）选择以演讲者放映方式放映

6．单击工作窗口下方的“幻灯片放映”按钮（　）也可以进行预览。

（A）　　　　　　　　　　　　（B）

（C）　　　　　　　　　　　　（D）

7．在 PowerPoint 2010 中，用户可以将演示文稿打包到（　）。

（A）文件　　　　　　　　　　　　　　　（B）文件夹

（C）CD　　　　　　　　　　　　　　　　（D）硬盘

三、简答题

1．在 PowerPoint 2010 中，如何创建和保存演示文稿？

2．在幻灯片中输入文本，通常采用哪些方法？

3．如何复制和移动幻灯片？

4．怎样在幻灯片中插入超级链接？

5．如何更改当前幻灯片的主题？

6．如何设置幻灯片的背景？

四、上机操作题

1．制作一篇名为“品茶知天下”的相册，练习新建相册、设置字体格式、插入剪贴画的方法。

2．制作名为“学校简介”的演示文稿，练习新建有模板的文档、插入声音、视频和自选图形等操作方法。

第 6 章　计算机网络及应用

计算机网络是现代通信技术与计算机技术相结合的产物，随着电子邮件、电子商务、电子政务以及浏览器等的广泛应用，计算机网络正在逐渐改变着人们的生活方式和工作方式。计算机网络已成为人们与世界联系的窗口和纽带，人们必须学会在网络环境中使用计算机，通过网络进行交流、获取信息等。

本章主要内容

- 计算机网络基础
- 局域网
- Internet 概述
- 使用 IE 浏览器
- 搜索与下载网络资源
- 电子邮件的使用

6.1　计算机网络基础

计算机网络已经广泛应用于社会的各个领域，例如数据收集与处理、信息服务、电子邮政、计算机辅助教育、工业自动化、商业自动化、办公自动化、过程控制、经营管理、数据检索以及家庭生活等各个方面。网络的普及，标志着计算机应用已经达到一个新的水平。

6.1.1　计算机网络的概念

计算机网络是将地理上分散的、具有独立功能的多个计算机系统，经通信设备和线路互相连接起来，并配以相应的网络软件，以实现通信和资源共享的系统。它综合应用了几乎所有的现代信息处理技术、计算机技术和通信技术的研究成果，把分散在广泛领域中的许多信息处理系统连接在一起，组成一个规模更大、功能更强、可靠性更高的信息综合处理系统。

计算机网络提供的强有力的通信手段，使计算机用户利用计算机网络可以实现相互间的通信，例如通过网络上的文件服务器交换信息、收发电子邮件、控制不同地理位置的生产单元等。

计算机网络的资源包括大到巨型机，小到微型机，以及相应的数据库信息资源。网络的线路可以是同轴电缆、光纤、卫星及无线链路、双绞线或现成的电话线等。

6.1.2　计算机网络的分类

目前，计算机网络的品种很多，根据各种不同的联系原则，可以得到各种不同类型的计算机网络。因此，对计算机网络的分类方法也各不相同。

一般情况下，按网络覆盖面积划分，计算机网络可以分为局域网、广域网、城域网和互联网。

1．局域网

局域网（LAN）是一种在小区域内使用的网络，其传送距离一般在几公里之内，最大距离不超过 10 km，以一个单位或一个部门的小范围为限，例如一个学校、一个建筑物内等，由这些单位或部门单独组建。这种网络具有组网便利，成本较低，传输效率高、易维护、易管理、使用灵活方便等特点，因而深受广大用户的欢迎。

2．广域网

广域网（WAN）也叫远程网络，覆盖地理范围比局域网要大得多，可以是一个洲、一个国家，甚至全世界。广域网一般由多个部门或多个国家联合组建，能实现大范围的资源共享。广域网普遍利用公用电信设施，例如电话线、微波、卫星或者它们的组合信道进行通信。

3．城域网

城域网（MAN）是一种介于局域网和广域网之间的高速网络，覆盖地理范围介于局域网和广域网之间，一般为几公里到几十公里，传输速率一般在 50 Mb/s 左右。其用户多为需要在市内进行高速通信的大单位或公司等。

4．互联网

互联网（Internet）也叫网际网，是目前最大的广域网，它并不是一种具体的网络技术，而是将不同的物理网络技术按某种协议统一起来的一种高层技术。互联网的出现，使计算机网络从局部到全国进而将全世界联成一片，这就是因特网。

6.1.3　计算机网络的功能

计算机网络系统具有丰富的功能，其中最主要的是资源共享和快速远程通信。

1．资源共享

共享计算机系统的资源是建立计算机网络的最初目的。系统资源包括硬件设备及软件和数据。资源共享使分散资源的利用率大大提高，避免了重复投资，降低了使用成本。

2．快速远程通信功能

计算机网络的发展，使得地理位置相隔遥远的计算机用户也可以方便地进行远程通信，而这种通信手段是电话、传真或信件等现有通信方式的补充。典型的例子就是电子邮件（E-mail）。远程通信的功能使分布在不同地区的计算机，可以通过网络及时、高速地传递各种信息。

3．提高系统的可靠性和可用性

当网络系统中的某一计算机负担过重时，可以通过网络将任务传送到另一台计算机中处理，使网络中的计算机负担均衡，提高了计算机的利用效率。此外，还可以让网络中的多台计算机共同处理同一个任务，当某一台计算机出现故障时，其他计算机可以继续处理该任务，从而提高了系统的可靠性。

4．集中管理和分布处理

有一些地理上分散的组织机构需要进行集中的管理和处理。由于计算机网络具有资源共享的功能，所以在一台或多台计算机上管理其他计算机上的资源成为现实。例如，在机票订购系统中，航空公司通过计算机网络管理分布于各地的计算机，统筹安排机票的分配、预订等工作。这一特点使得计算机资源进一步分散，而管理却进一步集中。

5. 综合信息服务

当今的信息社会，商业、金融、文化、教育、新闻等社会的各行各业每时每刻都在产生并且处理大量的信息，由于计算机网络能支持文字、图片、数字、语音等各种形式信息的收集、传输、加工，所以成为社会公共信息处理的基础设施。综合信息服务就是通过网络为各行各业提供各种及时、准确、详尽的信息。

6.1.4　数据通信

通信是指在两个计算机或终端之间经信道（如电话线、同轴电缆、光缆等）传输数据或信息的过程。有时也叫数据通信、远程通信或网络通信等。随着通信技术的不断发展，这些术语的区别已经日趋模糊，事实上人们把任何类型的数据传输都统称为通信。

下面介绍有关通信的几个常用术语。

1. 信道

信道是传输信息的必经之路。在计算机网络中，信道有物理信道和逻辑信道之分。物理信道是指用来传输数据和信号的物理通路，它由传输介质和相关的通信设备组成。计算机网络中常用的传输介质有双绞线、同轴电缆、光缆、无线电波等。逻辑信道也是网络的一种通路，它是在发送点和接收点之间的众多物理信道的基础上，再通过结点内部的连接来实现的，称为“连接”。根据传输介质的不同，物理信道可分为有线信道（如电话线、双绞线、同轴电缆、光缆等）、无线信道和卫星信道。如果根据信道中传输的信号类型来分，则物理信道又可划分为模拟信道和数字信道。模拟信道传输模拟信号，如调幅或调频波。数字信道直接传输二进制脉冲信号。

2. 数字信号和模拟信号

通信的目的是传输数据，信号则是数据的表现形式。信号分为数字信号和模拟信号两类。数字信号是一种离散的脉冲序列，通常用一个脉冲表示一位二进制数。现在，计算机内部处理的信号都是数字信号。模拟信号是一种连续变化的信号，可以用连续的电波表示。例如声音信号就是一种典型的模拟信号。

3. 调制与解调

普通电话线是针对语音通话而设计的模拟信道，主要适用于模拟信号的传输。如果要在模拟信道上传输数字信号，就必须在信道两端分别安装调制解调器，用数字脉冲信号对模拟信号进行调制和解调。在发送端将数字脉冲信号转换成能在模拟信道上传输的模拟信号，此过程称为调制（Modulate）；在接收端再将模拟信号转换还原成数字脉冲信号，这个过程称为解调（Demodulate）。后面将介绍能把这两种功能结合在一起的设备——调制解调器。

4. 带宽与数据传输速率

在模拟信道中，以带宽表示信道传输信息的能力。它用传送信息信号的高频率与低频率之差表示，以 Hz，kHz，MHz 或 GHz 为单位。如电话信道的带宽为 300～3 400 Hz。

在数字信道中，用数据传输速率（比特率）表示信道的传输能力，即每秒传输的二进制位数（bit/s），单位为 bit/s，Kbit/s，Mbit/s 或 Gbit/s。例如，调制解调器的传输速率为 56 kbit/s。带宽与数据传输速率是通信系统的主要技术指标之一。

5．误码率

误码率是指在信息传输过程中的出错率，是通信系统的可靠性指标。在计算机网络系统中，一般要求误码率低于 10^{-6}（百万分之一）。

6.1.5　计算机网络的物理组成

计算机网络主要由以下几部分组成：

1．网络中的计算机设备

网络中的计算机设备包括网络服务器（Server）和工作站（Client）。

（1）网络服务器。网络服务器运行网络操作系统，为网上的用户提供通信控制、管理和共享资源。网络服务器是网络核心设备，可分为文件服务器、远程访问服务器、数据库服务器和打印服务器等，是一台专用或多用途的计算机。

（2）工作站。工作站是连入网络的、具有独立运行功能并且接受网络服务器控制和管理的、共享网络资源的计算机。工作站通过网卡和通信线路连接到网络服务器上，每台工作站保持自己独立的计算机功能。在工作站上运行的软件包括工作站启动程序和工作站实用程序，通过网络对它的网络服务器进行访问，从网络服务器中取得程序和数据后，在工作站中运行。执行完成后，将数据放回服务器中。

2．网络互连设备

网络互连设备很多，简单介绍如下：

（1）传输数据介质。传输数据介质是网络中发送方与接收方之间的物理通道。它对网络数据通信的质量有很大的影响。常用的网络传输介质有有线传输介质和无线传输介质。

有线传输介质：双绞线、同轴电缆和光缆（光导纤维）。

无线传输介质：卫星通信、红外线与激光、微波等。

（2）网络适配器（NIC）。网络适配器又称网卡或网络接口卡，是计算机之间直接或间接通过传输介质进行通信的接口，是将各个节点上的设备连接到网络上的接口部件。这是一块插件板，使用时插到计算机主板的扩展槽中。网卡负责执行网络协议、实现物理层信号的转换等功能。

（3）集线器（Hub）。集线器是网络的专用设备，是实现网络连接使用的最常见连接设备。

（4）中继器（Repeater）。中继器又称转发器或重发器，是一种扩展局域网覆盖范围的介质连接设备。当网络段长度超过允许范围时，必须利用中继器来延长网络距离。

（5）网桥（Bridge）。网桥又称桥接器，可用于连接拓扑结构相同或不同的网络。网桥用于两个具有相同类型的网络操作系统的局域网的连接。

（6）路由器（Router）。路由器用于两个以上同类型的局域网之间的连接。路由器比网桥更为复杂，功能更强。它有多个网络接口，包括局域网的网络接口和广域网的网络接口，每个网络接口连接不同的网络。

（7）交换机（Switch）。交换机是一种多端口的网络部件，能够接收由任一端口发来的数据帧，暂时存储，再将它转发到另一端口。交换机与网桥的区别：交换机能在端口间建立多路连接，而网桥每次只能建立单路连接。

（8）网关（Gate Way）。网关可用于不同网络操作系统的局域网之间的互联，是一种协议转换器。

（9）调制解调器（Modem）。由于电话线传输的是模拟信号，计算机处理的是数字信号，为了让计算机能使用电话线路发送数字信号，就需要把数字信号转换成模拟信号，这个过程叫作调制；当模拟信号传输到对方计算机时，为了能让计算机处理这些模拟信号，又必须把模拟信号转换成数字信号，这个过程叫作解调。通常，一台计算机既要发送数据，又要接收数据，就需要有兼顾这两个功能的设备。而调制解调器就是兼顾了调制和解调两个功能的设备。

6.1.6　网络拓扑结构

计算机网络的拓扑结构是指计算机网络硬件系统的连接形式，它不考虑实际网络的地理位置，只把网络内的计算机看成一个节点，把互相连接看成一条连线，这样就抽象出网络的拓扑结构。

网络拓扑结构一般分为总线型、星型、环型、树型、网状型以及混合型等。

1. 总线型结构

总线型结构是各台计算机或其他设备连接到一条公用总线上，各台计算机公用这条总线进行信息交流所形成的网络结构。总线型结构如图 6.1.1 所示。

总线型结构的特点：

（1）总线主干两端必须安装终端器。

（2）其中任意一个节点发出的信息，其他节点均可以收到。

（3）使用电缆较少，节点安装和拆卸比较方便，结构简单，成本低。

（4）系统中某工作站出现故障也不会影响其他站点之间的通信，系统可靠性较高。

（5）总线型结构必须解决对总线的争用问题，故障诊断困难，特别是总线故障会引起整个网络瘫痪。

2. 星型结构

星型结构是将计算机或其他设备通过中央集中设备为中心进行连接，把若干外围网络设备连接起来的辐射式结构。星型结构如图 6.1.2 所示。

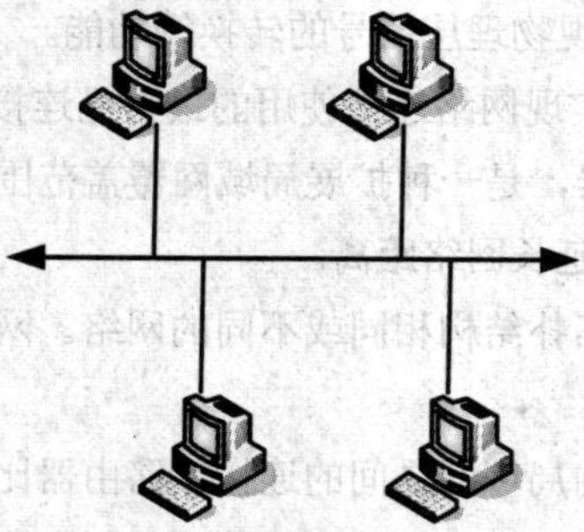

图 6.1.1　总线型结构

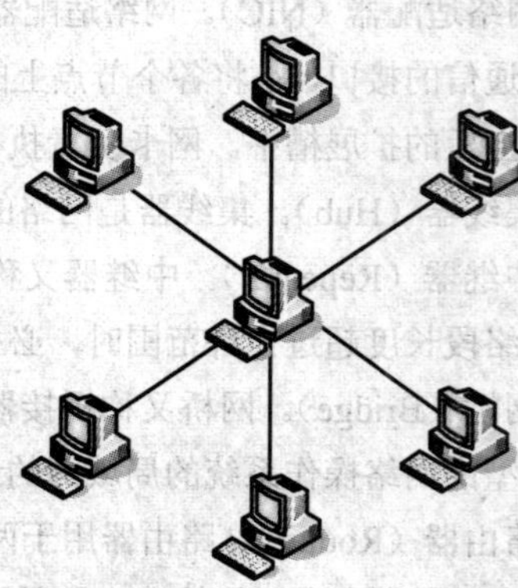

图 6.1.2　星型结构

星型结构的特点：

（1）网络上的计算机都通过通信电缆与中央集中设备直接连接。任何两个节点之间的通信都要通过中央集中设备进行。

（2）中央集中设备如果发生故障，将造成整个网络的瘫痪。

（3）在网络中，如果一台计算机与中央集中设备的连接出现问题，只影响该计算机的通信，其他计算机仍然可以正常工作。

（4）便于管理、容易扩展、便于检测和隔离故障。

3．环型结构

环型结构也是将计算机或其他设备连接到一条公用的总线上，但总线两端是连接起来的，形成一个封闭的环。环型结构如图 6.1.3 所示。

环型结构的特点：

（1）数据沿一个方向在网络中各个节点之间传输，易于实现高速传送。

（2）在环路中发生断接也将造成整个网络的瘫痪。

（3）结构简单、成本低。

4．树型结构

树型结构是星型结构网络的补充。在属性结构中，由多个星型级联组合成树型。例如一个 Hub 和计算机的连接为星型，再由 Hub 的级联形成树。树型结构如图 6.1.4 所示。

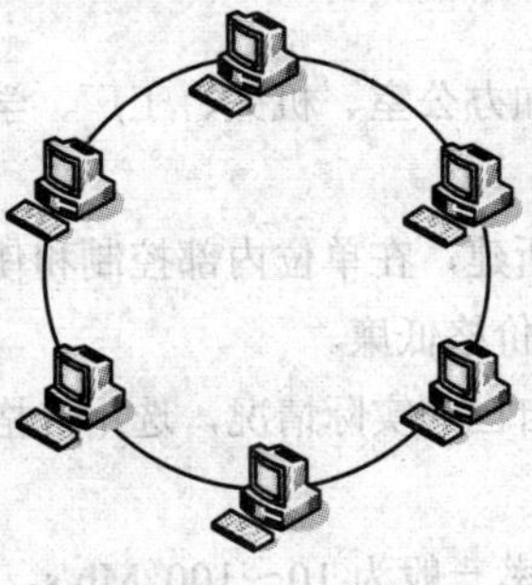

图 6.1.3　环型结构

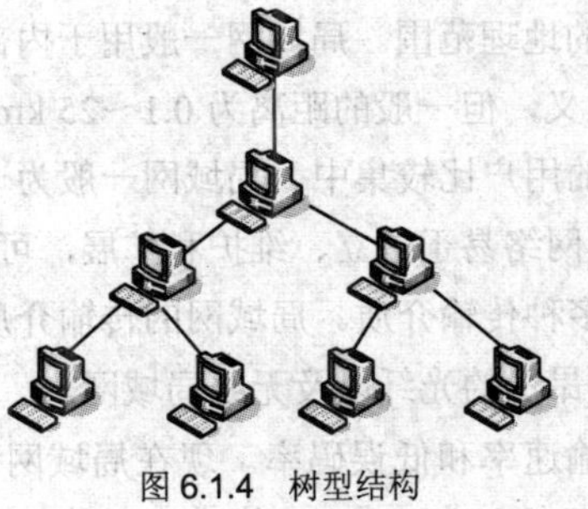

图 6.1.4　树型结构

树型结构的特点：

（1）树型结构是一种分层网，其结构对称，联系固定，具有一定容错能力，一般一个分支和节点的故障不影响另一分支节点的工作，任何一个节点送出的信息都可以传遍整个传输介质，也是广播式网络。

（2）树型网上的链路相对具有一定的专用性，无须对原网做任何改动就可以扩充工作站。

5．网状型结构

网状型结构是指在网络中，计算机与其他计算机至少有 3 条以上的直接连接线路的一种结构。网状型结构如图 6.1.5 所示。

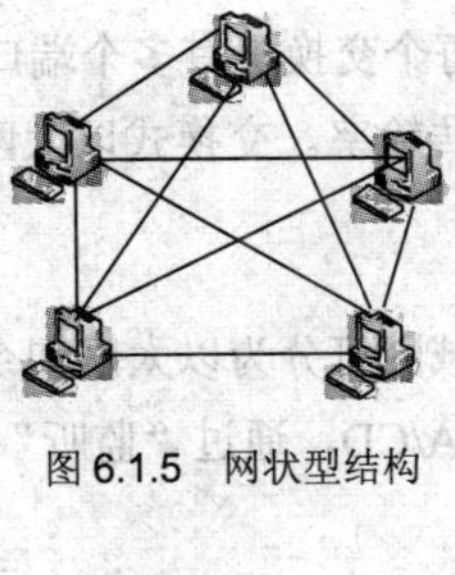

图 6.1.5　网状型结构

网状型结构的特点：

（1）它是一种容错能力最强的结构，如果网络中的一台计算机与其他计算机连接的电缆出现故障，数据仍然可以通过其他计算机和线路到达目的地。

（2）网状型结构组网成本较高。

6. 混合型结构

混合型结构是将多种拓扑结构的网络连接在一起形成的网络结构。采用这种结构组建的计算机网络，兼容了不同的拓扑结构的优点。

6.2 局 域 网

局域网技术是当前计算机网络技术领域中非常重要的一个分支，局域网作为一种重要的基础网络，在企业、机关、学校等各单位和部门都得到广泛的应用。局域网还是建立互联网络的基础网络。

6.2.1 局域网的特点

局域网有以下几方面特点。

（1）较小的地理范围。局域网一般用于内部联网，如办公室、机关、工厂、学校等，其地域范围没有严格的定义，但一般的距离为 0.1～25 km。

（2）面向的用户比较集中。局域网一般为一个单位所建，在单位内部控制和使用，服务于本单位所有用户，其网络易于建立、维护和扩展，可靠性高，价格低廉。

（3）使用多种传输介质。局域网的传输介质可根据自己的实际情况，选用价格低廉的双绞线、同轴电缆或比较昂贵的光纤以及无线局域网。

（4）高传输速率和低误码率。现在局域网的传输速率一般为 10～100 Mb/s，最高的可以达到 1 000 Mb/s，其误码率在 10^{-8}～10^{-11} 之间。

6.2.2 局域网的分类

计算机网络分类的方法很多，局域网具有其自身的特点，下面介绍局域网的分类。

1. 按照网络转换方式分类

按照网络转换方式的不同，局域网可分为共享介质局域网和交换局域网。

共享介质局域网中的各个节点共用传输介质，数据以广播方式在网内传输。如果网中有 n 个节点，每个节点可分配到 $1/n$ 总带宽。传统的以太网、令牌环网都是典型的共享介质局域网。

交换局域网以交换机为核心部件。每个交换机有多个端口，并有识别端口地址的功能，可在多个端口之间并行传输数据，从而提高数据传输率。交换式以太网是最常见的一种交换局域网。

2. 按照介质访问控制方法分类

按照介质访问控制方法的不同，局域网可分为以太网和令牌环网，它们都属于共享介质局域网。以太网采用的介质访问控制方法是 CSMA/CD，通过“监听”和“重传”来解决冲突；令牌环网则是通过“截获令牌”获得数据发送权的方法来避免冲突。

3．按照网络资源管理方式分类

按照网络资源管理方式的不同，局域网可分为对等式局域网和非对等式局域网。

对等式局域网中所有的节点地位平等，并拥有绝对自主权。任何两个节点之间都可以直接通信和共享资源。非对等式网络中各节点的地位不同，有些节点是服务器，有些节点是工作站，服务器以集中控制的方式管理网络资源，并为工作站提供服务。目前流行的“服务器/客户机”网络应用模型就是一种非对等式网络。

4．按照网络传输技术分类

按照网络传输技术，局域网可分为基带局域网和宽带局域网。

基带局域网采用数字信号的基带传输技术，基带信号占据了传输线路的整个频率范围，信号传输具有双向传输的特点。宽带局域网采用模拟信号的频带信号传输技术，通过频分多路复用技术，每个子频道可以传输一路模拟信号，一条信道可同时传输多路模拟信号，信号传输是单向的。

6.2.3 局域网的通信协议

用以实现网络协议功能的软件是协议软件。协议软件的种类非常多，不同体系结构的网络系统都有支持自身系统的协议软件，体系结构中不同层次上有不同的协议软件。对某一协议软件来说，由协议软件的功能决定将其划分到网络体系结构中的某一层。同一协议软件在不同体系结构中所隶属的层次不一定相同。

1．IPX/SPX

IPX/SPX（Internetwork Packet Exchang/Swquences Packet Exchange，网际包交换/顺序包交换）是 Novell 公司为了适应网络发展而开发的通信协议，它的体积比较大，但它在复杂环境下有很强的适应能力，同时具有“路由”功能，能实现多网段间的跨网段通信。当用户接入的是 NetWare 服务器时，IPX/SPX 及其兼容协议应是最好的选择。在 Windows 环境中一般不用它，特别是在 NT 网络和 Windows 9x 对等网中无法直接用 IPX/SPX 进行通信。

2．TCP/IP 协议

TCP/IP 协议是美国国防部高级计划研究局为实现 ARPANET 而开发的。TCP/IP 是一组协议的名称，其准确的名称应该是 Internet 协议族。TCP 和 IP 只是协议族中的两个协议。

3．NetBEUI 协议

NetBEUI 协议用于 Net BEUI 网、LanMan 网、Windows for Workgroups 以及 Windows NT 网。NetBEUI 即 NetBIOS Enhanced UserInterface（网络基本输入输出系统扩展用户接口）的缩写，该协议主要为小型局域网（20～200 台工作站）设计。微软公司从 20 世纪 80 年代中期一直在自己的联网产品中支持该协议，该协议强有力的流控制功能、调谐参数和强大的错误检测能力，非常适合为它规定的任务类型。NetBEUI 的潜在问题是无法路由寻径（routable），即不能从一个局域网经路由器（router）到另一个局域网。对无须跨经路由器与大型主机通信的小型局域网，安装 NetBEUI 协议就足够了。但是如果要与别的局域网进行通信，就必须安装 TCP/IP 或 IPX/SPX 协议。

6.2.4　局域网的组成

微机局域网（或环局域网）包括网络硬件和网络软件两大部分。

1．网络硬件

组建局域网所需的网络硬件主要有服务器、网络工作站、网络适配器（网卡）、路由器及其传输介质等。

（1）服务器（Server）。服务器是以集中方式管理局域网中的共享资源，为网络工作站提供服务的高性能、高配置计算机。常用的有文件、打印和异步通信 3 种服务器。

（2）网络工作站。网络工作站是为本地用户访问本地资源和网络资源而提供服务的配置较低的微型机。工作站分为带盘和无盘两种类型。

（3）网络适配器。网络适配器俗称网卡，是构成网络的基本部件。它是一块插件板，插在计算机主板的扩展槽中，通过网卡上的接口与网络的电缆系统连接，从而将服务器、工作站连接到传输介质上进行电信号匹配，实现数据传输。

网卡有多种类型，选择网卡时应从计算机总线的类型、传输介质的类型、组网的拓扑结构、节点之间的距离及其网段的最大长度等几个方面来考虑。

（4）路由器（Router）。路由器是连接因特网中各局域网、广域网的设备，是互联网络的枢纽、“交通警察”。它会根据信道的情况自动选择和设定路由，以最佳路径，按前后顺序发送信号的设备。目前，路由器已经广泛应用于各行各业，各种不同档次的产品已经成为实现各种骨干网内部连接、骨干网间互联和骨干网与互联网互联互通业务的主力军。

（5）传输介质。传输介质也称为通信介质或媒体，在网络中充当数据传输的通道。传输介质决定了局域网的数据传输率、网段的最大长度、传输的可靠性及网卡的复杂性。局域网的传输介质主要是双绞线、同轴电缆和光纤。

2．网络软件

组建局域网的基础是网络硬件，网络的使用和维护则要依赖于网络软件，在局域网上使用的网络软件主要是网络操作系统、网络数据库管理系统和网络应用软件。

（1）网络操作系统。在局域网硬件提供数据传输能力的基础上，为网络用户管理共享资源，提供网络服务功能的局域网系统软件被定义为局域网操作系统。局域网操作系统主要由服务器操作系统、网络服务软件、工作站软件及其网络环境软件 4 部分组成。

（2）网络数据库管理系统。网络数据库管理系统是一种可以将网上的各种形式的数据组织起来，科学、高效地进行存储、处理、传输和使用的系统软件，可把它作为网上的编程工具。

（3）网络应用软件。网络应用软件是指软件开发者根据网络用户的需要，用开发工具开发出来的各种应用软件。例如常见的在局域网环境中使用的 Office 办公套件、收银台收款软件等。

6.2.5　建立局域网

局域网一般由五部分组成：网络服务器、工作站（普通 PC 机）、网络适配器（网卡）、传输介质（网卡）和网络操作系统。

1. 网卡驱动的安装

在安装 Windows 2000 时，操作系统将检测网卡，创建局域网连接，并在“控制面板”的“网络和拨号连接”中创建“本地连接”，同时局域网连接自动启动。

2. 网络协议的安装

（1）在“网上邻居”图标上单击鼠标右键，选择 属性(R) 命令，打开“网络和拨号连接”窗口。

（2）在“本地连接”上单击鼠标右键，选择“属性”选项，打开 本地连接 属性 对话框，如图 6.2.1 所示。

下面是加载到该网卡上的各种服务和协议，在默认的情况下，系统自动加载“Microsoft 网络客户端”“网络文件和打印机共享”“NetBEUI 协议”和“TCP/IP 协议”。

“TCP/IP”协议现在已成为 Internet 的标准协议。如果要访问局域网中的计算机，或者通过局域网访问 Internet，或者使用 Modem 拨号连接 Internet，就要加载该协议。

图 6.2.1　“本地连接属性”对话框

3. 设置局域网共享资源和查找使用局域网共享资源

建立局域网后，服务器和用户可以把一些资源通过网络提供给其他用户共享，可以共享的资源包括打印机、硬盘、光盘、软盘驱动器和文件夹等。共享这些网络资源的操作步骤如下：

（1）用鼠标右键单击要共享的文件夹图标，在快捷菜单中选择“共享”选项，打开该文件夹属性对话框。

（2）单击“共享该文件夹”单选按钮，在“共享名”文本框中输入该文件夹的共享名，选择“权限”中的“根据密码访问”，输入指定密码，单击“确定”按钮。

（3）在桌面上双击“网上邻居”图标，打开“网上邻居”窗口，窗口中列出了当前网络上正在工作的同一工作组中的所有用户。

如果显示其他工作组的用户，可双击“整个网络”图标，并选择相应的工作组，双击用户图标，可以看到该用户向网络提供的共享文件夹。

（4）在“网上邻居”窗口中双击用户图标，可以看到该用户向网络提供的共享文件夹，找到共享的“共享”文件夹进行查看、复制操作。

6.3　Internet 基础

Internet 的音译名为“因特网”，人们也常称其为“互联网”或者是“国际互联网”。Internet 是目前世界上最大的信息网络，有人把它称为“网络中的网络”，但它不是一个具体的网络，是众多网络互相通过一定的协议（TCP/IP 协议）连接而成的一个网络集合。

6.3.1　Internet 的服务

Internet 之所以得到广泛的应用，是因为它提供了大量的服务，如万维网（WWW）服务、电子邮件（E-mail）服务、电子公告板（BBS）服务、文件传输（FTP）服务、新闻组（Usenet）服务、远程登录（Telnet）服务、信息查询工具（Gopher）等。这些服务为人们之间的信息交流带来了极大的便利，下面对主要的服务项目做以介绍。

（1）万维网（WWW）。万维网是全世界性的互联网的多媒体子网，是 Internet 上发展最快的一部分，也是最受欢迎的一种信息服务形式。万维网站点地址前都有“http//”字样。它遵循超文本传输协议（HTTP），通过超文本及超媒体技术将 Internet 上的信息集合起来，使用户可以通过“超级链接”快速访问。即使用户对网络不熟悉，也可以使用 WWW 浏览器（如 Internet Explcrer）漫游 Internet，从中获取信息。

（2）电子邮件（E-mail）。E-mail 的使用很普及，是由于它可以使用户在任何时间、地点撰写、收发邮件、读取邮件、回复及转发邮件等。用户可以通过 Internet Explorer 中的电子邮件收发器 Outlook Express 来收发电子邮件。

（3）远程登录（Telnet）。远程登录作为 Internet 上最早的一种服务，使用户使用的个人计算机成为某一台远程计算机的虚拟终端，用户所有的操作都要通过远程主机处理后才反馈给用户。

（4）文件传输（FTP）。使用文件传输这种服务可以将一台计算机上的文件传送到另外一台计算机上。FTP 可以传输各种类型的文件。

6.3.2 域名的分类

域名是计算机在登录 Internet 中，为了方便查找相应地址而设立的一种以简短英文表达相应地区和机构的表达方式，常见的域名可分为国家和地区域名和行业机构域名两类。

1．国家和地区域名

国家和地区域名就是通常所说的地理域名，是根据国际互联网协议，把世界上所有的国家和地区（美国除外）用两个英文字母来表示，组成国家和地区域名。对于不同国家和地区，都有自己独立的域名。我国的国家域名是 cn，常见的国家和地区域名如表 6.1 所示。

表 6.1 常见的国家和地区域名

国家和地区域名（地理域名）	代表的国家和地区	国家和地区域名（地理域名）	代表的国家和地区
cn	中国	fr	法国
hk	中国香港	au	澳大利亚
tw	中国台湾	jp	日本
uk	英国	ca	加拿大
de	德国	sg	新加坡

2．组织机构域名

组织机构域名是根据各行业的不同而分类的，目前共有 14 种域名，如表 6.2 所示。

表 6.2 组织机构域名

组织机构域名	代表的组织或机构	组织机构域名	代表的组织或机构
.com	赢利性商业机构	.firm	商业公司
.edu	教育组织	.story	商场
.gov	政府机构组织	.web	WWW 相关实体
.net	网络资源组织	.arts	文化娱乐
.int	国际性机构	.arc	消遣性娱乐
.mil	军事组织	.nom	个人
.org	非赢利性组织	.info	信息服务

3．常用的网站

百度网：www.baidu.com
新浪网：www.sina.com.cn
搜狐网：www.sohu.com
中文雅虎网：www.yahoo.com .cn
网易网：www.163.com
中央电视台网：www.cctv.com
中国银行网：www.boc.com
中国平安保险网：www.pa18.com.cn
中国政府网：www.gov.cn
中华英才网：www.china-hr.com

6.3.3　Internet 的接入方式

目前，接入 Internet 的方式有 ISDN 上网、ADSL 宽带上网、DDN 专线、卫星接入、光纤接入、无线接入、Cable Modem 接入等多种方式，这里简单介绍以下 3 种。

1．ISDN 上网

ISDN 就是综合业务数字网，它采用数字传输和数字交换技术，将电话、传真、数据、图像等多种业务综合在一个统一的数字网络中进行传输和处理。它可以同时使用多个终端，并且传输信号质量好，线路可靠性高，速度也较快（可达到 128 KB/s），用户可以使用 ISDN 提供的两个信道同时上网和打电话。使用这种方式上网的费用比普通拨号上网要贵一些。

2．ADSL 宽带上网

ADSL 就是非对称数字用户专线技术，是一种非常受用户欢迎的 Internet 连接方式。ADSL 是一种能够通过普通电话线提供宽带数据业务的技术，也是目前发展速度极快的一种接入技术。接入时需要加入一块网卡，接入后自动建立与 Internet 的专线连接，不需要拨号，不需要交市话费，成为继 Modem，ISDN 之后的又一种全新的高效接入方式。

3．Cable-Modem

线缆调制解调器(Cable Modem)是近几年开始试用的一种超高速 Modem，它利用现成的有线电视（CATV）网进行数据传输，已是比较成熟的一种技术。随着有线电视网的发展壮大和人们生活质量的不断提高，通过 Cable Modem 利用有线电视网访问 Internet 已成为越来越受人们关注的一种高速接入方式。

6.4　使用 IE 浏览器

浏览器是了解网络的窗口，是用户上网冲浪的必备工具。常见的浏览器主要有 IE、傲游 Maxthon 和腾讯 TT 等，目前使用最为普遍的是 IE 浏览器。

6.4.1　认识 IE 浏览器

IE 是 Internet Explorer 的简称，是由微软公司开发的基于超文本传输技术的网页浏览器，并捆绑在所有发售的 Windows 操作系统中。正确安装 Windows 操作系统后，桌面上将显示 IE 浏览器的文件图标，双击该图标即可启动 IE 浏览器，并进入主界面，如图 6.4.1 所示。

图 6.4.1　IE 浏览器窗口

提示：选择 开始 → Internet Internet Explorer 命令或单击任务栏中的 IE 浏览器图标，也可启动 IE 浏览器。

IE 浏览器的主界面是 Windows XP 的一个标准界面，主要由标题栏、菜单栏、工具栏、地址栏、状态栏等组成。

（1）标题栏。标题栏位于界面的顶行，标明正在浏览的网页标题。

（2）菜单栏。菜单栏位于标题栏的下方，它包含 IE 所有的命令，单击其中任意一个菜单项即可弹出相应的下拉菜单。用户可以根据需要选择菜单命令。

（3）工具栏。工具栏位于菜单栏的下方，它包含了常用的功能按钮，如后退、前进、停止、刷新等，用户单击按钮即可实现相应的功能。

（4）地址栏。地址栏位于工具栏的下方，用户可以在此输入网页的地址，单击地址栏右侧下拉按钮可弹出最近查看过的网页地址。

（5）链接栏。链接栏位于地址栏的右侧，使用链接栏的快速链接，可达到快速访问指定网页的目的。

（6）浏览窗口。浏览区位于地址栏和状态栏之间，在此区域可以显示网页的内容。

（7）状态栏。状态栏位于 IE 界面的最底部，它显示当前的工作状态，链接网页时显示进度条。

6.4.2　浏览网页

启动 IE 浏览器以后，即可通过 IE 浏览器浏览网页，下面介绍几种浏览网页的方法。

1. 直接输入地址

在 Internet 中网页都有一个固定的地址，称为网址。启动 IE 浏览器，将光标定位到地址栏，输入需要浏览的网页地址，如 http://www.6621.com/，单击“转到”按钮，稍等片刻，IE 浏览器便可打开整个网页。

2. 通过工具栏浏览网页

通过工具栏中的功能按钮，可快速浏览网页，提高上网效率。

（1）“后退”按钮：单击该按钮，即可返回至刚才浏览过的网页。若单击该按钮旁边的下拉按钮，可在弹出的下拉列表中选择想要返回的网址，如图 6.4.2 所示。

(2)“前进”按钮：单击该按钮，可返回到后退前的网页，若该按钮显示为灰色状态，则说明已经是最后一页，不能再向前翻页了。

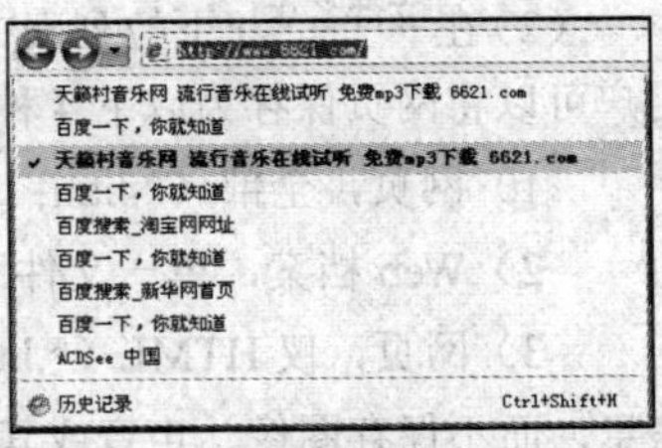

图 6.4.2　通过工具栏浏览网页

(3)“刷新”按钮：单击该按钮，可更新当前网页中的数据。

(4)“主页”按钮：单击该按钮，可进入 IE 浏览器的主页。

(5) 搜索按钮：单击该按钮，可打开 IE 默认的搜索引擎的网页。

(6) 地址(D)图标：用户可以在地址栏中输入要访问网页的地址。单击其右侧的下拉按钮，弹出下拉列表，该列表中列出了最近访问过的网址，用户可选择一个链接，打开该网页。

(7) 按钮：如果用户在地址栏中输入了网址，单击该按钮，即可跳转到相应的网页中。

3. 使用超级链接浏览网页

链接到网站后，会看到文字和图片，其中有的字符串会显示不同的颜色，还会加下画线，这些都是可以再打开新页面的特别字符串，称为超链接。当鼠标指针移动到超链接上时，指针会由图标变成一个做点击状的右手形状，同时状态栏上还会显示链接网址，单击这些文字或图片，即可打开超链接网页。

4. 使用历史记录浏览网页

在 IE 浏览器中浏览过的网页都会被保存在历史记录中，使用历史记录浏览网页，首先需要单击标准工具栏中的“历史”按钮，此时在 IE 窗口中出现历史记录栏。

单击历史记录栏中任意一天的记录图标，将在该图标下方显示当日访问过的所有网站地址。从显示的历史记录中单击任意一个网站地址，IE 浏览器窗口将迅速链接到该站点。

历史记录栏有许多种查看方式，单击历史记录栏中的查看(V)按钮，在下拉列表中可以选择按日期、站点、访问次数和今天的访问顺序 4 种方式排列并显示近期访问过的网站地址。

5. 脱机浏览

由于脱机访问的网页来自于本机的硬盘上，因而 IE 浏览器显示网页的速度就非常快，不用花费时间等待，也不用支付上网费用。设置 IE 进入脱机工作状态的操作步骤如下：

(1) 启动 IE 浏览器。

(2) 选择文件(F)→脱机工作(W)命令。

进入脱机工作后，IE 浏览器将始终以脱机方式启动，直到再次选择文件(F)→✔脱机工作(W)命令。

脱机浏览网页不仅可以提高上网效率，而且还可以节省时间和上网费用。例如，通过局域网接入网络的用户，可以将经常浏览的网站或网页及其相关网页设置为可脱机查看，然后在开机后先启动同步操作，去做其他事情，等待一段时间，所需要访问的网页可能已全部下载完毕后，则可将 IE 设置为脱机工作，浏览自己感兴趣的网页。

6.4.3　保存网页

保存网页的具体操作步骤：

（1）使用 IE 浏览器打开要保存的网页，选择 文件(F) → 另存为(A)... 命令，弹出 保存网页 对话框。

（2）在 文件名(N): 下拉列表中输入网页的名称，在 保存类型(T): 下拉列表中选择要保存网页的类型。用户可以将网页保存为以下 4 种类型：

1）网页，全部（*.htm；*.html）。该类型可以保存网页包含的所有信息。

2）Web 档案，单一文件（*.mht）。该类型只保存网页中的可视信息。

3）网页，仅 HTML（*.htm；*.mhtl）。该类型只保存当前网页中的文字、表格、颜色、链接等信息，而不保存图像、声音或其他文件。

4）文本文件（*.txt）。该类型可将网页保存为文本文件。

6.4.4 收藏网页

浏览网页时，可以将喜欢的网页用收藏夹收藏起来，以后再打开该网页时，只要单击收藏夹中的链接即可。

1. 收藏网页

使用收藏夹收藏网页的具体操作步骤：

（1）使用 IE 浏览器打开要收藏的网页。

（2）单击工具栏中的 收藏夹 按钮，即可打开“收藏夹”面板，如图 6.4.3 所示。

（3）单击 添加... 按钮，弹出 添加到收藏夹 对话框，如图 6.4.4 所示。

（4）单击 创建到(C) >> 按钮，即可弹出创建到列表框，用户可在该列表框中选择一个收藏网页的文件夹。

（5）在“名称”文本框中输入网页的名称，单击 确定 按钮即可。

图 6.4.3　“收藏夹”面板

图 6.4.4　“添加到收藏夹”对话框

2. 整理收藏夹

在 IE 浏览器中，如果用户收藏了多个网页，就需要对收藏夹进行整理，以便于快速查找。整理收藏夹的具体操作步骤如下：

（1）在“收藏夹”面板中单击 整理... 按钮，弹出 整理收藏夹 对话框，如图 6.4.5 所示。

（2）单击 创建文件夹(C) 按钮，即可创建一个文件夹，并为其设置合适的名称。

（3）在网页列表框中选择要移动的网页对应的图标，单击 移至文件夹(M)... 按钮，弹出 浏览文件夹 对话框，如图 6.4.6 所示。

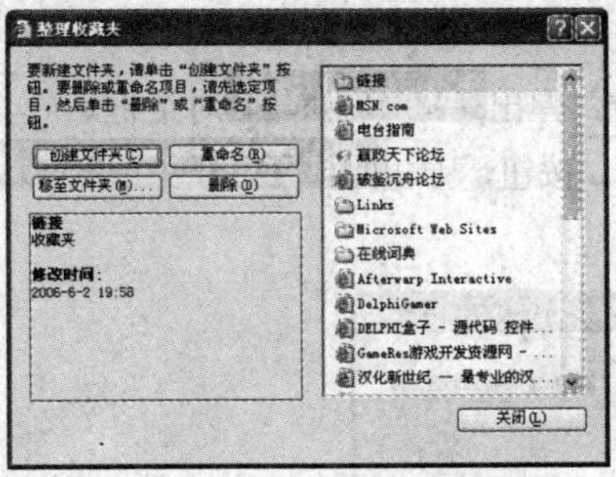

图 6.4.5　“整理收藏夹”对话框

图 6.4.6　“浏览文件夹”对话框

（4）在文件夹列表中选择合适的文件夹，单击 确定 按钮，即可将选中的网页移至该文件夹中。

（5）如果要删除收藏夹中的某个网页，将其选中后单击 删除(D) 按钮即可。

6.4.5　优化 IE 浏览器

根据自己的习惯设置浏览器可以使上网更为方便快捷，设置包括主页、历史记录的保存天数及清理临时文件等。

1．设置默认主页

默认情况下，每次启动 IE 浏览器都将打开 Microsoft 公司的网站，其实可将默认的主页设为自己喜欢的网页或经常浏览的网页，其具体操作方法如下：

（1）在 IE 浏览器中打开要将其设为默认主页的网页，选择 工具(T) → Internet 选项(O)... 命令，弹出 Internet 选项 对话框，打开 常规 选项卡，如图 6.4.7 所示。

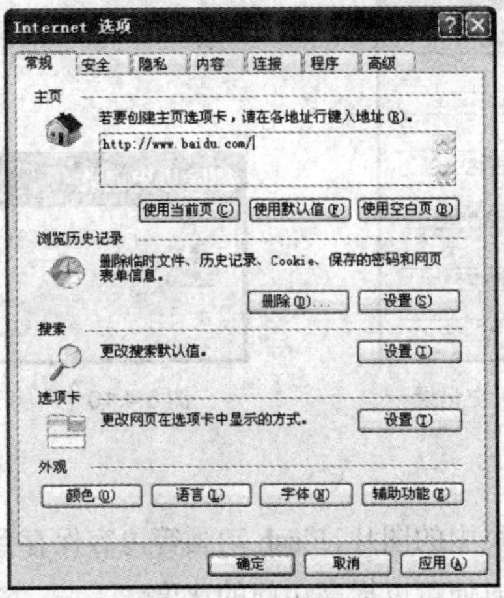

图 6.4.7　设置默认主页

（2）在“主页”栏的地址文本框中输入网页的网址，单击 确定 按钮即可。如果要设置当前打开的网页为主页，可以单击 使用当前页(C) 按钮。

2．设置历史记录

IE 浏览器具有历史记录功能，默认的历史记录将保存最近 20 天内访问过的网页的网址，以后还须对相同网页进行浏览时便可直接单击 IE 浏览器的工具栏的按钮。设置历史记录非常简单，其操作步骤如下：

（1）选择 工具(T) → Internet 选项(O)... 命令，弹出 Internet 选项 对话框。

（2）在“浏览历史记录”栏中单击 设置(S) 按钮，弹出 Internet 临时文件和历史记录设置 对话框，如图 6.4.8 所示。

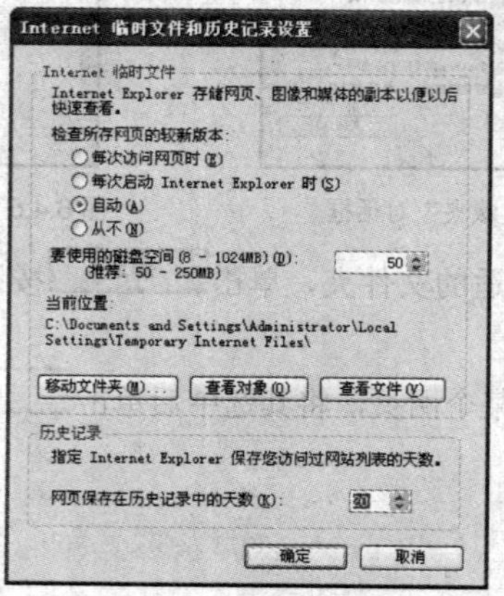

图 6.4.8 设置保存天数

（3）在“历史记录”栏的“网页保存在历史记录中的天数”数值框中设置需要保存的天数，最多可设置为 99 天。

（4）单击 确定 按钮返回到 Internet 选项 对话框中。单击 删除(D)... 按钮，弹出 删除浏览的历史记录 对话框，如图 6.4.9 所示。

（5）单击 删除历史记录(H)... 按钮，弹出 删除历史记录 提示框，如图 6.4.10 所示。

（6）单击 是(Y) 按钮即可删除历史记录。

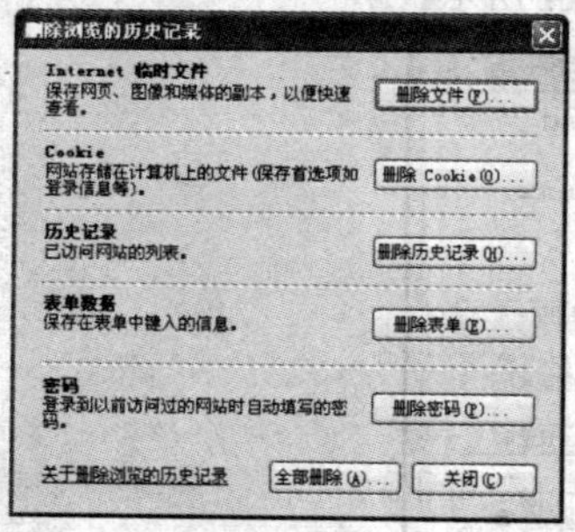

图 6.4.9 删除浏览的历史记录

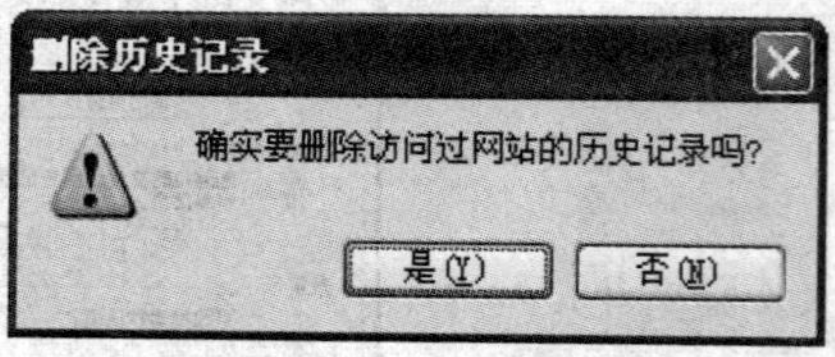

图 6.4.10 “删除历史记录”提示框

3. 清除临时文件

浏览器会自动将访问过的网页中的图片、Flash 动画等内容保存到本地磁盘的 Internet 临时文件夹中，这样以后再次访问相同网页时便可以提高访问的速度。

但随着上网次数不断增多，保存的 IE 临时文件也会占用越来越多的磁盘空间。这时就应该清除临时文件释放磁盘空间，其具体操作如下：

（1）选择 工具(T) → Internet 选项(O)... 命令，弹出 Internet 选项 对话框。

（2）在“浏览历史记录”栏中单击 删除(D)... 按钮，弹出 删除浏览的历史记录 对话框。

（3）在该对话框中单击 删除文件(F)... 按钮，弹出 删除文件 提示框，如图 6.4.11 所示。

（4）单击 是(Y) 按钮即可删除所有的 Internet 临时文件。

图 6.4.11　“删除文件”提示框

注意：与其他文件不同的是，删除 Internet 临时文件时将直接从硬盘中删除，不会暂时保存在“回收站”中。

6.5　搜索与下载网络资源

Internet 是一个庞大的信息资源库，用户可以在其中寻找有用的资料，并将其保存到本地计算机中，供自己学习和工作使用。

6.5.1　搜索资源

搜索引擎（Search Engine）是一种帮助用户在 Internet 中查找信息资源的工具，它能以一种特殊的方式对 Internet 中的信息进行解释、处理、提取和组织等工作，并为用户提供检索功能，从而达到搜索信息的目的。

现在许多网站都提供了搜索功能，常用的搜索引擎有 Google、百度、搜狐、新浪等。虽然不同的搜索引擎提供的搜索方式不同，但一般都提供如下两种搜索方式：

1．使用关键字搜索

一般来说，使用关键字搜索方式查找信息更加方便快捷，也更加准确。其方法是在搜索引擎站点的关键字文本框中输入关键字或关键字组合后，单击搜索按钮，搜索引擎就会自动在其数据库中进行查找，最后将与关键字相符或相近的网站资料都显示出来。

下面以“百度”为例，讲述搜索引擎的使用方法。

（1）打开 IE 浏览器，在地址栏中输入“http://www.baidu.com”，然后按回车键，即可打开百度首页，在“搜索框”中输入关键词，如“老虎”，如图 6.5.1 所示。

（2）单击百度一下按钮，即可搜索到与关键词“老虎”相关的网络信息，如图 6.5.2 所示。

图 6.5.1　在“百度”主页中输入关键词

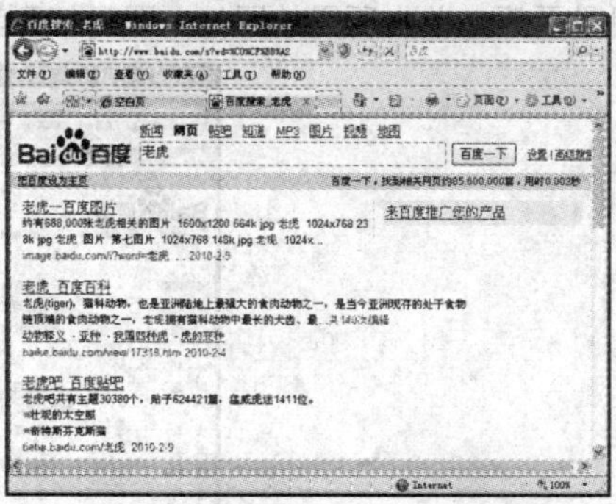

图 6.5.2　搜索到的“老虎”信息

（3）单击需要浏览的链接，即可进入相关页面进行浏览，如图 6.5.3 所示。

图 6.5.3　搜索到的网页链接

技巧：在百度的搜索引擎首页中有“新闻”“网页”“贴吧”“知道”“MP3”“图片”搜索类型，默认打开的是“网页”搜索类型，单击任何一个类型的链接，就可以进入相应的搜索页面。

2. 使用分类搜索

在某些大型网站的首页中一般将各种信息分为多个大类，每个大类下面又设有多个更细的分类，用户只须依次单击所需的分类超链接便可层层深入地查找想要的信息。

单击百度首页中的更多>>超链接，在打开的窗口中单击网站超链接，网页会自动跳转到网站分类搜索页面。左侧是网站分类，右侧是一些比较知名的网站的名单，另外还提供了一系列的查询功能，如图 6.5.4 所示。

图 6.5.4　分类搜索

假如要搜索彩票信息，就可以在左侧的分类目录中单击彩票超链接（见图 6.5.4），打开彩票分类网站目录页后，单击所需的网站，即可打开其主页，如图 6.5.5 所示。

图 6.5.5　打开百度分类网站

6.5.2　下载网络资源

在浏览网络信息的同时，还可随意下载需要的网络资源。下载资源的方式很多，既可以使用 IE 下载，也可以通过专门的下载软件进行下载，如迅雷、FlashGet 等。

1．使用 IE 下载

IE 浏览器既提供了浏览网页的功能，也提供了直接下载网络资源的功能。下面通过 IE 浏览器下载“WinRAR 简体中文版”软件的安装程序，具体操作步骤如下：

（1）用搜索的方法打开“WinRAR 简体中文版”程序下载的网页，使用鼠标右键单击该下载超链接，这里单击 陕西冠群电信下载 链接，在弹出的快捷菜单中选择 目标另存为(A)... 命令，如图 6.5.6 所示。

（2）这时弹出 文件下载 - 安全警告 对话框（见图 6.5.7），单击 保存(S) 按钮。

图 6.5.6　下载列表

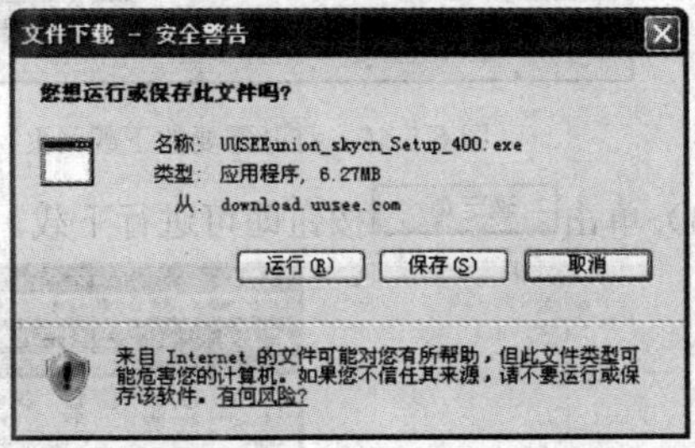

图 6.5.7　安全警告

（3）在打开的 另存为 对话框的“保存在”下拉列表中选择下载文件的存放路径，在“文件名”文本框内输入文件名，如图 6.5.8 所示。

（4）单击 保存(S) 按钮，系统开始下载“WinRAR 简体中文版”程序，并显示下载进度，如图 6.5.9 所示。

提示：若选中 ☑下载完成后关闭此对话框(C) 复选框，则文件下载完毕后，将不弹出“下载完毕”对话框，并自动关闭“文件下载”对话框。

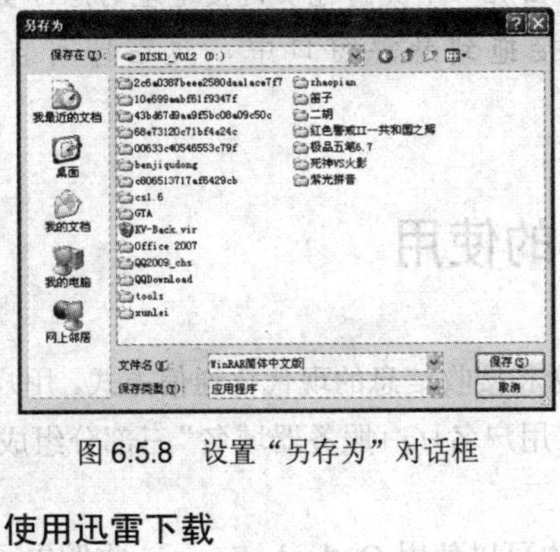

图 6.5.8　设置“另存为”对话框

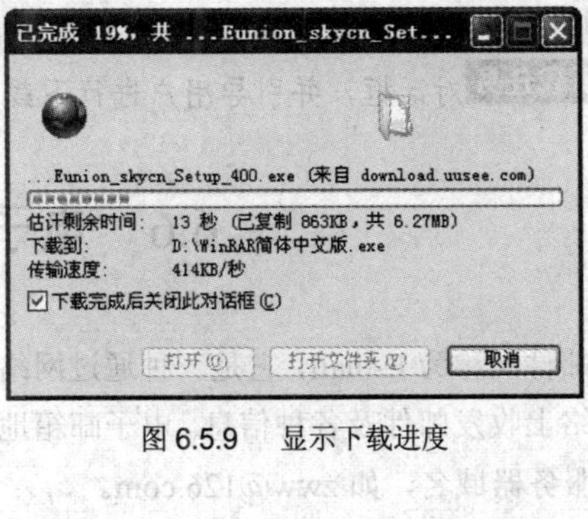

图 6.5.9　显示下载进度

2．使用迅雷下载

迅雷是一款新型的基于多资源超线程技术的下载软件，通过该软件可同时从服务器、镜像和节点下载网络资源，从而提高了下载速度，节省宝贵的时间。

用迅雷下载“WinRAR 简体中文版”安装程序的操作步骤如下：

（1）启动迅雷下载软件，用搜索的方法打开提供“WinRAR 简体中文版”程序下载的网页，单击其中一个下载超链接，这里单击 迅雷用户专用下载 超链接，如图 6.5.10 所示。

（2）在打开的**建立新的下载任务**对话框中，为下载文件选择保存路径，然后在“另存名称”文本框中修改下载文件的名称，如图 6.5.11 所示。

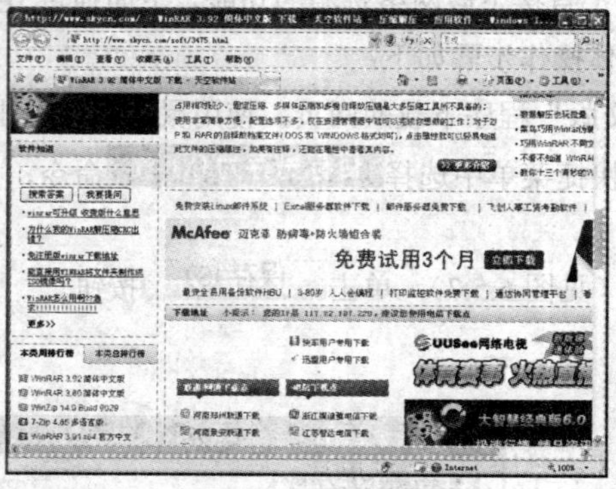

图 6.5.10　打开需要的下载网页

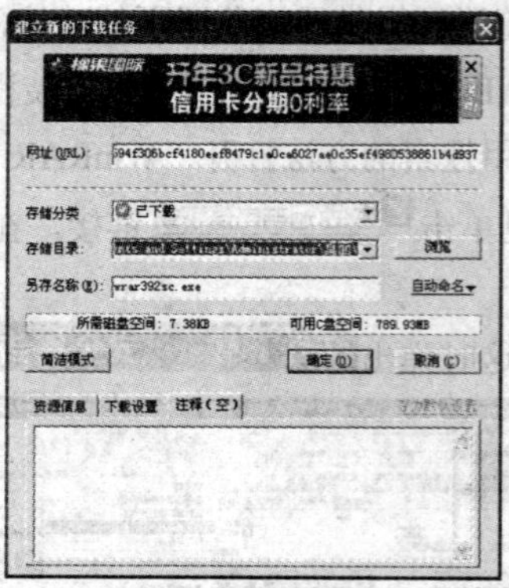

图 6.5.11　“建立新的下载任务”对话框

（3）单击 确定(O) 按钮即可进行下载，并显示下载进度，如图 6.5.12 所示。

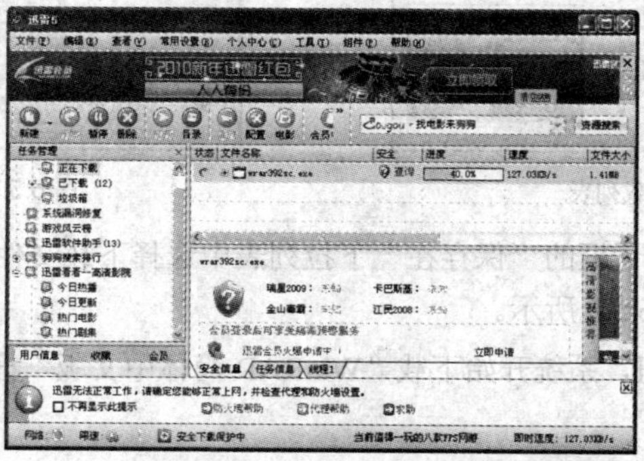

图 6.5.12　使用迅雷下载程序

提示：启动迅雷下载软件后，屏幕的右上角将出现一个支持拖动链接地址的悬浮窗口。悬浮窗口的使用方法很简单，将网页中的下载链接拖到悬浮窗口中，迅雷即可自动弹出**建立新的下载任务**对话框，并引导用户进行下载。

6.6　电子邮件的使用

电子邮件又称为 E-mail，它是一种通过网络实现传送和接收信息的现代化通信方式，用户可以使用它在网络上收发邮件及各种信息。电子邮箱地址是由“用户名+@+服务器域名”三部分组成。格式：用户名@服务器域名，如 zww@126.com。

用户可以直接登录电子邮箱，在线收发电子邮件，也可以使用 Outlook Express 收发电子邮件，下面将分别介绍这两种方式收发电子邮件的方法。

6.6.1 在线收发电子邮件

收发电子邮件之前，必须先申请一个电子邮箱，用户可以使用以下两种方法进行申请。

（1）通过申请域名空间获得邮箱。

（2）通过网站申请收费邮箱或免费邮箱。

免费电子邮箱申请成功后，就可以使用该电子邮箱进行邮件的收发工作。

1. 申请免费的电子邮箱

下面以申请网易 163 的免费电子邮箱为例，介绍如何申请免费的电子邮箱。

（1）启动 IE 浏览器，打开网易 163 免费邮箱主页（http://mail.163.com），如图 6.6.1 所示。

（2）单击 注 册 按钮，打开“注册新用户”网页，填写用户名、密码保护等安全信息，如图 6.6.2 所示。

图 6.6.1 打开网易 163 主页

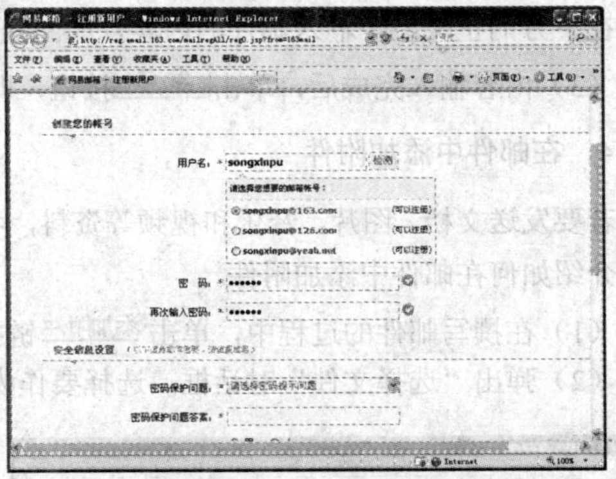

图 6.6.2 填写用户信息

提示：除了单击 注 册 按钮外，还可以单击该页面中的 **马上注册 >>** 链接。在该页面中，带“*”的项目必须填写。

（3）填完用户信息后，选中 ☑ 我已阅读并接受“服务条款”复选框并单击 创建帐号 按钮，即可看到注册成功的消息。至此，免费邮箱便申请成功了，如图 6.6.3 所示。

提示：成功申请邮箱后，一定要牢记邮箱用户名和密码，以便在使用邮箱时能够成功登录。

2. 登录邮箱

成功申请邮箱后，还需要登录才能进行邮件的收发。下面就以之前申请的邮箱为例，介绍如何登录。

（1）打开网易 163 免费邮箱主页，分别在“用户名”和“密码”文本框内输入正确的用户名和密码，如图 6.6.4 所示。

（2）单击 登 录 按钮，或者直接按“Enter”键即可成功登录。

3. 编辑与发送电子邮件

成功登录电子邮箱后，就可以编辑和发送电子邮件了。具体操作步骤如下：

（1）登录到邮箱界面后单击管理页面左侧的 写信 按钮，进入写信界面。

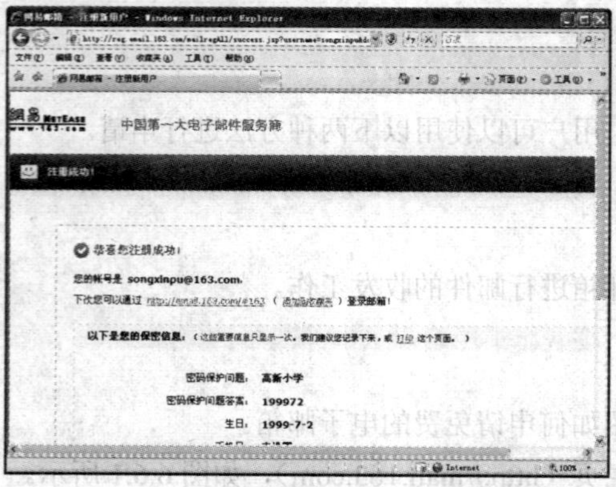

图 6.6.3　注册成功

图 6.6.4　登录邮箱

（2）在“收件人”文本框中输入收件人的电子邮箱地址，在“主题”文本框中输入邮件的主题，然后在下方的正文栏中输入邮件的内容，如图 6.6.5 所示。

（3）内容输入完成后，单击 发送 按钮，即可将该邮件发送到收件人的电子邮箱中。

4．在邮件中添加附件

若要发送文档、图片、音乐和视频等资料，可通过附件的方式发送给收件人。下面以发送图片为例，介绍如何在邮件中添加附件。

（1）在撰写邮件的过程中，单击添加附件链接。

（2）弹出“选择文件”对话框，选择要作为附件的图片，如图 6.6.6 所示。

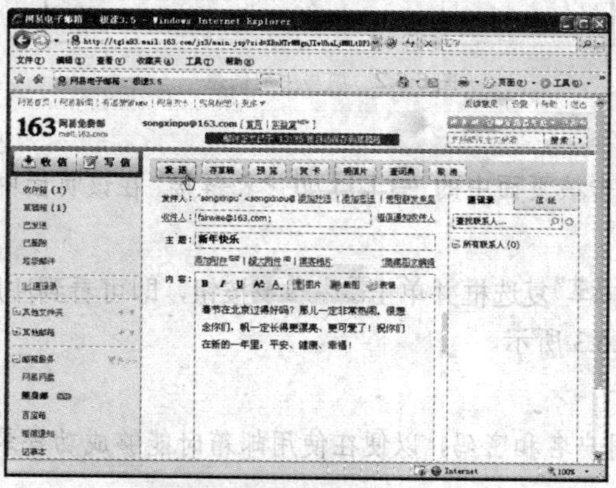

图 6.6.5　编辑并发送邮件

图 6.6.6　添加附件

（3）单击 打开(O) 按钮返回到写信界面，单击 发送 按钮，即可向对方发送图片。

5．接收并回复电子邮件

下面介绍怎样接收并回复对方发送的电子邮件。

（1）登录到邮箱界面后单击管理页面左侧的 收信 按钮或单击“收件箱”链接，进入到收信界面，如图 6.6.7 所示。

（2）单击需要阅读的邮件主题，在接下来的页面中即可阅读该邮件的内容。

（3）阅读完邮件后，单击 回复 按钮，即可进入写信界面中对该邮件进行回复。

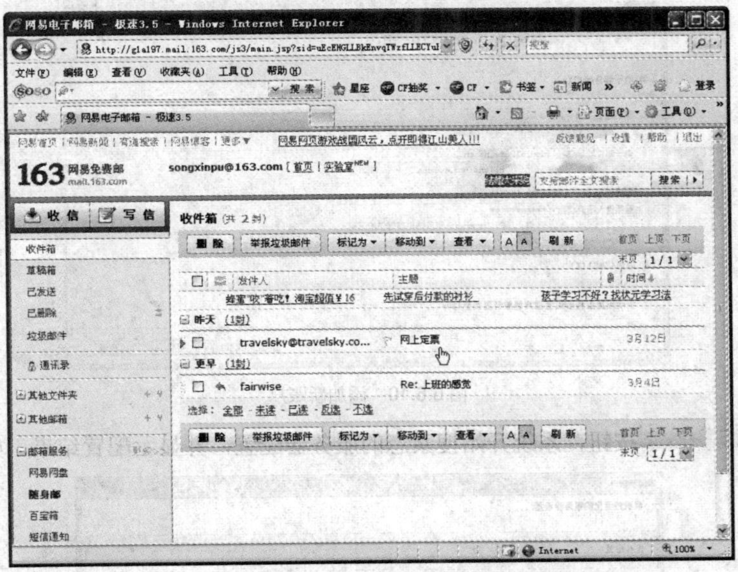

图 6.6.7　接收电子邮件

6.6.2　使用 Outlook 2010 收发电子邮件

Outlook 2010 是一个桌面信息管理系统，通过该软件可以收发电子邮件、管理联系人信息、分配任务、记日记、安排日程等。另外，还可能够利用它更好地管理时间和信息，进行跨边界链接、跟踪活动、打开和查看文档等。

1. 建立电子邮箱账户

使用 Outlook 发送和接收电子邮件之前，首先需要向其中添加电子邮件账户，这里的账户就是指个人申请的电子邮箱，申请好邮箱后还需要在 Outlook 中进行配置，才能正常使用。

（1）单击“开始”按钮，选择 所有程序 → Microsoft Office → Microsoft Outlook 2010 命令，即可进入“Microsoft Outlook 2010 启动”界面，如图 6.6.8 所示。

（2）单击 下一步(N) > 按钮，弹出 帐户配置 窗口，在此选择 是(Y) 单选项，如图 6.6.9 所示。

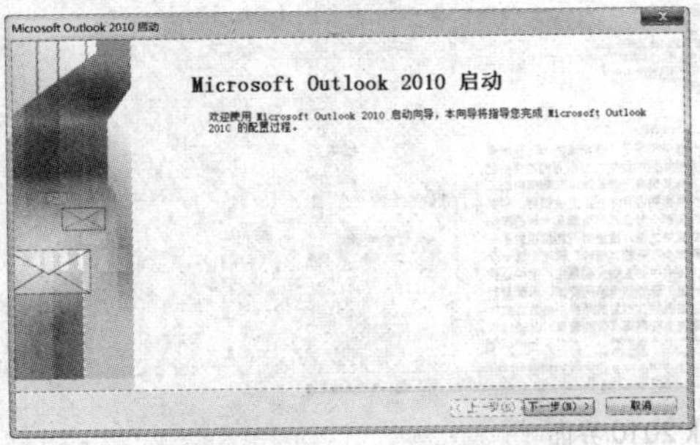

图 6.6.8　“Microsoft Outlook 2010 启动”界面

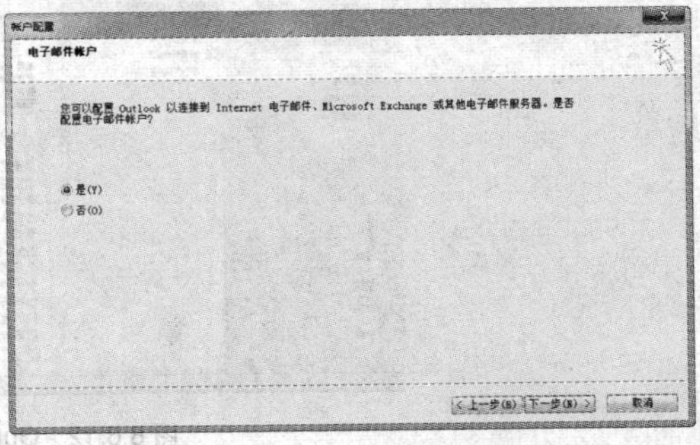

图 6.6.9　“账户配置”窗口

（3）单击 下一步(N) > 按钮，弹出 添加新帐户 窗口，在“电子邮件账户”栏中输入电子邮件账户的信息，如图 6.6.10 所示。

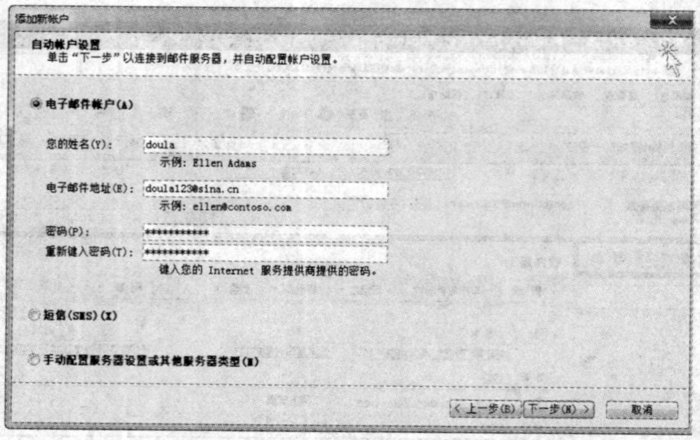

图 6.6.10　添加新账户

（4）单击 下一步(N) > 按钮，系统开始搜索您的服务器配置，并显示配置结果，如图 6.6.11 所示。

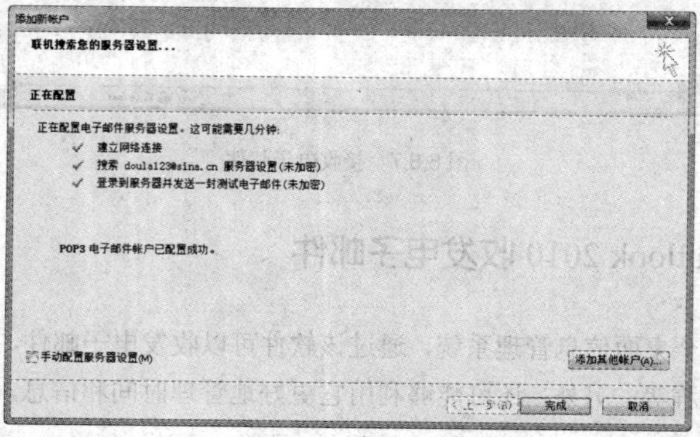

图 6.6.11　配置服务器

（5）待连接到服务器后，单击 完成 按钮，即可添加电子邮件账户，并进入 Outlook 2010 界面，如图 6.6.12 所示。

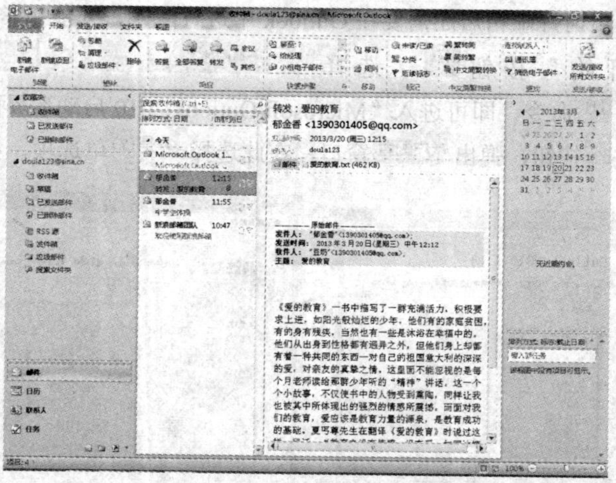

图 6.6.12　Outlook 2010 界面

2. 设置电子邮件账户

（1）单击 文件 按钮，单击“账户设置”下的 帐户设置(A)... 添加和删除帐户或更改现有连接设置。 选项，如图 6.6.13 所示。

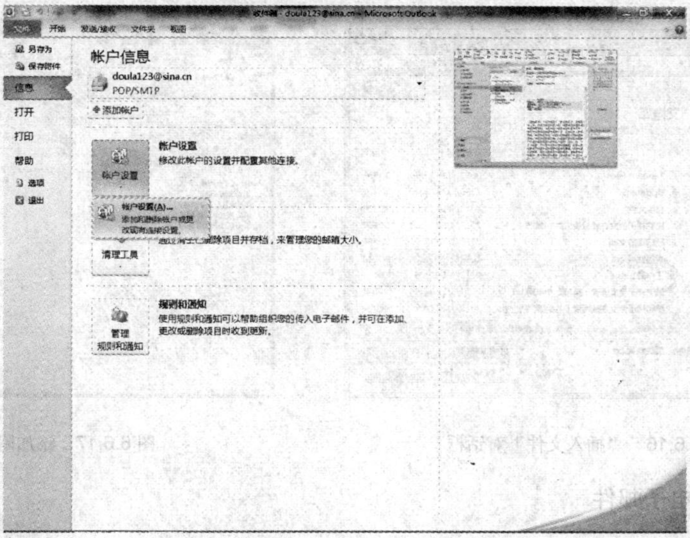

图 6.6.13　选择“账户设置”命令

（2）弹出 帐户设置 对话框，从中选择要重新设置的电子邮件账户，然后单击 新建(N)...、修复(R)...、更改(A)... 等按钮，即可进行相应的操作，如图 6.6.14 所示。

3．创建电子邮件

（1）选择 开始 选项卡，单击“新建”选项组中的 新建电子邮件 按钮，打开 未命名 - 邮件(HTML) 窗口。

（2）在该窗口中输入“收件人地址”“主题”及要发送的邮件内容，即可创建电子邮件，如图 6.6.15 所示。

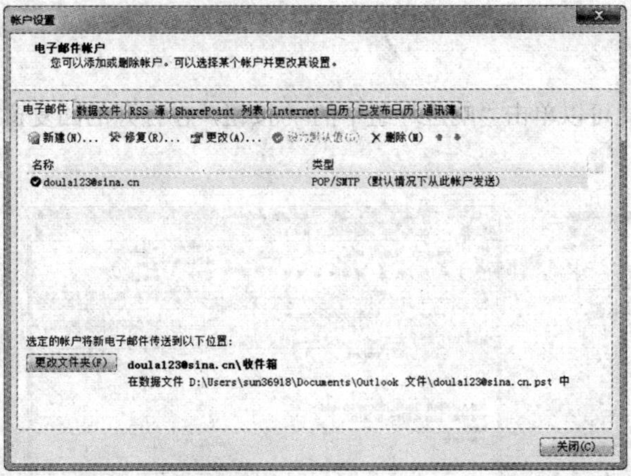

图 6.6.14　设置电子邮件账户

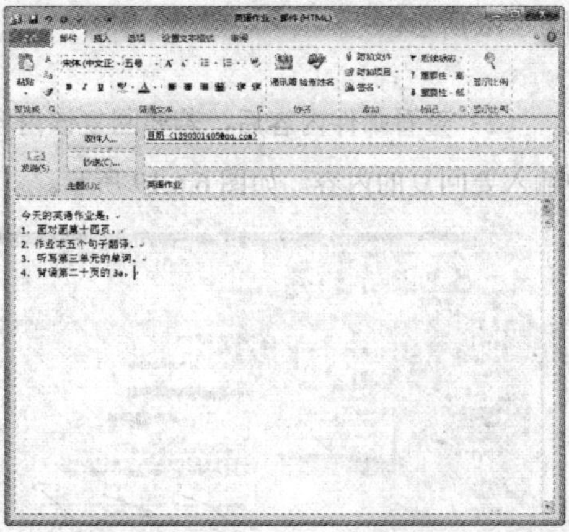

图 6.6.15　创建电子邮件

4．在电子邮件中插入附件

（1）在创建电子邮件的窗口中单击“添加”选项组中的 附加文件 按钮。

（2）在打开的 插入文件 对话框中选择要插入的附件，如图 6.6.16 所示。

（3）单击 插入(S) 按钮，即可在邮件中插入选择的对象，如图 6.6.17 所示。

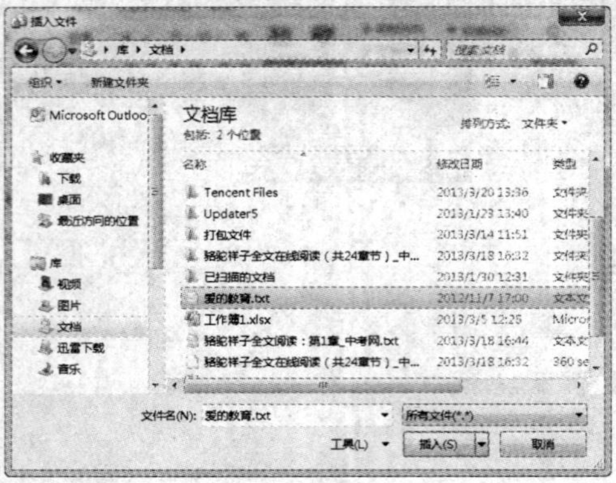

图 6.6.16 “插入文件”对话框

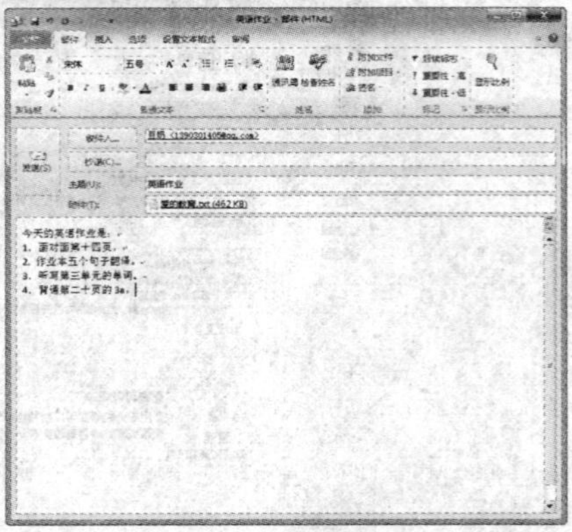

图 6.6.17 添加附件

5．发送/接收电子邮件

这里所讲的接收邮件是将 Internet 电子邮件中的邮件接收到本地的 Outlook 中，接收邮件的方法通常包括如下 3 种：接收指定的账户邮件、接收所有账户邮件和自动接收邮件。

发送/接收电子邮件的操作方法如下：

（1）选择 发送/接收 选项卡，单击“发送和接收”组中的 发送/接收所有文件夹 按钮，将发送并接收所有文件夹中的项目，如邮件、日历约会和任务。

（2）若单击 全部发送 按钮，则发送所有未发送的邮件。

6．查看和回复邮件

（1）接收到邮件后，可以通过双击邮件的标题，即可在打开的窗口中查看该邮件中的内容，如图 6.6.18 所示。

（2）查看邮件内容后，若要回复该内容，可以单击“响应”组中的 答复 按钮，在打开的回复窗口中输入要回复的内容，如图 6.6.19 所示。

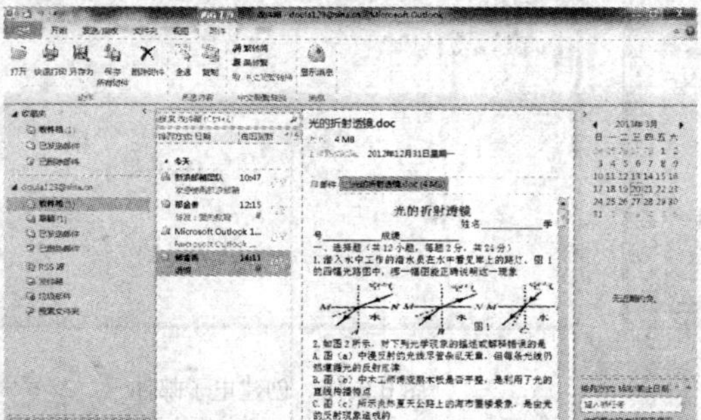

图 6.6.18 查看邮件

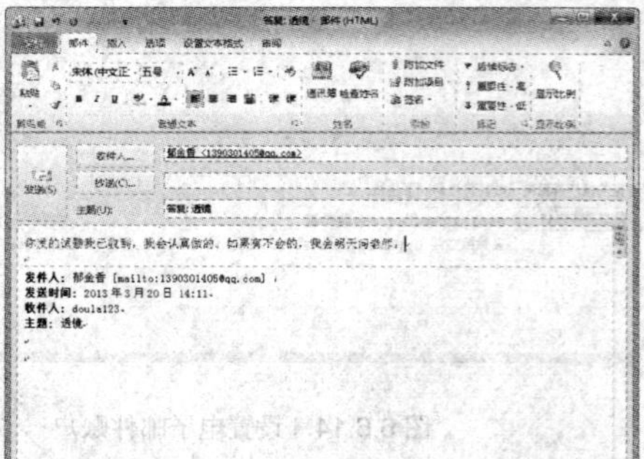

图 6.6.19 回复邮件

（3）回复完成后，单击 发送 即可。

6.7　应用实例——下载并解压安装程序

本例练习使用迅雷下载 Nero Burning ROM 安装程序，并将下载的软件进行解压缩操作。

操作步骤

（1）打开 Nero Burning ROM 程序所在的网页，单击需要下载的版本超链接，在此选择“Nero Burning ROM 7 官方简体中文版”超链接，如图 6.7.1 所示。

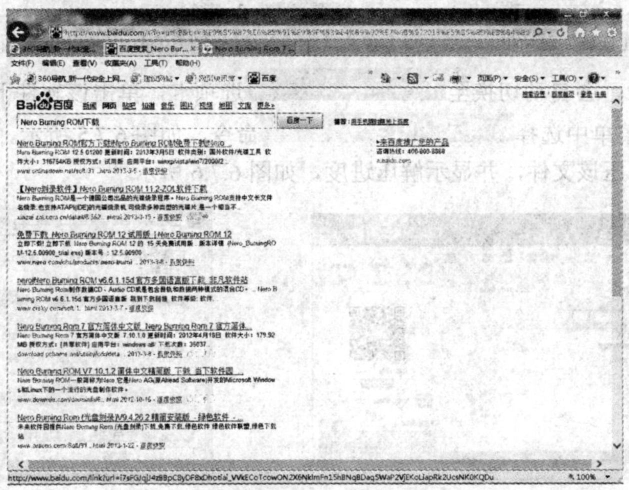

图 6.7.1　找到需要下载的程序

（2）打开该软件所在的网页，在下载地址栏中单击 迅雷高速下载 超链接，如图 6.7.2 所示。

图 6.7.2　选择下载方式

（3）稍等片刻，弹出 新建任务 对话框，为下载文件选择保存路径，如图 6.7.3 所示。

（4）单击 立即下载 按钮，该程序就开始下载了，可以从迅雷下载界面上监控它的状态，如图 6.7.4 所示。

图 6.7.3 “新建任务”对话框

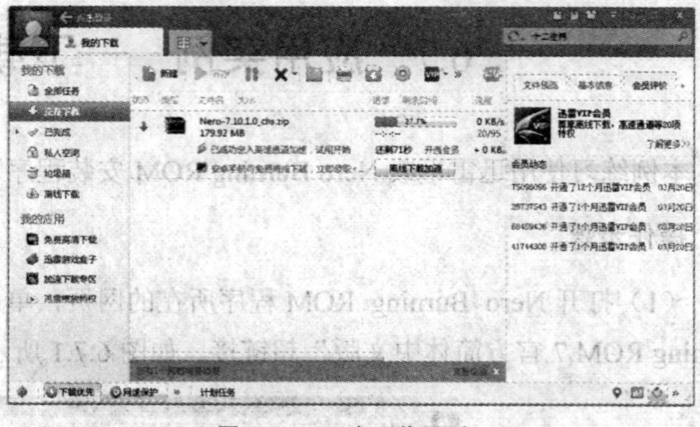

图 6.7.4 正在下载界面

（5）下载完成后，会自动切换至 已完成(1) 选项卡，单击该软件下方的 打开 下拉按钮，在弹出的下拉菜单中选择 解压到所在文件夹 命令，如图 6.7.5 所示。

（6）系统开始解压该文件，并显示解压进度，如图 6.7.6 所示。

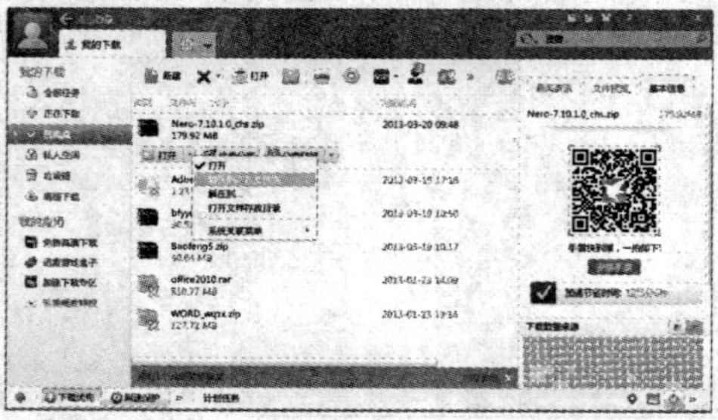

图 6.7.5 选择解压命令

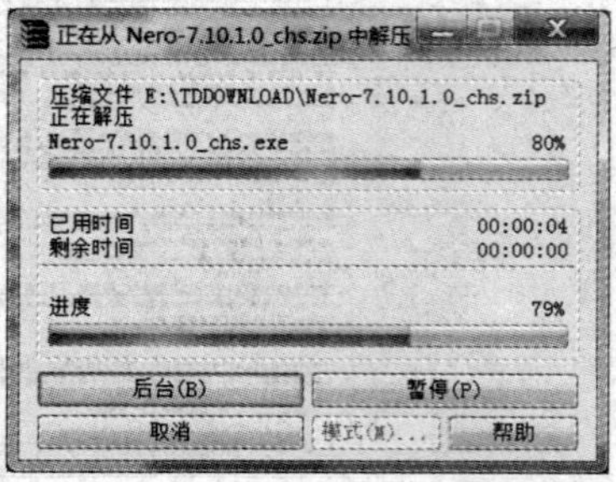

图 6.7.6 解压文件

（7）解压完成该窗口自动关闭，打开该文件所在的文件夹，可以看到解压后的文件，如图 6.7.7 所示。

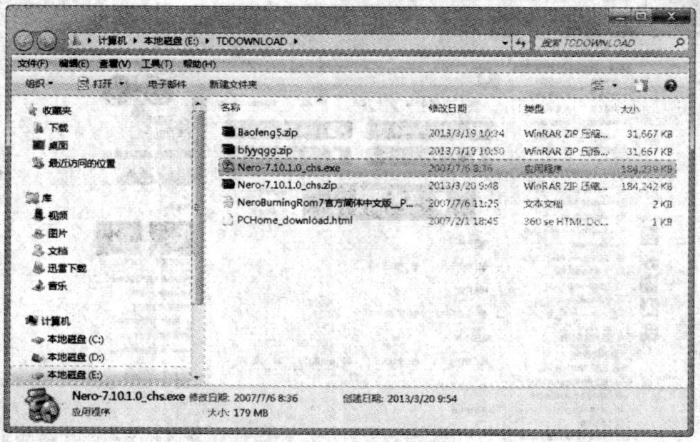

图 6.7.7 解压后的文件

本 章 小 结

本章主要介绍了计算机网络、局域网、使用 IE 浏览器、搜索与下载网络资源以及收发电子邮件等知识。通过本章的学习，读者可以了解计算机网络的基本知识，掌握 IE 浏览器的使用以及电子邮件的发送方法，使网络成为我们学习、工作的得力助手。

习　题　六

一、填空题

1．按网络覆盖面积划分，计算机网络可以分为__________、__________、__________和__________4 种。

2．网络拓扑结构一般分为__________、__________、__________、__________、__________以及__________等。

3．局域网的工作模式通常有__________和__________两种模式。

4．计算机局域网的基本组成部分有__________、__________、__________、__________、__________等几个部分。

5．万维网简称__________，是基于__________的信息服务系统。

6. Internet 中常见的服务有__________、__________、__________、__________、__________、__________、__________、__________、__________等，这些服务为人们的信息交流带来了极大的便利。

7．目前，搜索引擎有两种基本类型：以__________为主的搜索引擎和以__________为主的搜索引擎。

二、选择题

1．组织机构域名是根据各行业的不同而分类的，现在共有（　）种域名。

（A）11　（B）12　（C）13　（D）14

2．Internet 提供的服务有很多种，其中（　）表示电子邮件。

（A）E-mail　（B）FTP　（C）WWW　（D）BBS

3. 如果需要将同一封信件发送给多个用户，则在“收件人”文本框中输入的邮箱地址必须以（　）隔开。

（A），　（B）。　（C）；　（D）：

4．当用户第一次打开 IE 浏览器时，将自动打开一个主页，该主页就被称为（　）。

（A）首页　（B）网站主页

（C）起始页　（D）第一个网页

5．为了满足广大用户信息检索的需求，由专业网站提供的搜索工具称为（　）。

（A）网络导航　（B）搜索引擎

（C）检索工具　（D）推（Push）技术

6．关于电子邮件，下列说法中错误的是（　）。

（A）发送电子邮件需要 E-mail　（B）发件人必须有自己的 E-mail 账号

（C）收件人必须有自己的邮政编码　（D）必须知道收件人的 E-mail 地址

三、简答题

1．简述计算机网络的概念、分类及其功能。

2．简述 Internet 上提供的服务及其功能。

3．如何启动 Internet Explorer 浏览网页？当浏览网页时如何将喜欢的信息或内容保存下来？

4．简述搜索引擎的基本类型以及常见的搜索引擎。

5．如何使用 Outlook Express 接收、发送和删除电子邮件？

四、上机操作题

1．启动 IE 浏览器，访问 http://www.163.com 网站，并将此页添加到收藏夹中。

2．通过网络在各大门户网站注册一个免费电子邮箱，并练习收发电子邮件。

3．通过搜索引擎在网络上搜索需要的信息。

附录1　2013年全国计算机等级考试一级MS Office考试大纲

基本要求

1．具备使用微型计算机的基础知识（包括计算机病毒的防治常识）。

2．了解微型计算机系统的组成和各组成部分的功能。

3．了解操作系统的基本功能和作用，掌握Windows的基本操作和应用。

4．了解文字处理的基本知识，掌握文字处理软件MS Word的基本操作和应用，熟练掌握一种汉字（键盘）输入方法。

5．了解电子表格软件基本知识，掌握电子表格软件Excel的基本操作和应用。

6．了解多媒体演示软件的基本知识，掌握演示文稿制作软件PowerPoint的基本操作和应用。

7．了解计算机网络的基本概念和因特网（Internet）的初步知识，掌握IE浏览器软件和Outlook Express软件的基本操作和使用。

考试内容

一、基础知识

1．计算机的概念、类型及其应用领域；计算机系统的配置及主要技术指标。

2．计算机中数据的表示：二进制的概念，整数的二进制表示，西文字符的ASCII码表示，汉字及其编码（国标码），数据的存储单位（位、字节、字）。

3．计算机病毒的概念、特征、分类和防治。

4．计算机硬件系统和微型机系统的组成和功能：CPU、存储器（ROM、RAM）以及常用的输入输出设备的功能。

5．计算机软件系统的组成和功能：系统软件和应用软件，程序设计语言（机器语言、汇编语言、高级语言）的概念。

6．多媒体技术的概念与应用。

二、操作系统的功能和使用

1．操作系统的基本概念、功能、组成和分类。

2．Windows操作系统的基本概念和常用术语，文件、文件名、目录（文件夹）、目录（文件夹）树和路径等。

3．Windows操作系统的基本操作和应用。

（1）Windows概述、特点和功能、配置和运行环境。

（2）Windows“开始”按钮、“任务栏”“菜单”“图标”“窗口”“对话框”等的使用。

（3）应用程序的运行和退出。

（4）熟练掌握资源管理系统“我的电脑”或“资源管理器”的操作与应用。文件和文件夹的创建、移动、复制、删除、更名、查找、打印和属性设置。

（5）磁盘属性的查看等操作。

（6）中文输入法的安装、删除和选用、显示器的设置。

（7）快捷方式的设置和使用。

三、文字处理软件的功能和使用

1．文字处理软件的基本概念，中文Word的基本功能、运行环境、启动和退出。

2．文档的创建，打开和基本编辑操作，文本的查找与替换，文档视图的使用，文档菜单、工具栏与快捷键的使用，多窗口和多文档的编辑。

3．文档的保存、保护、复制、删除、插入和打印。

4．字体格式、段落格式和文档的页面设置等文档排版的基本操作，页面设置和打印预览。

5．Word 的对象操作：对象的概念及种类，图形、图像（片）对象的编辑和修饰，文本框的使用。

6．Word 的表格制作功能：表格创建与修饰，表格单元格的拆分与合并，表格中数据的输入与编辑，数据的排序和计算。

四、电子表格软件的功能和使用

1．电子表格的基本概念和基本功能，中文 Excel 的基本功能、运行环境、启动和退出。

2．工作簿和工作表的基本概念和基本操作，工作簿和工作表的创建、保存和退出；数据输入和编辑；工作表和单元格的选定、插入、删除、复制/移动；工作表的重命名和工作表窗口的拆分和冻结。

3．工作表的格式化，包括设置单元格格式，设置列宽和行高，设置条件格式，使用样式，自动套用格式和使用模板等。

4．单元格的绝对地址和相对地址的概念，工作表中公式的输入和复制，常用函数的使用。

5．图表的建立、编辑和修改以及修饰。

6．数据清单的概念，数据清单的使用、内容的排序、筛选、分类汇总，数据透视表的建立。

7．工作表的页面设置，打印预览和打印。

8．保护和隐藏工作簿和工作表。

五、电子演示文稿制作软件的功能和使用

1．中文 PowerPoint 的功能、运行环境、启动和退出。

2．演示文稿的创建、打开和保存，演示文稿的打包和打印。

3．演示文稿视图的使用，幻灯片的制作（文字、图片、艺术字、表格、图表、超链接和多媒体现象的插入及格式化）。

4．幻灯片母版的使用，背景设置和设计模板的选用。

5．幻灯片的插入、删除和移动，幻灯片版式及放映效果设置（动画设计、放映方式和切换效果）。

六、计算机网络基础知识及应用

1．计算机网络的概念、分类及功能。

2．局域网的概念、分类、工作模式及构成。

3．Internet 的基础知识和应用。

考试方式

1．采用无纸化考试，上机操作。考试时间：90 分钟。

2．软件环境：Windows 7 操作系统，Microsoft Office 2010 办公软件。

3．在指定时间内，完成下列各项操作：

（1）选择题（计算机基础知识和网络的基本知识）。（20 分）

（2）Windows 操作系统的使用。（10 分）

（4）Word 操作。（25 分）

（5）Excel 操作。（20 分）

（6）PowerPoint 操作。（15 分）

（7）浏览器（IE）的简单使用和电子邮件的收发。（10 分）

附录 2　全国计算机等级考试一级 MS Office 复习题

一、选择题

1. 冯·诺依曼(Von Neumann)在总结研制 ENIAC 计算机时，提出两个重要的改进是（　）。

   A．引入 CPU 和内存储器的概念　　B．采用机器语言和十六进制

   C．采用二进制和存储程序控制的概念　　D．采用 ASCII 编码系统

2. 计算机内部采用的数制是（　）。

   A．十进制　　B．二进制

   C．八进制　　D．十六进制

3. 下列的英文缩写和中文名字的对照中，错误的是（　）。

   A．CAD——计算机辅助设计　　B．CAM——计算机辅助制造

   C．CIMS——计算机集成管理系统　　D．CAI——计算机辅助教育

4. 按照数的进位制概念，下列各个数中正确的八进制是（　）。

   A．1101　　B．7081

   C．1109　　D．B03A

5. 无符号二进制整数10000001转换成十进制数是（　）。

   A．119　　B．121

   C．127　　D．129

6. 十进制数 32 转换成无符号二进制整数是（　）。

   A．100000　　B．100100

   C．100010　　D．101000

7. 如果删除一个非零无符号二进制偶整数后的一个 0，则此数的值为原数的（　）。

   A．4 倍　　B．2 倍

   C．1/2　　D．1/4

8. KB（千字节）是度量存储器容量大小的常用单位之一，1KB=（　）。

   A．1000 个字节　　B．1024 个字节

   C．1000 个二进位　　D．1024 个字

9. 一个字符的标准 ASCII 码的长度是（　）。

   A．7bits　　B．8bits

   C．16bits　　D．6bits

10. 一个完整的计算机系统就是指（　）。

    A．主机、键盘、鼠标和显示器　　B．硬盘系统和操作系统

    C．主机和它的外部设备　　D．软件系统和硬件系统

11. 计算机系统软件中最核心、最重要的是（　）。

    A．语言处理系统　　B．数据库管理系统

    C．操作系统　　D．诊断系统

12. 在所列的软件中，1．Office 2010；2．Windows 7；3．财务管理软件；4．UNIX；5．学籍管理系统；6．MS-DOS；7．Linux；属于应用软件的有（　）。

A．1,2,3　　B．1,3,5

C．1,3,5,7　　D．2,4,6,7

13．组成计算机硬件系统的基本部分是（　）。

A．CPU、键盘和显示器　　B．主机和输入/输出设备

C．CPU 和输入/输出设备　　D．CPU、硬盘、键盘和显示器

14．组成微型计算机主机的硬件除 CPU 外，还有（　）。

A．RAM　　B．RAM，ROM 和硬盘

C．RAM 和 ROM　　D．硬盘和显示器

15．把内存中的数据保存到硬盘上的操作称为（　）。

A．显示　　B．写盘

C．输入　　D．读盘

16．下列说法中，错误的是（　）。

A．硬盘驱动器和盘片是密封在一起的，不能随意更换盘片

B．硬盘是可以使多张盘片组成的盘片组

C．硬盘的技术指标除容量外，另一个是转速

D．硬盘安装在机箱内，属于主机的组成部分

17．计算机网络的主要目标是实现（　）。

A．数据处理　　B．文献检索

C．快速通信和资源共享　　D．共享文件

18．下列关于计算机病毒的说法中，正确的是（　）。

A．计算机病毒是对计算机操作人员身体有害的生物病毒

B．计算机病毒将造成计算机的永久性物理损害

C．计算机病毒是一种通过自我复制进行传染的，破坏计算机程序和数据的小程序

D．计算机病毒是一种感染在CPU中的微生物病毒

19．运算器的主要功能是进行（　）。

A．算术运算　　B．逻辑运算

C．加法运算　　D．算术和逻辑运算

20．已知 a=00101010B 和 b=40D，下列关系式成立的是（　）。

A．a>b　　B．a=b

C．a<b　　D．不能比较

二、基本操作题

1．在考生文件夹下分别建立WANG1和WANG2两个文件夹。

2．将考生文件夹下MING.FOR文件复制到WANG1文件夹中。

3．将考生文件夹下HWAST文件夹中的文件XIAN.TXT重命名为YANG.TXT。

4．搜索考生文件夹中的FUNC.WRI文件，然后将其设置为“只读”属性。

5．为考生文件夹下 SDTA 文件夹中的 LOU 文件夹建立名为 KLOU 的快捷方式，并存放在考生文件夹下。

三、字处理题

在考生文件夹下，打开文档WORD1.DOCX，按照要求完成下列操作并以该文件名（WORD1.DOCX）保存文档。

【文档开始】

为什么成年男女的声调不一样？

大家都知道，女人的声调一般比男人的“尖高”。可是，为什么会这样呢？人的解剖结构告诉我们，男人和女人的声音之所以会有影射上的差别，是因为女人的发音器官一般比男人的小。

科学家发现，由于性别不同造成发育差异，女人的喉器一般比男人的小，声带也比男人的短而细。

不论什么乐器，凡是起共鸣的部分，体积比较大的，发出的声音影射比较沉厚；体积比较小的，影射比较尖高。

一般女人的喉器既然比男人的小许多，声带又比男人的短三分之一，那么，声音的影射自然会比男人的尖高。

测量喉器和声带的平均记录

性别 喉器长度 喉器宽度 声带长度

男 44毫米 43毫米 17毫米

女 36毫米 41毫米 12毫米

【文档结束】

（1）将文中所有错词“影射”替换为“音色”。

（2）将标题段文字（“为什么成年男女的声调不一样？”）设置为三号黑体、加粗、居中，并添加蓝色阴影边框（边框的线型和线宽使用缺省设置）。

（3）正文文字（“大家都知道，……比男人的尖高。”）设置为小四号宋体，各段落左、右各缩进1.5字符，首行缩进2字符，段前间距1行。

（4）将表格标题（“测量喉器和声带的平均记录”）设置为小四号黑体、蓝色、字下加线、居中。

（5）将文中最后3行文字转换成一个3行4列的表格，表格居中，列宽3厘米，表格中的文字设置为五号仿宋，所有内容对齐方式为水平居中。

四、电子表格题

（1）打开工作簿文件EXCEL.XLSX，将工作表sheet1的A1：C1单元格合并为一个单元格，内容水平居中，计算投诉量的“总计”行及“所占比例”列的内容（所占比例＝投诉量/总计），将工作表命名为“产品投诉情况表”。

	A	B	C
1	企业产品投诉情况表		
2	产品名称	投诉量	所占比例
3	电话机	23	
4	录音笔	15	
5	手机	37	
6	总计		

（2）选取“产品投诉情况表”的“产品名称”列和“所占比例”列的单元格内容（不包括“总计”行），建立“分离型三维饼图”，系列产生在“列”，数据标志为“百分比”，图表标题为“产品投诉量情况图”，插入到表的A8：E18单元格区域内。

五、演示文稿题

打开考生文件夹下的演示文稿YSWG.PPTX，按照下列要求完成对此文稿的修饰并保存。

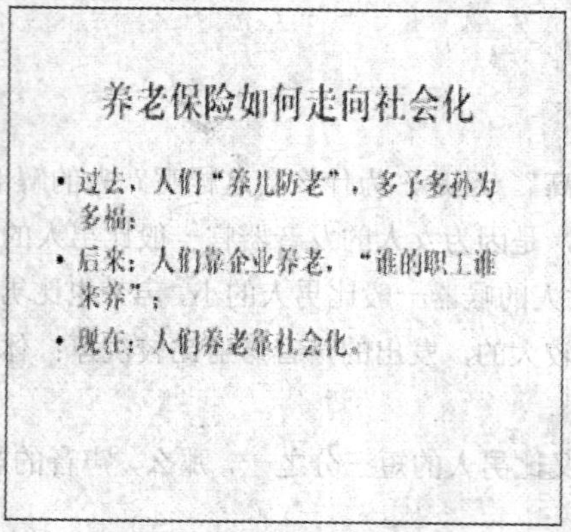

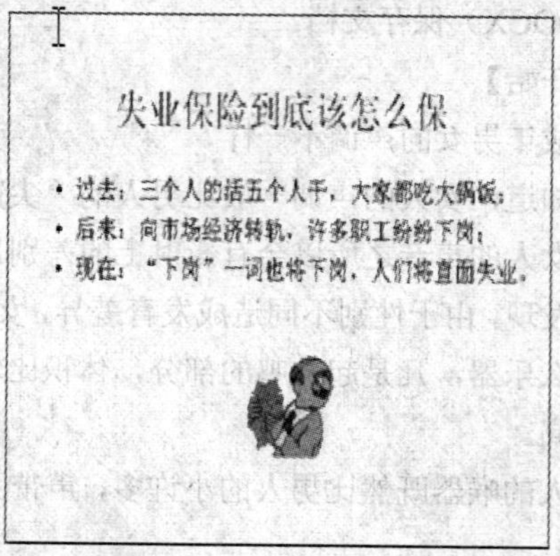

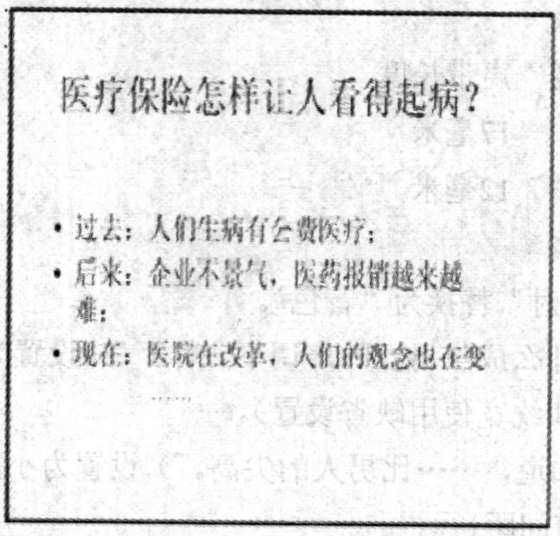

（1）使用“主管人员”演示文稿设计模板修饰全文，幻灯片切换效果全部设置为“切出”。

（2）将第二张幻灯片版式设置为“标题和内容”，把这张幻灯片移为第三张幻灯片；将第二张幻灯片的文本部分动画效果设置为“飞入”“自底部”。

六、上网题

请在“答题”菜单下选择相应的命令，完成下面的内容：

1．接收来自班主任的邮件，主题为“关于期末考试的通知”，转发给同学彬彬，她的 E-mail 地址是 bin-bin880211@163.com。

2．打开 http://localhost/myweb/intro.htm 页面，找到汽车品牌“奥迪”的介绍，在考生文件夹下新建文本文件“奥迪.txt”，并将网页中关于奥迪汽车的介绍内容复制到文件“奥迪.txt”中，并保存。

附录3　复习题答案及解析

一、选择题答案解析

1．C　**解析：**和ENIAC相比，EDVAC的重大改进主要有两方面，一是把十进位制改成二进制，这可以充分发挥电子元件高速运算的优越性；二是把程序和数据一起存储在计算机内，这样就可以使全部运算成为真正的自动过程。

2．B　**解析：**计算机任何的操作和计算最终都可以分解为1或者0的问题，也可以说成为“是”或者“否”，计算机的硬件实现也是如此，因此计算机的所有数据都是采用1和0的二进制来表示的。

3．C　**解析：**CIMS是计算机集成制造系统的英文缩写。

4．A　**解析：**八进制的计数是从0到7，B中的8，C中的9，D中的B、A都是错误的。

5．D　**解析：**二进制转化为十进制：$2^7+2^0=129$。

6．A　**解析：**采用除2取余法即可求得。

7．C　**解析：**二进制后添加或者删除n个零，相当于原数的2的n次幂倍。

8．B　**解析：**字节（Byte）是指一个字节由八位二进制数据组成（1Byte=8bit）。字节是信息组织和存储的基本单位，也是计算机体系结构的基本单位。1KB=1024个字节。

9．A　**解析：**在计算机的存储单元中，一个ASCII码值占一个字节（8个二进制位），其最高位（b7）用作奇偶校验位。

10．D　**解析：**一个完整的计算机系统包括计算机硬件系统和计算机软件系统。计算机的硬件系统可分为主机和外部设备两大部分。CPU包含运算器和控制器两部分，它和内存共同构成了计算机主机。外存储器和输入/输出设备统称为外部设备。计算机软件是计算机运行所需的各种程序及其相关的文档资料。通常，软件系统包括系统软件和应用软件两大部分。其中主机是硬件系统，键盘和显示器是外部设备。

11．C　**解析：**操作系统（Operating System，OS）是一管理计算机硬件与软件资源的程序，同时也是计算机系统的内核与基石。操作系统身负诸如管理与配置内存、决定系统资源供需的优先次序、控制输入与输出设备、操作网络与管理文件系统等基本事务。操作系统是管理计算机系统的全部硬件资源，包括软件资源及数据资源，控制程序运行，改善人－机界面，为其他应用软件提供支持等。

12．B　**解析：**一般把软件分为两大类：应用软件和系统软件。一是应用软件，它是专门为某一应用目的而编制的软件，较常见的如：①文字处理软件，用于输入、存储、修改、编辑、打印文字材料等，例如Word、WPS等。②辅助设计软件，用于高效地绘制、修改工程图纸，进行设计中的常规计算，帮助人寻求好的设计方案。③实时控制软件，用于随时搜集生产装置、飞行器等的运行状态信息，以此为依据按预定的方案实施自动或半自动控制，安全、准确地完成任务。二是系统软件，①操作系统，如Windows，UNIX等；②数据库管理系统，如FoxPro，SQL-server等。

13．C　**解析：**构成计算机的硬件系统通常由五大组成部分：输入设备、输出设备、存储器、运算器和控制器。输入设备：将数据、程序、文字符号、图像、声音等信息输送到计算机中。常用的输入设备有键盘、鼠标、数字化仪器、光笔、光电阅读器和图像扫描器以及各种传感器等。输出设备：将计算机的运算结果或者中间结果打印或显示出来。常用的输出设备有显示器、打印机、绘图仪等。存储器：将输入设备接收到的信息以二进制的数据形式存到存储器中。存储器有两种，分别称为内存储器和外存储器。运算器：是完成各种算术运算和逻辑运算的装置，能作加、减、乘、除等数学运算，也能作比较、判断、查找、逻辑运算等。控制器：是计算机指挥和控制其他各部分工作的中心，其工作过程和人的大脑指挥和控制人的各器官一样。

14. C　**解析：**微型计算机的主机组成：中央处理单元、主存储器、系统总线、输入/输出接口电路。

15. B　**解析：**把内存中的数据保存到硬盘上的操作称为写盘。读盘就是将U盘，光盘，或者软盘之类放入计算机可以被识别出来，并将里面的数据（比如影片，音乐，图片，文档）播放出来。

16. D　**解析：**硬盘是计算机主要的存储媒介之一，由一个或多个铝制或者玻璃制的碟片组成。这些碟片外覆盖有铁磁性材料。绝大多数硬盘都是固定硬盘，被永久性地密封固定在硬盘驱动器中。硬盘属于存储设备不是主机设备。

17. C　**解析：**计算机网络由通信子网和资源子网两部分组成。通信子网的功能：负责全网的数据通信；资源子网的功能：提供各种网络资源和网络服务，实现网络的资源共享。

18. C　**解析：**计算机病毒不是生物类病毒，而且对硬件的破坏不是永久性的。

19. D　**解析：**运算器的主要功能是对二进制数码进行算术运算或逻辑运算。

20. A　**解析：**将二进制转换为十进制，运用位权相加法，则a=42，a>b。

二、基本操作题答案解析

操作步骤：

1. 打开考生文件夹，选择“文件”→“新建”→“文件夹”命令，或单击鼠标右键，弹出快捷菜单，选择“新建”→“文件夹”命令，即可生成新的文件夹，此时文件夹的名字处呈现蓝色可编辑状态，编辑名称为题目指定的名称WANG1和WANG2。

2. 选中考生文件夹下MING.FOR文件，选择“编辑”→“复制”命令，或按快捷键Ctrl+C，打开考生文件夹WANG1，选择“编辑”→“粘贴”命令，或按快捷键Ctrl+V。

3. 打开考生文件夹HWAST，选中XIAN.TXT文件，按F2键，此时文件（文件夹）的名字处呈现蓝色可编辑状态，编辑名称为题目指定的名称YANG.TXT。

4. 打开考生文件夹，在工具栏右上角的搜索框中输入要搜索的文件名FUNC.WRI，单击搜索框右侧按钮，搜索结果将显示在文件窗格中。选中搜索出的文件，选择“文件”→“属性”命令，或单击鼠标右键弹出快捷菜单，选择“属性”命令，即可在打开的“属性”对话框中选中“只读”属性，单击“确定”按钮即可。

5. 选中考生文件夹下要生成快捷方式的SDTA\LOU文件夹，选择“文件”→“创建快捷方式”命令，或单击鼠标右键，弹出快捷菜单，选择“创建快捷方式”命令，即可在同文件夹下生成一个快捷方式文件，移动这个文件到考生文件夹下，并按F2键改名为KLOU。

三、字处理题答案解析

操作步骤：

（1）通过“答题”菜单打开WORD1.DOCX文件，按题目要求替换文字。选中正文各段，在“开始”功能区的“编辑”分组中单击“替换”按钮，弹出“查找和替换”对话框，设置“查找内容”为“影射”，设置“替换为”为“音色”，单击“全部替换”按钮，稍后弹出消息框，提示完成4处替换，单击“确定”按钮。

（2）设置标题。①按题目要求设置标题段字体。选中标题段，在“开始”功能区的“字体”分组中单击“字体”按钮，弹出“字体”对话框。在“字体”选项卡中设置“中文字体”为“黑体”，设置“字号”为“三号”，设置“字形”为“加粗”，单击“确定”按钮。②按题目要求设置标题段对齐属性。选中标题段，在“开始”功能区的“段落”分组中单击“居中”按钮。③按题目要求设置标题段边框属性。选中标题段，在“开始”功能区的“段落”分组中单击“下框线”下拉三角按钮，选择“边框和底纹”选项，弹出“边框和底纹”对话框。在“边框”选项卡中选择“阴影”选项，设置“颜色”为“蓝色”，设置“应用于”为“文字”，单击“确定”按钮。

（3）设置正文。①按照题目要求设置正文字体。选中正文前四段，在“开始”功能区的“字体”分组中单击“字体”按钮，弹出“字体”对话框。在“字体”选项卡中设置“中文字体”为“宋体”，设置“字号”为“小四”，单击“确定”按钮。②按照题目要求设置正文段落属性。选中正文各段，在“开始”功能区的“段落”分组中单击“段落”按钮，弹出“段落”对话框，单击“缩进和间距”选项卡，在“缩进”选项组中设置“左侧”为“1.5字符”，设置“右侧”为“1.5字符”；在“特殊格式”选项组中选择“首行缩进”选项，设置磅值为“2字符”；在“间距”选项组中设置“段前”为“1行”，单击“确定”按钮。

（4）设置表格标题。①按照题目要求设置表格标题字体。选中表格标题，在“开始”功能区的“字体”分组中单击“字体”按钮，弹出“字体”对话框。在“字体”选项卡中设置“中文字体”为“黑体”，设置“字号”为“小四”，设置“字体颜色”为“蓝色”，设置“下画线线型”为“字下加线”，单击“确定”按钮。②按题目要求设置表格标题对齐属性。选中表格标题，在“开始”功能区的“段落”分组中单击“居中”按钮。

（5）将正文部分文字设置成表格形式。①按照题目要求将文字转换成表格。选中要转换为表格的文字，在“插入”功能区的“表格”分组中单击“表格”按钮，选择“文本转换成表格”选项，弹出“将文字转换成表格”对话框。在“表格尺寸”选项组中设置“列数”为“4”，设置“行数”为“3”，单击“确定”按钮。②按照题目要求设置表格对齐属性。选中表格，在“开始”功能区的“段落”分组中单击“居中”按钮。③按照题目要求设置表格列宽。选中表格，在“布局”功能区的“单元格大小”分组中单击“表格属性”按钮，弹出“表格属性”对话框。单击“列”选项卡并指定宽度为“3厘米”，单击“确定”按钮。④按照题目要求设置表格字体。选中表格，在“开始”功能区的“字体”分组中单击“字体”按钮，弹出“字体”对话框。在“字体”选项卡中设置“中文字体”为“仿宋”，设置“字号”为“五号”，单击“确定”按钮。⑤按照题目要求设置表格内容对齐方式。选中表格，在“布局”功能区的“对齐方式”分组中单击“水平居中”按钮。⑥保存文件。

四、电子表格题答案解析

操作步骤：

（1）①通过“答题”菜单打开 EXCEL.XLSX 文件，选中 A1:C1 单元格，在“开始”功能区的“对齐方式”分组中单击“合并后居中”按钮，合并单元格并使内容居中。②计算“总计”行内容。在 B6 单元格中插入公式“=SUM(B3:B5)”，并按回车键。③计算“所占比例”列内容。在 C3 单元格中插入公式“=B3/($B:$6)”，并按回车键，将鼠标指针移动到 C3 单元格的右下角，按住鼠标左键不放向下拖动即可计算出其他行的值。④双击现有名称，输入新名称“产品投诉情况表”。⑤保存文件。

（2）①按题目要求建立“分离型三维饼图”。选中“产品名称”列和“所占比例”列，在“插入”功能区的“图表”分组中，单击“创建图表”按钮，弹出“插入图表”对话框，在“饼图”中选择“分离型三维饼图”选项，单击“确定”按钮即可插入图表。②按照题目要求设置图表标题。在插入的图表中选中图表标题，改为“产品投诉量情况图”。③按照题目要求设置数据标志。在“布局”功能区的“标签”分组中单击“数据标签”下拉三角按钮，选择“其他数据标签”选项，弹出“设置数据标签格式”对话框。在“标签包括”选项组中选中“值”和“百分比”复选框，单击“关闭”按钮。④调整图的大小并移动到指定位置。选中图表，按住鼠标左键单击图表不放并拖动，将其拖动到 A8:E18 单元格区域内。⑤保存文件。

五、演示文稿题答案解析

操作步骤：

（1）通过“答题”菜单打开 YSWG.PPTX 文件，按照题目要求设置幻灯片模板。选中全部幻灯片，在“设计”功能区的“主题”分组中，单击“其他”下拉三角按钮，选择“主管人员”模板。按照题目要求设置幻灯片的切换效果。选中幻灯片，在“切换”功能区的“切换至此幻灯片”分组中，单击“其他”下拉三角按钮，在“细微型”选项组中选择“切出”效果。

（2）①按照题目要求设置幻灯片版式。选中第二张幻灯片，在“开始”功能区的“幻灯片”分组中，单击“版式”按钮，选择“标题和内容”选项。②移动幻灯片。在普通视图下，按住鼠标左键，拖拽第二张幻灯片到第三张幻灯片即可。③按照题目要求设置剪贴画的动画效果。选中第二张幻灯片文本，在“动画”功能区的“动画”分组中单击“其他”下拉三角按钮，选择“飞入”效果，单击“确定”按钮。在“动画”分组中单击“效果选项”按钮，选择“自底部”选项。④保存文件。

六、上网题答案解析

操作步骤：

1. 打开邮箱，选择收件箱，选择班主任的题为“关于期末考试的通知”邮件，单击转发。在收件人中输入 bin-bin880211@163.com。单击发送。

2. 双击 IE，在地址栏中输入 http://localhost/myweb/intro.htm，按 Enter 键，找到“奥迪”的介绍，复制其中内容，回到考试文件夹，在空白处右击，在弹出的快捷菜单中选择“新建文件夹”，并命名为“奥迪.txt”，双击打开文件，在空白处右击，在弹出的快捷菜单中选择“粘贴”，单击文件菜单下的“保存”按钮。